中国高职院校计算机教育课程体系规划教材

丛书主编：谭浩强

网站建设与管理

尚晓航　主　编

张　姝　郭文荣　副主编

U0266104

中国铁道出版社

CHINA RAILWAY PUBLISHING HOUSE

内 容 简 介

本书从先进性和实用性出发，较全面地介绍了网站建设所涉及的基本理论知识，以及在组网、建网、网站的管理与安全，以及静态和动态网页程序设计、网站制作与发布等方面的基本概念与实用技术。

本书内容分为 3 篇（模块），分别是：第一篇"网络技术基础"，包括网络基础知识、网络系统的组成等内容；第二篇"网站局域网的组建与管理"，包括组建局域网、接入 Internet，网络系统的基本管理，以及 Intranet 中网站的建设与管理等内容；第三篇"网站的制作与安全技术"，包括 Dreamweaver 8 网页设计与制作、ASP 脚本语言、ASP 程序设计、ASP 访问数据库、网络安全技术等内容。

本书层次清晰，概念简洁、准确，叙述通顺且图文并茂，实用性强。书中既有适度的基础理论知识介绍，又有比较详细的组网实用技术指导，同时配有大量应用实例和操作插图，内容深入浅出。每章后面附有大量习题，需要实验的章节还附有实训环境与条件、实训项目。

本书适合作为高职高专院校非计算机网络专业以及与计算机、网络应用类相关专业的学生，学习网络规划与建设、网站建设与管理、Intranet 信息网站的开发与建设、计算机网络与应用等课程的教材，也可供计算机从业人员和业余爱好者使用。

图书在版编目（CIP）数据

网站建设与管理 / 尚晓航主编 . —北京：中国铁道
出版社，2011.12
中国高职院校计算机教育课程体系规划教材 / 谭浩强主编
ISBN 978-7-113-13871-4

Ⅰ.①网⋯　Ⅱ.①尚⋯　Ⅲ. ①网站－开发－高等学校
－教材②网站－管理－高等学校－教材
Ⅳ.①TP393.092

中国版本图书馆 CIP 数据核字（2011）第 234905 号

书　　　名：	网站建设与管理	
作　　　者：	尚晓航　主编	
策　　　划：	翟玉峰	读者热线：400-668-0820
责任编辑：	翟玉峰	
编辑助理：	李　丹	
封面设计：	付　巍	
封面制作：	白　雪	
责任印制：	李　佳	
出版发行：	中国铁道出版社（100054，北京市西城区右安门西街 8 号）	
网　　　址：	http://www.edusources.net	
印　　　刷：	三河市兴达印务有限公司	
版　　　次：	2011 年 12 月第 1 版　　2011 年 12 月第 1 次印刷	
开　　　本：	787mm×1092mm　1/16　印张：19.75　字数：466 千	
印　　　数：	1～3 000 册	
书　　　号：	ISBN 978-7-113-13871-4	
定　　　价：	34.00 元	

版权所有　侵权必究

凡购买铁道版图书，如有印制质量问题，请与本社教材图书营销部联系调换。电话：（010）63550836

打击盗版举报电话：（010）63549504

中国高职院校计算机教育课程体系规划教材

编审委员会

主　　任：谭浩强

副主任：严晓舟　丁桂芝

委　　员：（按姓名笔画排列）

王学卿	方少卿	安志远	安淑芝	杨　立
宋　红	张　玲	尚晓航	赵乃真	侯冬梅
秦建中	秦绪好	聂　哲	徐人凤	高文胜
熊发涯	樊月华	薛淑斌		

近年来，我国的高等职业教育发展迅速，高职学校的数量占全国高等院校数量的一半以上，高职学生的数量约占全国大学生数量的一半。高职教育已占了高等教育的半壁江山，成为高等教育中重要的组成部分。

大力发展高职教育是国民经济发展的迫切需要，是高等教育大众化的要求，是促进社会就业的有效措施，是国际上教育发展的趋势。

在数量迅速扩展的同时，必须切实提高高职教育的质量。高职教育的质量直接影响了全国高等教育的质量，如果高职教育的质量不高，就不能认为我国高等教育的质量是高的。

在研究高职计算机教育时，应当考虑以下几个问题：

（1）首先要明确高职计算机教育的定位。不能用办本科计算机教育的办法去办高职计算机教育。高职教育与本科教育不同。在培养目标、教学理念、课程体系、教学内容、教材建设、教学方法等各方面，高职教育都与本科教育有很大的不同。

高等职业教育本质上是一种更直接面向市场、服务产业、促进就业的教育，是高等教育体系中与经济社会发展联系最密切的部分。高职教育培养的人才的类型与一般高校不同。职业教育的任务是给予学生从事某种生产工作需要的知识和态度的教育，使学生具有一定的职业能力。培养学生的职业能力，是职业教育的首要任务。

有人只看到高职与本科在层次上的区别，以为高职与本科相比，区别主要表现为高职的教学要求低，因此只要降低程度就能符合教学要求，这是一种误解。这种看法使得一些人在进行高职教育时，未能跳出学科教育的框框。

高职教育要以市场需求为目标，以服务为宗旨，以就业为导向，以能力为本位。应当下大力气脱开学科教育的模式，创造出完全不同于传统教育的新的教育类型。

（2）学习内容不应以理论知识为主，而应以工作过程知识为主。理论教学要解决的问题是"是什么"和"为什么"，而职业教育要解决的问题是"怎么做"和"怎么做得更好"。

要构建以能力为本位的课程体系。高职教育中也需要有一定的理论教学，但不强调理论知识的系统性和完整性，而强调综合性和实用性。高职教材要体现实用性、科学性和易学性，高职教材也有系统性，但不是理论的系统性，而是应用角度的系统性。课程建设的指导原则"突出一个'用'字"。教学方法要以实践为中心，实行产、学、研相结合，学习与工作相结合。

（3）应该针对高职学生特点进行教学，采用新的教学三部曲，即"提出问题—解决问题—归纳分析"。提倡采用案例教学、项目教学、任务驱动等教学方法。

（4）在研究高职计算机教育时，不能孤立地只考虑一门课怎么上，而要考虑整个课程体系，考虑整个专业的解决方案。即通过两年或三年的计算机教育，学生应该掌握什么能力？达到什么水平？各门课之间要分工配合，互相衔接。

（5）全国高等院校计算机基础教育研究会于 2007 年发布了《中国高职院校计算机教育课程体系 2007》（China Vocational-computing Curricula 2007，简称 CVC 2007），这是我国第一个关于高职计算机教育的全面而系统的指导性文件，应当认真学习和大力推广。

（6）教材要百花齐放，推陈出新。中国幅员辽阔，各地区、各校情况差别很大，不可能用一个方案、一套教材一统天下。应当针对不同的需要，编写出不同特点的教材。教材应在教学实践中接受检验，不断完善。

根据上述的指导思想，我们组织编写了这套"中国高职院校计算机教育课程体系规划教材"。它有以下特点：

（1）本套丛书全面体现 CVC 2007 的思想和要求，按照职业岗位的培养目标设计课程体系。

（2）本套丛书既包括高职计算机专业的教材，也包括高职非计算机专业的教材。对 IT 类的一些专业，提供了参考性整体解决方案，即提供该专业需要学习的主要课程的教材。它们是前后衔接，互相配合的。各校教师在选用本丛书的教材时，建议不仅注意某一课程的教材，还要全面了解该专业的整个课程体系，尽量选用同一系列的配套教材，以利于教学。

（3）高职教育的重要特点是强化实践。应用能力是不能只靠在课堂听课获得的，必须通过大量的实践才能真正掌握。与传统的理论教材不同，本丛书中有的教材是供实践教学用的，教师不必讲授（或作很扼要的介绍），要求学生按教材的要求，边看边上机实践，通过实践来实现教学要求。另外有的教材，除了主教材外，还提供了实训教材，把理论与实践紧密结合起来。

（4）丛书既具有前瞻性，反映高职教改的新成果、新经验，又照顾到目前多数学校的实际情况。本套丛书提供了不同程度、不同特点的教材，各校可以根据自己的情况选用合适的教材，同时要积极向前看，逐步提高。

（5）本丛书包括以下 8 个系列，每个系列包括若干门课程的教材：

① 非计算机专业计算机教材
② 计算机专业教育公共平台
③ 计算机应用技术
④ 计算机网络技术
⑤ 计算机多媒体技术
⑥ 计算机信息管理
⑦ 软件技术
⑧ 嵌入式计算机应用

以上教材经过专家论证，统一规划，分别编写，陆续出版。

（6）丛书各册教材的作者大多数是从事高职计算机教育、具有丰富教学经验的优秀教师，此外还有一些本科应用型院校的老师，他们对高职教育有较深入的研究。相信由这个优秀的团队编写的教材会取得好的效果，受到大家的欢迎。

由于高职计算机教育发展迅速，新的经验层出不穷，我们会不断总结经验，及时修订和完善本系列教材。欢迎大家提出宝贵意见。

全国高等院校计算机基础教育研究会会长
"中国高职院校计算机教育课程体系规划教材"丛书主编   谭浩强

2008 年 8 月于北京清华园

本书主编从 1994 年开始使用 Internet，自 1998 年以来，一直从事网络方面的管理、教学科研和创作工作，曾主编或参与编著了几十种计算机网络方面的图书，如《计算机网络基础》《网络技术》《网络管理与网络应用》等。主编的教材或编著的图书，曾先后获得 2009 年度普通高等教育精品教材、第五届全国优秀科普图书类三等奖和提名奖，先后两次获得北京高等教育精品教材称号；此外，还在多个出版社先后出版了多种普通高等教育"十一五"、"十二五"国家级规划教材。

本书编者曾尝试在各类本、专科的计算机科学与技术、通信工程、信息工程、自动化、网络传媒、计算机应用、网络服务与应用、办公自动化、计算机网络管理员、计算机网络与应用等多个专业的学生中，开设计算机、网络技术、网络应用和管理等多种相关的课程。例如，计算机网络与应用、计算机网络原理、网站规划与建设、计算机网络技术、网络管理、Internet 技术基础、电子商务基础等课程均收到了良好的社会效果并受到学生的普遍欢迎。本书主编还曾在某外企担任计算机和网络部门的主管。

总之，本书是结合教学、科研、写作，以及在组网、建网、管网和用网方面的实践经验编写而成的。考虑到本书的实用性和可操作性，本书采用了由浅入深、提出问题和解决问题的写作方法，逐步将读者引导到计算机网络与应用的王国。

本书分为 3 篇（模块），其主要内容涵盖了以下内容：

第一篇"网络技术基础"主要解决建设与管理信息网站中所涉及的网络基础理论、基本概念、网络构件与设备等问题。包含网络基础知识、网络系统的组成等 2 章。涵盖计算机网络的基本概念、数据通信的基本原理与术语、计算机网络协议、TCP/IP 模型、IP 地址和主要参数等技术基础知识，网络系统的结构、软件系统组成、网络操作系统、硬件系统组成、服务器技术、传输介质、物理层设备与部件、数据链路层设备及网络层设备等内容。

第二篇"网站局域网的组建与管理"主要解决信息网站的建设与管理中所涉及的各种网络组建技术、网络应用模式、网站规划和建设方法，以及单一 IP 下创建多网站等实用技术问题。包含组建局域网、接入 Internet、网络系统的基本管理、Intranet 中网站的建设与管理等 4 章。涵盖双绞线以太网技术、高速共享式和交换式组网技术、无线局域网组网技术、网络计算模式与网络的组织模式、操作系统与安装技术、组建和管理工作组网络、DNS 服务子系统管理、Internet 接入（局域网共享接入、有线路由器接入、无线路由器接入），以及按 B/S 模式工作的网络类型、常见网站的类型、网站的规划与设计、网站的建设流程、网站技术基础、安装 IIS 服务器、创建网站、多网站的运行管理技术、网站虚拟目录的创建等组建、管理信息网络，发布网站等多方面的基本知识与管理技术。

第三篇"网站的制作与安全技术"主要解决网站的设计、网页的开发、ASP 网站与数据库的连接、信息网络与网站安全运行等问题。包含 Dreamweaver 8 网页设计与制作、ASP 脚本语言、ASP 程序设计、ASP 访问数据库和网络安全技术等 5 章。涵盖网页的开发语言基础 HTML、网页制作的基本原则和方法、利用 Dreamweaver 8 制作静态网页、脚本语言的特点、VBScript 脚本语言的设计方法、动态网页的设计方法、ASP 网站的建立方法、ASP 对象的使用方法、ASP 动态网页的设计方法、ASP 连接访问数据库的技术、ADO 对象的使用方法，以及计算机和网站在互联网上能够安全运行的相关技术等内容。

本书层次清晰、概念简洁、准确，叙述通顺、图文并茂，内容安排深入浅出、符合认知规律，实用性强。书中既有适度的基础理论的介绍，又有比较详细的组网、管网和用网等实用技术。每章后面附有大量习题和思考题，需要实验的章节还附有实训环境与条件、实训项目。

总之，本书适合作为网站规划与建设、网站建设与管理、信息网络的建设与管理、计算机网络基础与应用等课程的用书。这些课程是计算机应用、计算机网络、电子技术、信息技术、网络传媒技术、办公自动化、自动化技术、计算机网络技术等专业的基础课，其先修课程为计算机基础、操作系统等。当然，由于本书的 3 个模块相对独立，因此用户可以根据专业、学时的不同进行内容的选择和组合。

学习本课程的学生应当注意，首先，不应当将其作为一门理论课程，而应当作为一门技术应用课程来学习；其次，网络设备，各种局域网组建技术，网站的建立、设计与管理只有与相应的理论密切结合，才能更好地体会和应用到网络应用的实际中；最后，在管网和用网的过程中，只有将理论与实践紧密结合，才能取得事半功倍的效果。

推荐的学时分配表

篇	章	授 课 内 容	学 时 分 配	
			讲 课	实 训
第一篇　网络技术基础	第 1 章	网络基础知识	4	0
	第 2 章	网络系统的组成	4	2
第二篇　网站局域网的组建与管理	第 3 章	组建局域网	4	2
	第 4 章	接入 Internet	4	4
	第 5 章	网络系统的基本管理	4	4
	第 6 章	Intranet 中网站的建设与管理	4	4
第三篇　网站的制作与安全技术	第 7 章	Dreamweaver 8 网页设计与制作	4	6
	第 8 章	ASP 脚本语言	4	8
	第 9 章	ASP 程序设计	8	8
	第 10 章	ASP 访问数据库	10	8
	第 11 章	网络安全技术	2	2
合　　计			52	48

本书由尚晓航担任主编，张姝和郭文荣担任副主编；尚晓航、郭正昊编写了第 1~6 章，郭文荣编写了第 9 章、第 10 章，张姝编写了第 7 章、第 8 章、第 11 章；马楠、郭利民、余洋、陈鸽、常桃英、余学生等参与了部分章节的编写；尚晓航负责全书的统稿与定稿任务。

在本教材的编写和出版过程中，中国铁道出版社的编辑提供了大力的支持与帮助，在此表示诚挚的感谢！

由于计算机网络与应用技术发展迅速，作者的学识和水平有限，时间仓促，书中难免存在不妥之处，恳请广大读者批评指正。

编　者
2011 年 9 月

第1篇

网络技术基础

本篇主要解决建设与管理信息网站中所涉及的网络基础理论、基本概念及网络构件与设备等问题。主要包含：计算机网络的基本概念，数据通信的基本原理与术语，计算机网络协议、TCP/IP 模型、IP 地址和主要参数等技术基础知识，网络系统的结构，软件系统的组成，网络操作系统、硬件系统的组成，服务器技术，传输介质，物理层设备与部件，数据链路层设备及网络层设备，信息网站涉及的基础理论、概念，以及主要网络设备和部件的类型、作用、应用特点等内容。

第1章

网络基础知识

学习目标

- 掌握计算机网络的定义、功能和分类。
- 了解计算机网络的典型应用。
- 掌握数据通信的基本概念和通信系统的常用指标。
- 了解数据传输的方式。
- 了解数据通信系统的组成与类型。
- 了解多路复用技术的分类与特点。
- 掌握 TCP/IP 协议相关的基本知识。
- 掌握 IP 地址的分类与使用。

1.1　计算机网络的定义

计算机网络技术是计算机技术和通信技术的有机集合。因此，计算机网络必然涉及计算机技术及通信技术两个方面。

1. 计算机网络定义涉及的 3 个要点

人们对"计算机网络"的定义是：为了实现计算机之间的通信交往、资源共享和协同工作，采用通信手段，将地理位置分散的、具备自主功能的一组计算机有机地联系起来，并且由网络操作系统进行管理的计算机复合系统。

（1）自主性：一个计算机网络可以包含多台具有"自主"功能的计算机。所谓的"自主"是指计算机离开计算机网络之后，也能独立地工作和运行。网络中的计算机被称为"主机"（host），也叫做网络结点。网络中的共享资源（即硬件资源、软件资源和数据资源）就分布在计算机中。

（2）有机连接：人们构成计算机网络时需要使用通信手段，把有关的计算机（结点）"有机"地连接起来。所谓"有机"地连接是指连接时必须遵循约定和规则。这些约定和规则就是通信协议。

（3）资源共享为基本目的：建立计算机网络主要是为了实现通信的交往，信息资源的交流，计算机分布资源的共享，或者是协同工作。一般将计算机资源共享作为网络最基本的特征。网络中的用户不但可以使用本地局域网中的共享资源，还可以通过远程网络服务共享远程网络中的资源。

2．计算机网络的功能

计算机网络建立的目的就是实现其应具有的功能，它应当实现的基本功能如下：

（1）实现计算机之间和计算机用户之间的通信交往。

（2）实现资源共享，即实现计算机硬件资源、软件资源和数据与信息资源的共享。

（3）计算机之间或计算机用户之间的协同工作。

网络最基本的功能就是资源共享，并由此引申出网络信息服务等许多重要的应用。例如，连网之后，网络上所有硬件资源、软件资源都可以共享；为了提高工作效率，多个用户还可以联合开发大型程序。

1.2　计算机网络的分类

对计算机网络进行分类的标准很多。下面主要介绍两种：

1．按照网络的使用范围分类

按照网络的使用范围可以将计算机网络分为以下两类：

（1）公用网。"公用网"（public network）一般指由国家电信和邮电部门构建的网络。因此，公用网的含义是指任何单位、部门或个人均可租用的网络，有时又称为"公众网"，如电话网。

（2）专用网。"专用网"（private network）是指单位、部门为了某种目的而构建的私有网络。这种网络不为本部门以外的人员服务，例如，海关总署、军队、铁路、银行等均有自己的专用网络。

2．按照网络的作用范围分类

按计算机网络的作用范围分类，是一种能反映网络技术本质特征的分类标准。依照计算机网络作用范围的大小，可以将计算机分为以下 3 类：局域网（local area network，LAN）、城域网（metropolitan area network，MAN）、广域网（wide area network，WAN），相关特征参数如表 1-1 所示。

表 1-1　各类计算机网络的特征参数

网络分类	缩　　写	作用范围	处理机位	应 用 实 例
局域网	LAN	约 10 m	同一房间	小型办公室网络、智能大厦、校园或园区网络
		约 100 m	同一建筑物	
		约 1 km	同一校园	
城域网	MAN	约 10 km	同一城市	城市网络
广域网	WAN	100 km 或 1 000 km	同一国家或洲际	公用广域网、专用广域网

在表 1-1 中，大致给出了各类网络的作用范围。总的规律是作用范围越大，信息传输速率越低。例如，局域网距离最短，信息传输速率最高。一般来说，信息传输速率是关键因素，它极大地影响着计算机网络硬件技术的各个方面。

（1）局域网。局域网就是局部区域的计算机网络。在局域网中，计算机及其他互连设备的分布范围一般在有限的地理范围内，因此，局域网的本质特征是作用范围小，数据传输速率快、延迟小、可靠性高。由于 LAN 具有成本低、应用广、组网方便和使用灵活等特点，深受广大用户的欢迎，也是发展最快且最活跃的一个分支。

（2）广域网。广域网也称远程网。一般，广域网是指作用在不同国家、地域，甚至全球范围内的远程计算机通信网络，其骨干网络一般是公用网，速率较高，能够达到若干 Gbit/s；但是，用户构建的专用广域网的传输速率一般较低，例如，2 Mbit/s～100 Mbit/s。

（3）城域网。城域网原本指介于局域网与广域网之间的一种大范围的高速网络，其作用范围是从几千米到几十千米的城市。目前，随着网络技术的迅速发展，局域网、城域网和广域网的界限已经变得十分模糊。例如，在实践中，人们既可以使用广域网的技术构建城域网，也可以使用局域网的技术构建城域网。因此，本书将不对 MAN 做更为详细的介绍。

1.3 计算机网络的典型应用

由于计算机网络具有通信交往、资源共享和协同工作三大基本功能，因此成为信息产业的基础，并得到了日益广泛的应用，下面将列举一些常用的计算机网络应用系统。

1. 管理信息系统

管理信息系统（management information system，MIS）是基于数据库的应用系统。人们建立计算机网络，并在网络的基础上建立管理信息系统，是现代化企业管理的基本前提和特征。因此，现在管理信息系统被广泛地应用于企事业单位的人事、财会和物资等的科学管理。例如，使用管理信息系统，企业可以实现市场经营管理、生产制造管理、物资仓库管理、财务与审计管理和人事档案管理等。

2. 办公自动化系统

办公自动化系统（office automation system，OA）可以将一个机构办公用的计算机和其他办公设备（如传真机和打印机等）连接成网络，这样可以为办公室工作人员提供各种现代化手段，从而改进办公条件，提高办公效率与质量，以及时向有关部门和领导提供有用的信息。

办公自动化系统通常包含文字处理、电子报表、文档管理、小型数据库和会议演示材料的制作、会议与日程安排、电子邮件和电子传真、文件的传阅与审批等。

3. 信息检索系统

随着全球性网络的不断发展，人们可以方便地将自己的计算机连入网络中，并使用信息检索系统（information retrieve system，IRS）检索与查询向公众开放的信息资源。因此，信息检索系统是一类具有广泛应用的系统。例如，各类图书目录的检索、专业情报资料的检索与查询、生活与工作服务信息的查询（如气象、交通、金融、保险、股票、商贸、产品等），以及公安部门的罪犯信息和人口信息的查询等。信息检索系统不仅可以进行网络上的查询，还可以实现网络购物、股票交易等电子商务活动。

4. 电子收款机系统

电子收款机系统（point of sells，POS）被广泛地应用于商业系统，它以电子自动收款机为基础，并与财务、计划、仓储等业务部门相连接。电子收款机系统是现代化大型商场和超级市场的标志。

5．计算机集成制造系统

计算机集成制造系统（computer integrated manufacturing system，CIMS）实际上是企业中的多个分系统在网络上的综合与集成。它根据本单位的业务需求，将企业中的各个环节通过网络有机地联系在一起。例如，计算机集成制造系统可以实现市场分析、产品营销、产品设计、制造加工、物料管理、财务分析、售后服务以及决策支持等一个整体系统。

6．电子数据交换系统

电子数据交换系统（electronic data interchange system，EDI）也称电子商务系统，其主要目标是实现无纸贸易，目前，已开始在国内贸易活动中流行。在电子数据交换系统中，涉及海关、运输、商业代理等许多部门，所有的贸易单据都以电子数据的形式在网络上传输，因此，要求系统具有很高的可靠性与安全性。电子商务系统是电子数据交换系统的进一步发展，例如，电子数据交换系统可以实现网络购物和电子拍卖等商务活动。

1.4　数据通信的基本概念

在网络中，通信的目的是计算机之间的数据交换。在介绍网络时，有关数据通信中的基本问题，或多或少都会涉及。为了使大家更好地理解网络的原理，在这里将用比较通俗的语言集中地介绍一些数据通信方面的基础概念。

1.4.1　信息、数据和信号

在计算机网络中，通信的目的是为了交换信息。

1．信息

信息（information）的载体可以是数字、文字、语音、图形和图像等。计算机及其外围设备产生和交换的信息都是由二进制代码表示的字母、数字或控制符号的组合。

2．常用的二进制代码

在数据通信过程中，为了传送信息，必须对信息中所包含的每一个字符进行编码。因此，用二进制代码来表示信息中的每一个字符就是编码。目前，最常用的二进制编码标准为美国信息交换标准码（American Standard Code for Information Interchange，ASCII）。而 ASCII 码已被国际标准化组织（International Standards Organization，ISO）和国际电报电话咨询委员会（Consultative Committee on International Telegraph and Telephone，CCITT）采纳，并已发展成为国际通用的交换标准代码。因此，它既是计算机内码的标准，也是数据通信的编码标准。ASCII 码用 7 位二进制数来表示一个字母、数字、控制字符或符号。任何信息都可以用 ASCII 码来表示。例如，一篇文章中的英文字母"A"的 ASCII 码是"1000001"，数字"1"的 ASCII 码是"0110001"，通信过程中使用的控制字符"SYN"的 ASCII 码是"0010110"。

3．数据和信号

在二进制码代码的传输过程中，只需保证通信的正确，而无需理解信息中的内容。网络中所传输的二进制代码称为数据（data），它是传递信息的载体。数据与信息的区别在于，数据仅涉及事物的表示形式，而信息则涉及这些数据的内容和解释。

对于计算机系统来说，它关心的是信息用什么样的编码体制表示出来，例如，如何用 ASCII 码表示字符、数字、符号、汉字、图形、图像和语音等；而对于数据通信系统来说，它关心的是数据的表示方式和传输方法，例如，如何将各类信息的二进制比特序列，通过传输介质，在计算机和计算机之间进行传递。

信号（signal）是数据在传输过程中的电磁波表示形式。通常，将数据的表示方式分为数字信号和模拟信号两种。从时间域来看，图 1-1（a）所示的数字信号是一种离散信号；图 1-1（b）所示的模拟信号是一种连续变化信号。

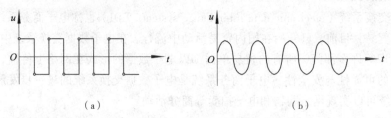

（a）　　　　　　　　　　　　　　　（b）

图 1-1　数字信号和模拟信号

1.4.2　信道及信道的分类

信道（channel）是数据、信号传输的必经之路。一般来说，它由传输线路和传输设备组成。

1．物理信道和逻辑信道

物理信道是指用来传送信号或数据的实际物理通路，它是由传输介质及有关的通信设备组成。逻辑信道也是网络上的一种通路，当信号的接收者和发送者之间，不仅存在一条物理信道，而且在此物理信道的基础上，还实现了其他多路"连接"时，就把这些"连接"称为逻辑信道。同一物理信道上可以提供多条逻辑信道；而每一条逻辑信道上只允许一路信号通过。例如，ADSL 通过电话线及设备建立了一条物理信道，在这条物理信道上，用户可以同时建立电话的语音模拟信号和 Internet 的数字数据信号两种逻辑信道的转接。

2．有线信道和无线信道

根据传输介质是否有形，物理信道可以分为有线信道和无线信道。有线信道由双绞线、同轴电缆、光缆等有形传输介质及设备组成；而无线信道由无线电、微波和红外线等无形传输介质及相关设备组成，无线信号以电磁波的形式在空间传播。

3．模拟信道和数字信道

模拟信道中传输的是模拟信号，因此，能够传输模拟信号的信道又被称为模拟信道。在模拟信道上传输计算机直接输出的二进制数字脉冲信号时，就需要在信道两边分别安装调制解调器，以完成模拟信号与数字信号（A/D）之间的转换。

数字信道中传输的是离散方式的二进制数字脉冲信号，因此，能够传输数字信号的信道就被称为数字信道。计算机中产生的数字信号是由二进制代码"0"和"1"组成的离散方式的信号序列。利用数字信道传输数字信号时，不需要进行变换。但是，在信道的两边通常需要安装用于数字编码的编码器和用于解码的解码器。

4．专用信道和公用信道

专用信道又称专线，是一种连接用户之间设备的固定线路，它可以是自行架设的专门线路，也可以是向邮电部门租用的专线。

公用信道是一种公共交换信道，它是一种通过交换机转接，为大量用户提供服务的信道，因此又被称为公共交换信道。公共电话交换网就属于公共交换信道。

1.4.3 数据单元

在数据传输时，通常将较大的数据块（如报文）分割成较小的数据块（如分组），并在每一数据块上附加一些信息。这些数据块及其附加信息一起被称为数据单元，其中附加的信息通常是序号、地址及校验码等。在实际传输时，可能还要将数据单元分割成更小的逻辑数据单位（如数据帧）。上述的"报文"、"数据分组"和"数据帧"等都是数据传输时数据单元的逻辑单位。

1.4.4 通信系统的主要技术指标

1. 数据传输速率 S（比特率）和波形调制速率 B（波特率）

在数据通信系统中，为了描述数据传输速率的大小和传输质量的好坏，需要运用比特率和波特率等技术指标。比特率和波特率是用不同方式描述系统信息传输速率的参量，都是通信技术中的重要指标。

（1）比特率 S。比特率是一种数字信号的传输速率，它是指在有效带宽上，单位时间内所传送的二进制代码的有效位（bit）数。S 用比特每秒 bit/s、千比特每秒 kbit/s（10^3 bit/s）、兆比特每秒 Mbit/s（10^6 bit/s）、吉比特每秒 Gbit/s（10^9 bit/s）或太比特每秒 Tbit/s（10^{12} bit/s）等单位来表示。注意，在计算机领域与通信领域的数量单位中的千、兆、吉和太等的含义有所不同，例如，在计算机领域中用 K 表示 2^{10}，即 1 024；而在通信领域中用 k 表示 10^3，即 1 000。

（2）波特率 B。波特率是一种调制速率，又称波形速率或码元速率，单位为波特，单位符号为 Bd。它是指数字信号经过调制后的速率，即经调制后的模拟信号每秒钟变化的次数。它特指在计算机网络的通信过程中，从调制解调器中输出的调制信号的载波调制状态每秒钟改变的次数。在数据传输过程中，1Bd 表示每秒钟传送一个码元或一个波形。波特率是脉冲数字信号经过调制后的传输速率，若以 T（单位：s）来表示每个波形的持续时间，则调制速率可以表示为

$$B=\frac{1}{T}$$

比特率和波特率之间有下列关系：

$$S=B\log_2 n$$

式中：n 为一个脉冲信号所表示的有效状态数。

在二进制中，一个脉冲的"有"和"无"表示 0 和 1 两个状态。对于多相调制来说，n 表示相的数目。在二相调制中，n=2，故 S=B，即比特率与波特率相等。但在更高相数的多相调制时，S 与 B 就不相同了，参见表 1-2。

波特率（波形调制速率）和比特率（数据传输速率）是两个最容易混淆的概念，但它们在数据通信中却很重要。为了使读者便于理解，表 1-2 给出了两者的数值关系，两者的区别与联系参见图 1-2。

表1-2 比特率和波特率之间的关系

波特率 B/Bd	1 200	1 200	1 200	1 200
多相调制的相数	二相调制（n=2）	四相调制（n=4）	八相调制（n=8）	十六相调制（n=16）
比特率 S/bit/s	1 200	2 400	3 600	4 800

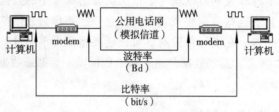

图1-2 比特率和波特率的区别

2．带宽

带宽是指物理信道的频带宽度，即信道允许的最高频率和最低频率之差，单位为赫兹（Hz）、千赫（kHz）和兆赫（MHz）。

3．信道容量

信道容量一般是指物理信道上能够传输数据的最大能力。当信道上传输的数据速率大于信道所允许的数据速率时，信道就不能用来传输数据了。因此，信道容量是一个极限参数。

4．带宽、数据传输速率和信道容量的关联

在模拟信道中，人们原来使用"带宽"表示信道传输信息的能力，单位为 Hz、kHz、MHz或 GHz。例如，电话信道的带宽为 300 Hz～3 400 Hz。而在数字信道中，人们常用"数据传输速率"（比特率）表示信道的传输能力（带宽），即每秒传输的比特数，单位为 bit/s、kbit/s、Mbit/s和 Gbit/s 等。例如，双绞线以太网的数据传输速率为 10 Mbit/s 或 100 Mbit/s 等。

总之，带宽与数据传输速率这两个术语原来都是用来度量信号实际传输能力的指标。而现在，一个物理信道常常是既可以作为模拟信道又可以作为数字信道，例如，人们可以使用原有的电话线（模拟信道）直接传递二进制表示的数字信号。由于历史的原因，在一些论述计算机网络的中外文书籍中，这几个词经常被混用，并用来描述网络中的数据传输能力。从技术角度来讲，读者应当注意区别这几个不同而又相互关联的概念。

5．误码率 P_e

（1）误码率 P_e 的定义。误码率是指二进制比特在数据传输系统中被传错的概率，又称"出错率"，其定义式如下：

$$P_e \approx \frac{N_e}{N}$$

式中：N 为传输的二进制位的总比特数；N_e 表示被传错的比特数。

（2）误码率的性质、获取与实用意义。

① 性质：误码率 P_e 是数据通信系统在正常工作状况下传输的可靠性指标。

② 获取：在实际数据传输系统中，人们通过对某种通信信道进行大量重复测试，才能求出该信道的平均误码率。

③ 采用差错控制技术的意义：根据测试，目前电话线路数据传输速率在 300 bit/s～2 400 bit/s 时的平均误码率为 $10^{-4} \sim 10^{-6}$；数据传输速率在 2 400 bit/s～9 600 bit/s 时的平均误码率为在 $10^{-2} \sim$

10^{-4}。而计算机网络通信系统中对误码率的要求为 $10^{-9}\sim10^{-6}$，即至少是平均每传送 1M 二进制位，才能错 1 位。因此，在计算机网络中使用普通通信信道时，必须采用差错控制技术才能满足计算机通信系统要求的可靠性指标。

1.5 串行传输与并行传输

在进行数据传输时，有并行传输和串行传输两种方式。由于串行传输的收发双方只需要一条通信信道，易于实现，因此是目前远程通信中主要采用的一种通信方式。在实际中，网卡、声卡、数据终端设备等都会涉及数据传输方式的设置问题。

1.5.1 并行传输

并行传输可以一次传输若干比特的数据，从发送端到接收端的信道相应地需要用若干根传输线。常用的并行方式是将构成一个字符的代码的若干位分别通过同样多的并行信道同时传输。例如，计算机的并行口常用于连接打印机，1 个字符分为 8 位，因此，每次并行传输 8 比特信号，如图 1-3 所示。由于在并行传输时，一次只传输 1 个字符，因此收发双方没有字符同步问题。

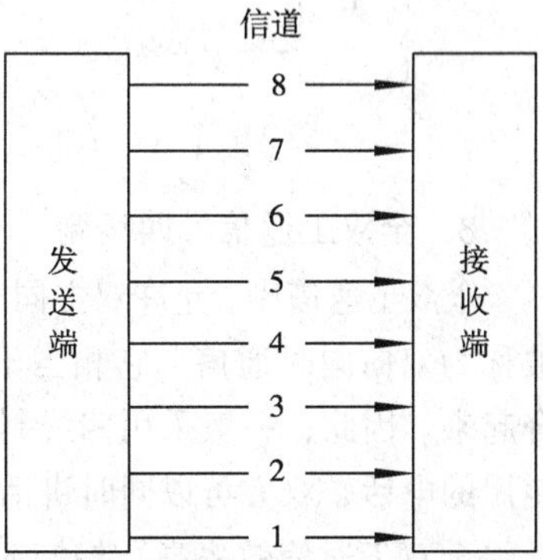

1.5.2 串行传输

并行传输的速率高，但传输线路和设备都需要增加若干

图 1-3 并行数据传输

倍，一般适用于短距离、要求传输速度高的场合；虽然串行传输速率只有并行传输的几分之一（如 1/8），但可以节省设备，因而是当前计算机网络中普遍采用的传输方式，如图 1-4 所示。

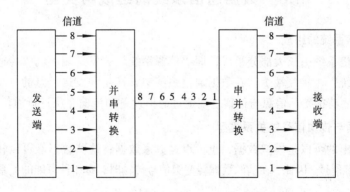

图 1-4 串行数据传输

应当指出，由于计算机内部操作多采用并行传输方式，因此，在实际中采用串行传输时，发送端需要使用并/串转换装置，将计算机输出的并行数据位流转换为串行数据位流，然后送到信道上传输。在接收端，则需要通过串/并转换装置，还原成并行数据位流。

串行数据通信又有 3 种不同方式：单工通信、半双工通信和全双工通信。

1. 单工通信（双线制）

在单工通信中，数据信号固定地从发送端 A 传送到接收端 B，因此，又称单向通信。理论上讲，单工通信的线路只需要一根线；而在实际中，一般采用两个通信信道，一个传送数据，一个传送控制信号，简称为"二线制"，如图 1-5 所示。广播、电视及有线广播等都属于这种类型。例如，在家中收看电视节目时，观众无法给电视台传送数据，只能由电视台单方向地给观众传送画面数据。

2．半双工通信（双线制+开关）

在半双工通信中，允许数据信号双向传送，但不能同时进行，因此又被称为双向交替通信。这种方式要求 A、B 端都有发送装置和接收装置。若想改变信息的传输方向，需要利用开关（K）进行切换。例如，无线电对讲机，甲方讲话时，乙方无法讲，需要等甲方讲完，乙方才能讲，如图 1-6 所示。

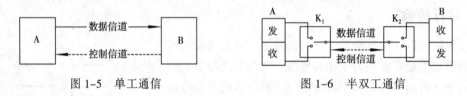

图 1-5 单工通信　　　　图 1-6 半双工通信

3．全双工通信（四线制）

全双工通信中，允许双方同时在两个方向进行数据传输，因此也被称为双向同时通信。它相当于将两个方向相反的单工通信方式组合起来。因此，一般采用四线制，如图 1-7 所示。例如日常生活中使用的电话，双方可以同时讲话。

全双工通信效率高，控制简单，但造价高，适用于计算机之间的通信。

图 1-7 全双工通信

1.6 数据通信系统的组成与类型

1．数据通信系统的组成

一个数据通信系统由三大部分组成，即"信源系统"（发送端）、"传输系统"（传输网络）和"目的系统"（接收端）。在数据通信系统中，产生和发送信息的一端叫"信源"，接收信息的一端叫"信宿"。信源与信宿之间通过通信设备和传输介质进行通信。

2．信源数据与传输信号的关系类型

"信源"发出的可以是模拟数据，也可以是数字数据；这些数据既可以转换为模拟信号，也可以转换为数字信号。因此，在信源数据转变为信号传输时，有 4 种可能的关系，如图 1-8 所示。

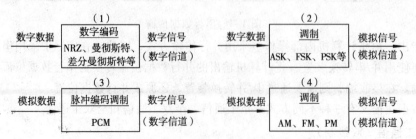

图 1-8 信源数据与传输信号的关系类型

（1）数字数据—数字信号传输：例如，10BASE-T 双绞线以太网。

（2）数字数据—模拟信号传输：例如，使用调制解调器上网。

（3）模拟数据—数字信号传输：例如，数字电视传输系统。

（4）模拟数据—模拟信号传输：例如，早期的电话传输系统。

3. 数字通信及其分类

在计算机网络中，一般来说，信源和信宿（即发送和接收数据的一方）发出和接收到的都是数字信号；而传输网络在传输过程中，可以使用数字信号或模拟信号两种信号的表达方式。因此，根据通信过程中信号表达形式的不同，分为基带传输和频带传输两种，并统称为"数据通信"。为此，将"数据通信"定义为：在不同的计算机和数字设备之间传送二进制代码 0、1 的过程，这些二进制代码表示了各种字母、数字、符号和控制信息。因而，计算机网络中的数据传输系统就称为"数据通信"系统。

（1）基带传输。基带（base band）和基带信号：由计算机、终端等直接发出的信号都是二进制的数字信号。这些二进制信号是典型的矩形电脉冲信号，其频谱包含直流、低频和高频（从直流一直到无限高的频率）等多种成分。因此，数字信号的频带非常宽，但是，其主要能量集中在低频段。为此，把数字信号频谱中，从直流（零频）开始到能量集中的一段频率范围称为基本频带（或固有频带），简称为"基带"，为此，数字信号也被称为"数字基带信号"，简称为"基带信号"。如果在线路上直接传输基带信号，就称为"数字信号基带传输"，简称为"基带传输"。在数据通信中，如果直接传输基带信号，则该信号几乎要占用整个频带。在大多数局域网（LAN）中，尤其是传输距离不远的有线情况下，大都采用了基带传输方式。其优缺点如下：

① 优点：速率高，误码率低，被广泛应用在计算机网络的传输系统中。

② 缺点：占用的频带宽，不利于远程传输。

（2）频带传输和宽带传输：

① 频带传输：用电话线和电话交换网作为传输信道时采用的传输技术。频带传输中的信道带宽为 3 100 Hz。因此，在采用频带传输方式时，在发送端和接收端都要安装调制解调器。

② 宽带传输：通常是指采用 75 Ω 的 CATV 电视同轴电缆或光缆作为传输媒体时的传输技术。在宽带传输中，常将整个带宽划分为若干个子频带，并分别利用各个子频带来传送音频信号、视频信号或数字信号。宽带同轴电缆原来是用来传输电视信号的，当用来传输数字信号时，需要利用电缆调制解调器（cable modem）把数字信号变换成频率为几十到几百兆赫兹（MHz）的模拟信号。

网络的远程通信一般都是频带传输或宽带传输，其优缺点如下：

① 优点：可以利于现有的大量模拟信道，例如，电话交换网通信。因此，价格便宜，容易实现。家庭用户拨号上网就属于这一类通信。

② 缺点：速率低，误码率高。

由于频带传输和宽带传输都是利用模拟信道的模拟信号传输数字数据（信号）的传输方式，因此，很多书将这两种传输统称为"频带传输"。

4. 频带传输中的重要设备——调制解调器

传统的调制解调器（modem）是为了使数字信号在具有有限带宽的模拟信道上，进行远距离传输而设计的一种数据通信设备（DCE）。其主要的功能是进行数字信号的调制和解调，在数据终端设备（DTE）和模拟传输线路之间起到数字信号与模拟信号之间转换的作用。

未加说明时，modem 特指计算机通过普通电话网传输数据用的 modem。目前的广义 modem 可以是 ADSL modem、ISDN modem、电力 modem、电缆（cable）modem、基带 modem。总之，modem 就是信号变换设备，例如，ISDN modem 可以将计算机输出的一种数字信号变换为适合在 ISDN（一线通）线路上传递的另一种数字信号。

1.7 多路复用技术

多路复用技术是指在同一传输介质上"同时"传送多路信号的技术。因此，多路复用技术也就是在一条物理线路上建立多条通信信道的技术。在多路复用技术的各种方案中，被传送的各路信号分别由不同的信号源产生，信号之间互不影响。由此可见，多路复用技术是一种提高通信介质利用率的方法。

1.7.1 多路复用技术概述

1. 多路复用技术的实质和研究目的
（1）研究多路复用技术的目的：充分利用现有传输介质，减少新建项目的投资。

（2）多路复用技术的实质：共享物理信道，更加有效地利用通信线路。

（3）多路复用技术的工作原理：首先，将一个区域的多路用户信息通过多路复用器（mux）汇集到一起；然后，将汇集起来的信息群通过一条物理线路传送到接收设备；最后，接收设备端的多路复用器（mux）再将信息群分离成单个的信息，并将其一一发送给多个用户，如图 1-9 所示。这样，可以利用一对多路复用器和一条通信线路，来代替多套发送和接收设备与多条通信线路。

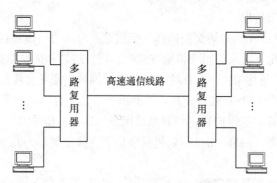

图 1-9 多路复用技术的原理图

2. 多路复用技术的分类
根据使用的技术和使用场合的不同，常用的多路复用技术类型如下：

（1）FDM（frequency division multiplexing）：频分多路复用。

（2）TDM（time division multiplexing）：时分多路复用，分为静态时分多路复用（同步时分多路复用，STDM）和统计时分多路复（异步时分多路复用，ATDM）等。

（3）WDM（wavelength division multiplexing）：波分多路复用。

（4）其他复用技术：还有空分多路复用（space division multiplexing，SDM）以及码分多路复用（code division multiplexing，CDM）等。

1.7.2　频分多路复用

在实际通信系统中，物理信道的"可用带宽"往往大于单个给定信号所需的带宽，频分多路复用（FDM）技术正是利用了这一特点。对于使用 FDM 技术的网络来说，频带越宽，在频带宽度内所能划分的子信道就越多。在 FDM 中，单个信道的带宽与信道总带宽之间的关系式如下：

（1）单个信道的带宽：

$$F_i = F_m + F_g$$

（2）多路复用系统的总带宽：

$$F = N \times F_i = N \times (F_m + F_g)$$

式中：F_g 为警戒信道带宽，又称"保护信道"带宽；F_m 为单个信道的带宽；N 为频分多路复用信道的个数。

采用频分多路复用技术时，将信道按频率划分为多个子信道，每个信道可以传送一路信号，如图 1-10 所示。FDM 将具有较大带宽的线路带宽划分为若干个频率范围，每个频带之间留出适当的频率范围，作为保护信道或警戒信道，以减少各段信号的相互干扰。

实际应用时，FDM 技术通过调制技术将多路信号分别调制到各自不同的正弦载波频率上，并在各自的频段范围内进行传输，如图 1-10 所示。首先，3 路带宽可以分别用来传输数据、语音和图像等不同信息，因此，需要将它们分配到 3 个不同的频率段 $F_a \sim F_c$ 中。在发送时，分别将它们调制到各自频段的中心载波频率上；然后，在各自的信道中，被传送到接收端；最后，再由解调器恢复成原来的波形。为了防止信号之间的相互干扰，各信道之间由保护频带隔开。这种技术适用在宽带局域网中。其中，专用于某路信号的频率段称为该信道的逻辑信道，因此，图 1-10 所示系统共有 3 条逻辑信道。

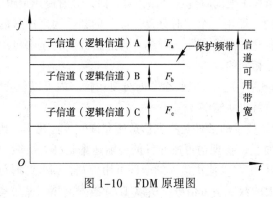

图 1-10　FDM 原理图

综上所述，应用 FDM 技术的条件是物理信道的可用带宽比单个逻辑信道所需的信道带宽大得多的场合；而且，物理信道的频带越宽，在频带宽度内所能划分的子信道就越多。

1.7.3　时分多路复用

本节介绍的时分多路复用（TDM）技术是静态时分多路复用，又称同步时分多路复用（STDM）。

TDM 的工作原理：首先，将各路传输信号按时间进行分割，就是将每个单位传输时间划分为相同数量的时间片（即时隙）；其次，每路信号使用其中之一进行传输，我们将多个时隙组成的帧称为"时分复用帧"。这样，就可以使多路输入信号在不同的时隙内轮流、交替地使用物理信道进行传输，如图 1-11 所示。

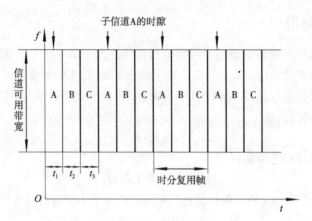

图 1-11　时分多路复用

TDM 技术适用于整个物理信道允许的传输速率比每路信号所需的传输速率大许多的场合。应用时，先把每路信号都调整到比所需传输速率高的速率上，这样，每路信号就可以按较高的速率进行传输。传输时，每单位时间内多余的时间就可以用来传输其他路的信号。例如，图 1-11 表示了 3 个复用信号 A、B、C 分别在 t_1、t_2、t_3 这 3 个"时隙"内占用信道。即在 t_1 时间内，传送信号 A；t_2 时间内，传送信号 B；t_3 时间内，传送信号 C。假定每个输入信号要求 9.6 kbit/s 的传输速率，则一条容量为 28.8 kbit/s 的信道，可以满足传输 3 路信号的要求。如前所述，必须先将各路信号的传输速率都提高到 28.8 kbit/s，然后再传送。此时，传输信号 A 的时间仅需要 1/3 s，节省下的时间可以用来传送其他的信号。上面专门用于某个信号的"时隙"序列，称为该信道的逻辑信道，因此，图 1-11 所示的系统共有 A、B、C 这 3 个逻辑信道。

TDM 不像 FDM 那样真正地同时传送多路信号，而是分时使用信道，因此，这种"同时"是从整体和宏观角度出发的。即用每个"时分复用帧"的某一固定序号的时隙组成其中的一个子逻辑信道；每个子信道占用的带宽都是一样的（即通信介质的全部可用带宽）；每个"时分复用帧"所占用的时间也是相同的。

对于 TDM 来说，"时隙"越短，则每个"时分复用帧"内可以包含的"时隙"数目就越多，因而可以划分的子信道数目也就越多。

综上所述，应用 TDM 技术的条件是物理信道所允许的传输速率，比单个逻辑信道所需的传输速率大很多的场合。而且，物理信道所允许的传输速率越高，所能划分的子信道就越多。另外，在 TDM 中，每路信号都可以使用信道的全部可用带宽，因此，时分多路复用技术更加适用于传输占用信道带宽较大的数字基带信号，所以 TDM 技术常用于基带局域网中。

1.7.4　波分多路复用

目前，光纤的应用越来越普遍，由于光纤的铺设和施工的费用都是很高的，因此波分多路复用技术的研究和应用有着光明的前景和广泛的社会应用价值。对于使用光纤通道（fiber optic channel）的网络来说，波分多路复用（wavelength division multiplexing, WDM）技术将是其最适合的多路复用技术。

实际上，波分多路复用技术所用的技术原理与前面介绍的频分多路复用技术大致相同。WDM

技术的工作原理如图 1-12 所示。由图可见，通过光纤 1 和光纤 2 传输的两束光的频率是不同的，它们的波长分别为 λ_1 和 λ_2。当这两束光进入光栅（或棱镜）后，经处理、合成后，就可以使用一条共享光纤进行传输；合成光束到达目的地后，经过接收方光栅的处理，重新分离为两束光，并通过光纤 3 和光纤 4 传送给用户。在图 1-12 所示的波分多路复用系统中，由光纤 1 进入的光波信号传送到光纤 3，而从光纤 2 进入的光波信号被传送到光纤 4。

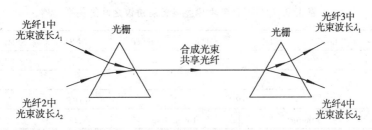

图 1-12　波分多路复用

综上所述，WDM 与 FDM 使用的技术原理是一样的，只要每个信道使用的频率（即波长）范围各不相同，它们就可以使用波分多路复用技术，通过一条共享光纤进行远距离的传输。与电信号使用的 FDM 技术不同的是，在 WDM 技术中，是利用光学系统中的衍射光栅，来实现多路不同频率光波信号的合成与分解。

1.8　TCP/IP 协议

Internet 在世界范围内的迅猛发展，使得 TCP/IP 协议得到了广泛的应用。虽然 TCP/IP 不是 ISO 标准，但是由于 TCP/IP 的广泛应用，使其成为一种"实际上的标准"。使用 TCP/IP 协议的网络有 Internet、Intranet 和 Extranet。TCP/IP 协议实际上不是一个协议，而是由 4 层多个协议组成的一个协议栈。在实现和管理 TCP/IP 网络时，应当对其十分了解。

1.8.1　TCP/IP 四层参考模型

TCP/IP 协议栈（簇）又称 TCP/IP 四层参考模型，它位于网络的各个主机中。

1. 模型的名称与制定者

（1）TCP/IP（transmission control protocol/Internet protocol）的中文名称是"传输控制协议／网际协议"。TCP/IP 协议是事实上的标准，也是 Internet 上使用的主要协议。TCP/IP 模型从上至下包括 4 层，每层都有若干协议。应用最多的是 TCP 和 IP 协议，简称"TCP/IP"协议。

（2）制定者为 ARPA（Advanced Research Project Agency），即美国国防部高级研究计划局。ARPA 从 20 世纪 60 年代开始致力于研究不同类型的计算机网络之间的互相连接问题，最终成功地开发出著名的 TCP/IP 参考模型。

2. RFC 文档

RFC（request for comments）文档描述了 Internet 的内部工作状态：TCP/IP 协议以一系列 RFC 文档的形式出版，RFC 文档分为五种不同类别来表示其当前发展的状态。当某项技术发展得较为完善时，就会被标记为标准状态的 RFC。

3. TCP/IP 模型的分层

TCP/IP 将相互通信的各个通信协议分配为 4 层，从上到下依次为应用层、传输层、网际层（又称 IP 层或互联层）和网络接口层（主机–网络层），参见表 1-3。OSI 与 TCP/IP 协议的分层比较参见表 1-4。虽然，TCP/IP 不是一个定义完善的协议栈，但是，它在应用中不断的发展和完善，并广泛地应用到网络的各个领域。

表 1-3　TCP/IP 参考模型与各层协议之间的关系

应用层	Telnet	FTP	SMTP	HTTP	DNS	SNMP	TFTP
传输层	TCP					UDP	
网际层	IP						
		ARP		RARP			
网络接口层	Ethernet		Token Ring		X.25	其他协议	

表 1-4　OSI 与 TCP/IP 协议的分层比较

OSI 模型结构	TCP/IP 模型结构	TCP/IP 模型中的协议群	TCP/IP 模型各层的作用
应用层（application）	应用层	FTP、HTTP、HTML、POP3、SMTP、Telnet、SNMP、RPC、NNTP、Ping、MIME、MIB、XML	向用户提供调用和访问网络中的各种应用、服务和实用程序的接口
表示层（presentation）			
会话层（session）			
传输层（transport）	传输层 TCP	TCP、UDP	提供端到端的可靠或不可靠的传输服务，可以实现流量控制、负载均衡
网络层（network）	网际层 IP	IP、ARP、RARP、ICMP	提供逻辑地址和数据的打包（分组），并负责主机之间分组的路由选择
数据链路层（data link）	网络接口层（主机–网络层）	Ethernet、FDDI、ATM、PPP、Token–Ring	负责数据的分帧，管理物理层和数据链路层的设备，并负责与各种物理网络之间进行数据传输。使用 MAC 地址访问传输介质、进行错误的检测与修正
物理层（physical）			

4. TCP/IP 各层协议及功能

（1）网络接口层。TCP/IP 的最低层是网络接口层，常见的直接支持局域网和广域网的接口层协议有：Ethernet 802.3（以太网）、Token Ring 802.5（数标环，曾称令牌环）、X.25（公用分组交换网）、Frame Reley（帧中继）、PPP（点对点）等。

（2）网际层。网际层与 OSI 模型的网络层相对应，它负责相邻计算机之间数据分组的逻辑（IP）地址寻址与路由。网际层中包含的主要协议的具体功能如下：

① IP（Internet protocol，网际协议）：其任务是为 IP 数据包进行寻址和路由，使用 IP 地址确定收发端，并将数据包从一个网络转发到另一个网络。

② ICMP（Internet control message protocol，因特网控制消息协议）：用于处理路由，协助 IP 层实现报文传送的控制机制，并为 IP 协议提供差错报告。

③ ARP（address resolution protocol，地址解析协议）：用于完成主机的 IP（Internet）地址向物理地址的转换。这种转换又称"映射"。

④ RARP（reverse address resolution protocol，逆向地址解析协议）：用来完成主机的物理地址到 IP 地址的转换或映射功能。

（3）传输层（transport）。传输层在 IP 层服务的基础之上，提供端到端的可靠或不可靠的通信服务。端到端的通信服务通常是指网络结点间应用程序的服务。传输层包含两个主要协议，它们都是建立在 IP 协议基础上的，其功能如下：

① TCP（transmission control protocol，传输控制协议）：一种面向连接的、高可靠性的、提供流量与拥塞控制的传输层协议。

② UDP（user datagram protocol，用户数据报协议）：一种面向无连接的、不可靠的、没有流量控制的传输层协议。

③ TCP 或 UDP 端口号（port）：

● 定义：在一台计算机中，不同的进程用进程号或进程标识唯一地标识出来。在 TCP/IP 协议栈中，这种进程标识符就是"端口号"，又称"进程地址"。

● 端口号的表示：端口号的长度定义为 16 位二进制，其值可以是 0～65 535 之间的任意十进制整数。

● 全局端口号：TCP/IP 为每一种服务器应用程序都分配了确定的、全局有效的端口号，即"全局端口号"（又称"默认端口号"或"公认端口号"），每个客户进程都知道相应服务器的全局端口号。为了避免与其他应用程序混淆，默认端口号的值定义在 0～1 023 范围内，例如，HTTP 使用 TCP 的 80 端口号；FTP 使用 TCP 的 20 和 21 号端口；SNMP 使用 UDP 的 161 号端口等。

● 端口号与传输层协议的关联：端口号与使用的 TCP 或 UDP 协议直接相关，TCP 和 UDP 有各自独立的端口号，其对应的常用全局端口号如表 1-5 和表 1-6 所示。

表 1-5　TCP 端口号与服务进程

端　口　号	服务进程	说　　　　明
20	FTP	文件传输协议（数据连接）
21	FTP	文件传输协议（控制连接）
23	Telnet	远程登录或仿真（虚拟）终端协议
25	SMTP	简单邮件传输协议
53	DNS	域名服务器
80	HTTP	超文本传输协议
110	POP	邮局协议
111	RPC	远程过程调用
⋮	⋮	⋮

表 1-6　UDP 端口号与服务进程

端　口　号	服　务　进　程	说　　　　明
53	DNS	域名服务器
67	BOOTP	引导程序协议，又称自举协议
67	DHCP 服务器	动态主机配置协议是 BOOTP 协议发展后的协议；应答配置
68	DHCP 客户	动态主机配置协议是 BOOTP 协议发展后的协议；广播请求配置
69	TFTP	简单文件传输协议
111	RPC	远程过程调用
123	NTP	网络时间协议
161	SNMP	简单网络管理协议
⋮	⋮	⋮

④ 套接字（socket）：应用程序通过指定计算机的 IP 地址、服务类型（TCP 或 UDP），以及应用程序监控的端口来创建套接字。套接字中的 IP 地址组件可以协助标识和定位目标计算机，而其中的端口则决定数据所要送达的具体应用程序。

● 定义：套接字是 IP 地址和 TCP 端口或 UDP 端口的组合，socket 地址又称为"套接字"或"插口"，它是应用子程序连接的标识，也是传输层的一种地址。

● 组成：套接字由 IP 地址（32 位）和端口号（16 位），总共 48 位二进制数组成。

● 应用：有了编程套接字的信息，网络通信的编程才能实现。

例如：

$$\boxed{\text{TCP/UDP+IP+PORT}} \longleftrightarrow \boxed{\text{TCP/UDP+IP+PORT}}$$

源主机　　　　　　　　目的主机

其中，TCP/UDP+IP+PORT 表示"服务协议 + 机器 + 应用程序"。

（4）应用层（application）。TCP/IP 模型的应用层与 OSI 模型的上 3 层相对应。应用层向用户提供调用和访问网络中各种应用程序的接口，并向用户提供各种标准的应用程序及相应的协议，用户也可以根据需要自行编制应用程序。应用层的协议很多，常用的有以下几类：

① 依赖于 TCP 协议的应用层协议：

● Telnet：远程终端服务，也称为网络虚拟终端协议。使用默认端口 23，用于实现 Internet 或互联网络中的远程登录功能。它允许一台主机上的用户登录到另一台远程主机，并在该主机上进行工作，用户所在主机仿佛是远程主机上的一个终端。

● HTTP（hypertext transfer protocol，超文本传输协议）：使用默认端口 80，用于 WWW 服务，实现用户与 WWW 服务器之间的超文本数据传输功能。

● SMTP（simple mail transfer protocol，简单邮件传输协议）：使用默认端口 25。该协议定义了电子邮件的格式，以及传输邮件的标准。在 Internet 中，电子邮件的传递是依靠 SMTP 进行的，即服务器之间邮件的传送主要由 SMTP 负责。当用户主机发送电子邮件时，首先使用 SMTP 协议将邮件发送到本地的 SMTP 服务器上，服务器再将邮件发送到 Internet 上。因此，用户的计算机需要填写 SMTP 服务器的域名或 IP 地址，例如，smtp.vip.sina.com。

● POP3（post office protocol，邮件代理协议）：由于目前的版本为 POP 第 3 版，因此又称 POP3。POP3 协议主要负责接收邮件，当用户计算机与邮件服务器连通时，它负责将电子邮件服务器邮箱中的邮件直接传递到用户的本地计算机上。因此，用户计算机需要填写 POP3 服务器的域名或 IP 地址，例如，pop3.vip.sina.com。

● FTP（file transfer protocol，文件传输协议）：使用默认端口 20/21。用于实现 Internet 中交互式文件传输的功能。FTP 为文件的传输提供了途径，它允许将数据从一台主机上传输到另一台主机上，也可以从 FTP 服务器上下载文件，或者是向 FTP 服务器上传文件。

② 依赖于无连接的 UDP 协议的应用层协议：

● SNMP（simple network management protocol，简单网络管理协议）：使用默认端口 161，用于管理与监控网络设备。

● TFTP：简单文件传输协议使用默认端口 69，提供单纯的文件传输服务功能。

● RPC：远程过程调用协议使用默认端口 111，实现远程过程的调用功能。

③ 既依赖于 TCP 又依赖于 UDP 协议的应用层协议：

● DNS：域名系统（domain name system）服务协议使用默认端口 53，用于实现网络设备名字到 IP 地址映射的网络服务功能。

● CMOT：通用管理信息协议。

④ 非标准化协议：属于用户自己开发的专用应用程序，建立在 TCP/IP 协议栈基础之上，但无法标准化的程序。例如，Windows Sockets API 为使用 TCP 和 UDP 的软件提供了 Microsoft Windows 下的标准应用程序接口，在 Windows Sockets API 上的应用软件可以在 TCP/IP 的许多版本上运行。

1.8.2　TCP/IP 网络中的地址

Internet(因特网)正是通过 TCP/IP 协议和网络互联设备将分布在世界各地的各种规模的网络、计算机互联在一起。为了彼此识别，网络中的每个结点、每台主机都需要设置地址。这个地址通常是 Internet 上使用的地址，即 IP 地址。当前使用的 IP 地址是 IPv4 版，未来发展的趋势是使用 IPv6 版的 IP 地址。在 TCP/IP 网络中，每个结点（计算机或设备）都有一个唯一的 IP 地址。这个 IP 地址在网络中的作用就像住户的地址；在网络中，根据设备的 IP 地址，即可找到这台设备，例如，根据某台计算机的 IP 地址，即可知道其所在网络的编号，以及该计算机在其网络上的主机编号。

1. IP 地址的表示

每个 IP 地址由 32 位二进制组成；IP 地址分为 4 个部分，每部分的 8 位二进制使用十进制数字表示，用"."分隔，因此，被称为点分十进制表示，如 128.64.32.8。

2. IP 地址的结构

每个 IP 地址由两部分组成，其两层地址结构如图 1-13 所示。这两部分分别称为网络地址和主机地址。

（1）网络地址。网络地址用于辨认网络，同一网络中的所有 TCP/IP 主机的网络 ID 都相同。网络地址还被称：网络编号、网络 ID 或网络标识。

（2）主机地址。主机地址用于辨认同一网络中的主机，又称主机编号、主机 ID 或主机标识。

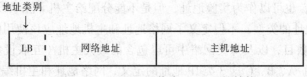

图 1-13　TCP/IP 网络中 IP 地址的结构

3. IP 地址的划分

在网络中，每台运行 TCP/IP 协议的主机或设备的 IP 地址必须唯一，否则就会发生 IP 地址冲突，导致计算机（设备）之间不能正常的通信。

根据网络的大小，Internet 委员会定义了 5 种标准的 IP 地址类型，以适应各种不同规模的网络；在局域网中，仍沿用这个分类方法。这 5 种地址的格式示意图，参见图 1-14。

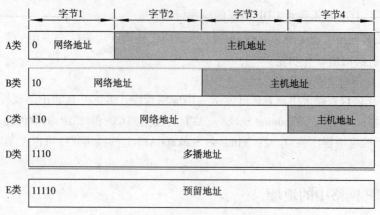

图 1-14 IP 地址的分类结构

（1）A 类地址。A 类地址分配给拥有大量主机的网络。A 类地址的"W"字段内高端的第 1
位为 LB，其值定为"0"，与接下来的 7 位共同表示网络地址；其余的 24 位（即 X、Y、Z 字段）
表示主机地址。因此，总共有 126 个 A 类网络；每个 A 类网络中有 $2^{24}-2$ 个主机，大约 1 700 万
个可用 IP 地址。

（2）B 类地址。B 类地址一般分配给中等规模的网络。B 类地址的"W"字段内，高端的前
2 位为 LB，其值定为"10"，与接下来的 14 位共同表示网络地址；其余的 16 位（即 Y、Z 字段）
表示主机地址。因此，总共有 16 384（2^{14}）个 B 类网络；每个 B 类网络中有 $2^{16}-2$ 个主机，大约
有 65 000 个可用 IP 地址。

（3）C 类地址。C 类地址一般分配给小规模的网络。C 类地址的"W"字段内高端的前 3 位
为 LB，其值固定为"110"，与接下来的 21 位共同表示网络地址；其余的 8 位（即 Z 字段）表
示 C 类网络的主机地址。因此，全世界总共有 2^{21} 个，大约 200 万个 C 类网络。每个 C 类网络中
有 254 个主机。

（4）D 类地址。D 类地址的"W"字段内高端的前 4 位为 LB，其值为"1110"。D 类地址
用于多播，所谓多播就是把数据同时发送给一组主机，只有那些登记过可以接收多播地址的主
机才能接收多播数据包。D 类地址的范围是 224.0.0.0～239.255.255.255。

（5）E 类地址。E 类地址的"W"字段内高端的前 4 位为 LB，其值固定为"11110"。E 类
地址是为将来预留的，也可以作为实验地址，但是不能分配给主机（互联设备）使用。

综上所述，IP 地址的类型，不但定义了网络地址和主机地址应该使用的位，还定义了每类
网络允许的最大网络数目，以及每类网络中可以包含的最大主机（互联设备）的数目。另外，
表 1-7、表 1-8 表明了 A、B、C 这 3 类 IP 地址的定义、网络地址和主机编号字段的取值范围。
在 Internet 中使用的 IP 地址必须经过专门管理机构的授权，因此，在 Internet 中发布网站前，需
要先申请固定的 IP 及域名。然而，在局域网中使用 IP 时却不受此约束。

表 1-7 网络类别、网络地址和主机编号字段的取值范围

网络类别	IP 地址	网络地址	主机编号	网络地址中 W 的取值范围
A	W.X.Y.Z	W	X.Y.Z	1～126
B	W.X.Y.Z	W.X	Y.Z	128～191
C	W.X.Y.Z	W.X.Y	Z	192～223

表 1-8 归纳了 A、B、C 这 3 类网络 IP 地址 W 段的取值范围、网络个数及主机个数。

表 1-8 A、B、C 这 3 类网络的特性参数取值范围

网络类别	网络地址（W）的取值范围	网络个数（近似值）	IP 结点个数
A	1.X.Y.Z ～126.X.Y.Z	126 （2^7-2）	$2^{24}-2$
B	128.X.Y.Z ～191.X.Y.Z	16 384 （2^{14}）	$2^{16}-2$
C	192.X.Y.Z ～223.X.Y.Z	大约 200 万个 （2^{21}）	2^8-2

4．特殊 IP 地址及其使用

（1）本网地址。将 IP 地址中主机地址的各位全为"0"的 IP 地址叫做"本网地址"，也被称为"0"地址。这个地址用来表示"本地网络"，例如，用"128.16.0.0"表示"128.16"这个 B 类网络。

（2）直接广播地址。将主机地址的各位全为"1"的 IP 地址称为直接广播地址。该地址主要用于广播，在使用时，用来代表该网络中的所有主机。例如，200.200.200.0 是一个 C 类的网络 IP 地址，该网络的广播地址就是 200.200.200.255；当该网络中的某台主机需要发送广播时，就可以使用这个地址向该网络中的所有主机发送报文。

（3）回送地址。IP 地址中以 127 开始的 IP 地址作为保留地址，被称为"回送地址"。回送地址用于网络软件的测试，以及本地进程的通信。顾名思义，任何程序一旦使用了回送地址为目的地址，则该程序将不再转发数据，而是将其立即回送给源地址。例如，使用"ping 127.0.0.1"可以通过 ping 软件测试本地网卡进程之间的通信。

1.8.3　IP 地址的使用

IP 地址是 Internet 中使用的一种地址。访问互联网络中的网站或其他资源时，用户既可以使用 IP 地址，也可以使用域名地址（例如 www.sina.com）。此外，IP 地址也是普通局域网中使用最为广泛的一种逻辑地址。

1．IP 地址中网络地址的使用规则

无论在 Internet 上还是在局域网上，分配和使用网络地址（网络 ID）时，其取值范围见表 1-6；此外，给网络结点（计算机或网络设备）分配 IP 地址时还应遵循以下规则：

（1）网络地址必须唯一。

（2）网络地址的各位不能全为"0"，如果全为 0 就表示信息发送到本网络中"网络编号"指定的主机。例如，当主机或路由器发送信息的源地址为 200.200.200.1，目的地址为 0.0.0.2 时，表示将信息包发送到这个网络的 2 号主机上。

（3）网络地址字段的各位不能全为"1"。

（4）网络地址不能以 127 开始。因为 127 开始的 IP 地址保留给诊断用的回送函数使用。127.0.0.1 被称为"环回地址"，该地址代表本地主机（local host）的 IP 地址，用于测试。因此，该地址以及 127 打头的 IP 地址不能分配给网络上的任何计算机使用。

（5）IP 地址的 32 位不能全为"1"，即配置的 IP 地址为 255.255.255.255，这个地址称为"受限广播地址"，发送到该地址的数据包会发送给本地物理网络中的所有主机。

2．IP 地址中主机地址的使用规则

（1）在网络地址相同时，主机地址（编号）必须唯一。

（2）主机编号的各位不能全为 0。在 Internet 或 Intranet 中，每个网络都有一个 IP 地址，这就是每个网络中，主机编号的各位全 0 的 IP 地址，如 200.200.200.0 或 13.2.0.0。

（3）主机编号的各位不能全为"1"，主机编号全为 1 的地址被称为"直接广播地址"。当需要将数据包发送（广播）到指定网络上的所有主机时，使用这个地址。这种情况下，各路由器均不转发这个信息包。例如，当某台主机使用的目的地址为 200.200.200.255 时，表示这个信息将直接广播发送给 200.200.200.0 网络中的所有主机。

3．私有地址和公有地址

允许在 Internet 中使用的 IP 地址为公有地址，仅在局域网中使用的 IP 地址为私有地址。

（1）公有地址。为了确保 IP 地址在全球的唯一性，在 Internet（公网）中使用 IP 地址前，必须先到指定的机构（即 InterNIC，Internet 网络信息中心）申请。申请到的通常是网络地址，其中的主机地址由该网络的管理员分配。因此，可以在 Internet 中使用的 IP 地址称为"公有地址"，将 Internet 称为共有网络。

（2）私有地址。私有地址是指没有经过申请的 IP 地址，它不能在 Internet 上使用。私有地址通常在局域网内部使用。因而使用私有地址的网络被称为"私有网络"。私有网络中的主机只能在私有网络的内部进行通信，而不能与 Internet 上的其他网络或主机进行互连。但是，私有网络中的主机可以通过"路由器、地址转换（代理）服务器"等与 Internet 上的主机通信。NAT 服务器可以提供私有地址与公有地址之间的地址转换。通过这种方式，私有网络中的主机既可以访问公网上的主机，也可以有效地保证私有网络的安全。

InterNIC 在 IP 地址中专门保留了 3 个区域作为私有地址，这些地址的范围如下：

① 10.0.0.0/8：10.0.0.0～10.255.255.255，8 表示 32 位二进制中的前 8 位是网络地址。

② 172.16.0.0/12：172.16.0.0～172.31.255.255，12 表示 32 位中的前 12 位是网络地址。

③ 192.168.0.0/16：192.168.0.0～192.168.255.255，16 表示 32 位中的前 16 位是网络地址。

4．IP 地址的分配和使用的基本原则

在分配和使用 IP 地址时应遵循如下原则：

（1）同一个网络内的所有主机应当分配相同的网络地址，而同一个网络内的所有主机必须分配不同的主机编号。例如，B 类网络 152.8.0.0 中的 A 主机和 B 主机分别使用的 IP 地址为 152.8.0.1 和 152.8.0.2。

（2）不同网络内的主机必须分配不相同的网络地址，但是可以分配相同的主机编号。例如，不同网络 152.8.0.0 和 152.112.0.0 中的 A 主机和 X 主机，分别使用了 152.8.0.1 和 152.112.0.1。

在私有网络中，仅使用 IP 地址是无法区分网络地址和主机编号的。因此，IP 地址必须结合子网掩码一起使用。例如，在局域网中的 IP 地址 152.8.0.1，我们可以认为其网络地址为"152"，也可以认为是"152.8"；而在 Internet 上其网络地址只能是"132.112"。

1.8.4　TCP/IP 网络管理中的基本参数

在配置 TCP/IP 协议时，一共有 3 个重要参数，即 IP 地址、子网掩码和默认网关。

1．子网掩码

（1）子网掩码（subnet masks）的定义。在 TCP/IP 网络中，每一台主机和路由器至少都会配置 IP 地址和子网掩码两个参数。子网掩码是由前面连续的"1"和后面连续的"0"组成，总共使用 32 位二进制来表示。

子网掩码中"1"所对应的 IP 地址部分是网络地址；而"0"所对应的部分是主机地址。例如，某 A 类网络中某主机的 IP 地址为 64.128.8.1，其子网掩码为 255.0.0.0；因此，可以区分出该 IP 地址中的网络地址的位数为"8"，其值为 64；而主机编号的位数为"24"，其值为"128.8.1"。

（2）默认子网掩码的类型。在没有划分子网的 TCP/IP 网络中使用的是默认子网掩码。不同类型的网络的默认子网掩码的值是不同的，表 1-9 给出了各类网络所使用的默认子网掩码。

表 1-9　各类网络默认的子网掩码

网络类别	子网掩码（以二进制表示）	子网掩码（以十进制表示）
A	11111111.00000000.00000000.00000000	255.0.0.0
B	11111111.11111111.00000000.00000000	255.255.0.0
C	11111111.11111111.11111111.00000000	255.255.255.0

（3）子网掩码的两个功能：

① 区分 IP 地址的网络编号与主机编号：在主机之间通信时，计算机会自动将目的主机的 IP 地址（二进制表示）与子网掩码（二进制表示）按位进行与运算。这样通过屏蔽掉 IP 地址中的一部分，区分出 IP 地址中的网络编号和主机编号。同时，还可以进一步区分出目的主机是在本地网络上，还是在远程网络上。

【示例 1】源主机 64.128.8.1 向目的主机 64.128.8.2 发送信息包。

第一步：将源主机 IP 地址和子网掩码转换为二进制，并进行如下的"与运算"：

64.128.8.1 → 0100000 10000000 0001000 00000001

255.0.0.0 → 1111111 00000000 0000000 00000000

——————————————————————————

按位与运算→ 0100000 00000000 0000000 00000000

十进制表示的源网络的 IP 地址 → 64.0.0.0

第二步：将目的主机的 IP 地址及源主机的子网掩码转换为二进制，并进行如下的"与运算"：

64.128.82 → 0100000 10000000 0001000 00000001

255.0.0.0 → 1111111 00000000 0000000 00000000

——————————————————————————

按位与运算→ 0100000 00000000 0000000 00000000

十进制表示的目的网络的 IP 地址 → 64.0.0.0

第三步：由运算结果可知，目的网络和源网络的"网络地址"是相同的；因此，判断出这两台主机位于同一个网段，可以将数据包发送给目的主机。

② 用于划分子网：子网掩码的另一个重要功能是划分子网。

2．默认网关或 IP 路由

为什么需要默认网关（default gateway）？在两台主机间进行通信时，有些人可能认为只要知道对方的 IP 地址就可以进行通信了；但实际上，在两台计算机之间存在的通信路径可能有很多条。因此，两台计算机通信时，必须先判断彼此是否在同一个网络上；如果是就直接进行通信；否则，就转发到本网络的出口，即默认网关地址。

"默认网关"又称 IP 路由（IP router）。简单地说，默认网关就是通向远程网络的接口。在局域网的子网之间进行通信时，各子网的主机也是通过默认网关将数据发送到目的主机的，默认网关的设备通常是路由器、第三层交换机或代理服务器。

默认网关负责对非本网段的数据包进行处理，并转发到目的网络上。由于默认网关是发送给远程网络（目的主机）信息包的地方，因此，在配置 TCP/IP 时若没有指明默认网关，则通信仅局限于本地网络。

综上所述，当 TCP/IP 主机在不同网络（包含子网段）之间通信时，至少应当配置 IP 地址、子网掩码和默认网关 3 个参数。通过 IP 地址和子网掩码可以区分出，目的主机是位于本地子网还是远程网络；而默认网关地址指明了转发数据的出口地址。这个出口可以是路由器，也可以是装了代理服务器软件的计算机。同一个网络段的计算机之间可以直接通信；不同网络段中的计算机通信时，则需要使用默认网关设备转发数据。

【示例 2】源主机 64.128.8.1 向目的主机 68.128.8.2 发送信息。

第一步：将源主机 IP 地址和子网掩码转换为二进制，并进行与运算，结果如下：

64.128.8.1 → 01000000 10000000 00001000 00000001

255.0.0.0 → 11111111 00000000 00000000 00000000

————————————————————————————

按位与运算→ 01000000 00000000 00000000 00000000

源网络 IP 地址十进制表示→ 64.0.0.0

第二步：将目的主机的 IP 地址及源主机的子网掩码转换为二进制，并进行与运算：

68.128.8.2 → 01000100 10000000 00001000 00000001

255.0.0.0 → 11111111 00000000 00000000 00000000

————————————————————————————

按位与运算→ 10000100 00000000 00000000 00000000

目的网络地址十进制表示→ 68.0.0.0

第三步：由运算结果可知，目的网络与源网络的"网络地址"不相同；因此，可以判断这两台主机不在同一个网段，应当先将数据包发送到默认网关指出的主机或设备处，再由默认网关处的主机或设备转发到远程主机。

习 题

1. 计算机网络的发展进程可以划分为几个阶段？每个阶段的特点是什么？
2. 什么是计算机网络？计算机网络是如何定义的？计算机网络的功能如何？
3. 为什么要建立计算机网络？它的典型应用有哪些？
4. 网络资源共享功能指什么？试举例说明资源共享的功能。
5. 按网络覆盖的地理范围可以将计算机网络分为几种？
6. 什么是比特率？什么是波特率？试举例说明两者的联系和区别。
7. 什么是信号？在数据通信系统中有几种信号形式？

8. 什么是信息、数据和信号？试举例说明它们之间的关系。

9. 什么是带宽、数据传输速率与信道容量？它们有何异同？

10. 什么是信道？什么是逻辑信道和物理信道？什么是数字信道和模拟信道？

11. 什么是基带传输？什么是频带传输？在基带传输中采用哪几种编码方法？

12. 什么是串行传输？什么是并行传输？试举例加以说明。

13. 何谓单工、半双工和全双工通信？试举例说明它们的应用场合。

14. 什么是多路复用？有几种常用的多路复用技术？

15. 什么是调制解调器？它有什么功能？

16. 什么是端口号？什么是全局端口号？全局端口号的取值范围是多少？

17. TCP/IP 协议的 3 个基本参数是什么？它们各起什么作用？

18. 写出 A 类地址中 IP 地址的初始地址和终止地址。一个 B 类网络可使用的 IP 地址的数量是多少？

19. 什么是套接字？它有什么用？它是如何组成的？

20. 在局域网和 Internet 中使用的 IP 地址是否一样？若不一样，试说明理由。

21. 什么是 IP 地址？它有什么用？又是如何分类的？

22. 什么是公有地址？什么是私有地址？试写出私有地址的使用范围。

23. IP 地址中网络地址的使用规则有哪些？主机地址的使用规则又有哪些？

24. IP 地址包含哪两个部分？

第❷章

网络系统的组成

学习目标

- 了解网络系统的组成。
- 掌握网络中主要部件的名称、类型与作用。
- 了解网络服务器和客户机的相关知识。
- 掌握常用传输介质的分类和选择。
- 掌握网络适配器的组成、工作与选择。
- 掌握物理层设备的特点与应用。
- 掌握数据链路层设备的特点与应用。
- 掌握网络层设备的特点与应用。
- 了解软件系统的组成、层次。
- 了解网络操作系统的基本知识。
- 掌握双绞线的制线及应用技术。

2.1 网络系统的结构

局域网系统可以划分为网络软件系统和硬件系统两大组成部分。只有在实现了这两部分之后，网站才能真正满足人们的应用需求。Intranet 也不例外，只有在网站所在局域网的硬件平台规划与建设好之后，才能实现网站的功能。为此，应当熟悉网络系统的两个组成部分。

1. 软件系统

网站的软件系统通常包括：网络操作系统、网络管理软件、网站的开发与应用软件等。其中，网络操作系统和网络管理软件是整个网络的核心，用来实现对网络的控制和管理，并向网络用户提供各种网络资源和服务。

2. 硬件系统

局域网是一种分布范围较小的计算机网络。现代局域网一般采用基于服务器的网络类型。其硬件从逻辑上看，可以分为网络服务器、网络客户机或工作站、网卡、网络传输介质和网络共享设备等几部分。

（1）网络服务器（server）：涉及网络模型的物理层到应用层，是网络的服务中心，通常由一台或多台规模大、功能强的计算机担任，它们可以同时为网络上的多个计算机或用户提供服务。服务器可以具有多个 CPU，因此，具有高速处理能力，大容量内存，并配置有具备快速存储能力的、大容量存储空间的磁盘或光盘存储器。

（2）网络工作站（workstation）：涉及网络模型的物理层到应用层，连接到网络上的用户使用的各种终端计算机，都可以称为网络工作站，其功能通常比服务器弱。网络用户（客户）通过工作站来使用服务器提供的各种服务与资源，网络工作站又称客户机。

（3）网络传输介质：主要涉及网络模型的物理层，是实现网络物理连接的线路，它可以是各种有线或无线传输介质。例如：同轴电缆、光纤、双绞线、微波等及其相应的配件。

（4）网络适配器（network adapter）：简称为网卡，主要涉及网络模型的物理层和数据链路层。网卡是实现网络连接的接口电路板。各种服务器或者工作站都必须安装网卡，才能实现网络通信或者资源共享。在局域网中，网卡是通信子网的主要部件。

（5）网络连接与互联设备：涉及网络模型的物理层到网络层。除了上述部件外，其余的网络连接设备还有很多，例如：收发器、中继器、集线器、网桥、交换机、路由器和网关等。这些连接与互联的设备被网络上的多个结点共享，因此也叫做网络共享部件（设备）。各种网络应根据自身功能的要求来确定这些设备的配置。

3．其他组件

（1）网络资源：在网络上用户可以获得的任何东西，均可以看做资源。例如：打印机、扫描仪、数据、应用程序、系统软件和信息等都是资源。

（2）用户：任何使用客户机访问网络资源的人。

（3）协议：协议是计算机之间通信和联系的语言。

总之，网络系统都是由硬件系统和软件系统组成的。硬件是实现网络各种功能的基础与物质条件，就像人的身体及各个器官；而软件系统则是使用各种网络功能与服务的关键，这就像我们的大脑、神经系统与思想。一个完整的网络系统会在良好的硬件系统基础上，实现、开发各种服务与应用。

2.2 软件系统的组成

网络中的各种软件既可以分布在计算机（服务器或客户机）中，也可以存在于通信结点和网络的连接设备内。在计算机中一般具有实现多层协议功能的软件，而通信结点或连接设备内，一般只支持网络层及以下各层协议的软件。通常情况下，网络软件大多指计算机中安装的软件，如操作系统 Windows 7。

2.2.1 软件系统的层次与类型

计算机网络的软件系统也是分层次的，网络计算机工作时，只有将各层软件依次调入内存以后，才能进行正常的通信，共享网上的资源。

1．网络软件系统的层次

计算机系统的软件一般划分为 3 个部分：操作系统、编程语言和数据库管理系统以及用户应用程序，只有将这些软件依次调入机器内存之后，计算机才能正常工作。

2. 网络软件的3种主要类型

（1）网络操作系统。网络操作系统是最主要的网络软件，它通常被安装在服务器上，并对网络实施高效、安全的管理；并使各类网络用户能够在各种网络工作站的站点上方便、高效、安全地享用和管理网络上的各种资源；它还为用户提供各种网络服务功能，以及负责提供网络系统安全性的管理和维护。

（2）网络管理软件。网络管理软件用于监视和控制网络的运行。网络管理主要包括自动监控设备和线路的情况、网络流量及拥挤的程度、虚拟网络的配置和管理等。上述这些功能对于较大规模的网络来说是非常必要的。网络管理软件集通信技术、网络技术和信息技术于一体，通过调度和协调资源，进行配置管理、故障管理、性能管理、安全维护和计费等管理，以达到网络可靠、安全和高效运行的目的。网络管理系统作为一种网络工具，应具备的功能如下：

① 自动发现网络拓扑结构和网络配置。

② 告警功能。

③ 监控功能。

④ 灵活的增减网络管理系统功能的能力。

⑤ 能够管理不同厂商的网络设备，并支持第三方软件的运行。

⑥ 访问控制功能。

⑦ 友好的界面操作功能。

⑧ 具有编程接口和开发工具。

⑨ 具有故障记录和报告生成功能。

常用的网络管理软件有：HP公司的OpenView、IBM公司的NetView等。

（3）各种应用软件平台和客户端软件。用户通常可以利用各种应用软件的平台，开发属于自己业务范围内的网络应用软件。常用的开发平台一般为：基于客户/服务器（client/server）或浏览器/服务器（browser/server）模式的各种信息管理系统和数据库管理系统。常见的应用软件平台有以下几种：

① 数据库管理系统：Oracle、Sybase、SQL Server、FoxPro和Access等。

② 静态和动态网页制作工具：Macromedia Dreamweaver、Macromedia Fireworks、FrontPage等；图片、动画制作工具，如Photoshop、Flash MX；以及Visual InterDev、VBScript和JavaScript等应用开发工具。

③ 办公及管理信息系统软件：Office、MIS、Notes/Domino等。

④ 客户端必要软件：在浏览器/服务器工作模式中，客户机上使用的各种浏览器软件，如Internet Explorer、遨游、世界之窗等。

（4）其他网络软件。

① 下载软件，如迅雷、网际快车、网络蚂蚁等。

② 杀毒软件，如360安全卫士、卡巴斯基反病毒、Norton AntiVirus、金山毒霸、瑞星杀毒软件等。

网络应用软件的开发是网络建设中的一项艰巨而又重要的任务，没有应用软件，拥有再好的网络硬件也无济于事。因为这就像建好一条高速公路以后，没有车在上面行使一样，会给投资者造成极大的浪费，而这一点正是当前各种局域网建设中的共同弊病之一。此外，应用软件的开发和应用人员的培养也是急需解决的问题之一。

前面所说的网络协议提供了网络中计算机之间通信的约定和规则；而实现网络的各种应用、功能和服务，除了协议还需要其他软件。

通常在计算机中具有实现多层协议、服务、应用功能的软件，而通信结点、互联设备内一般只需要支持网络层以下的三层或两层协议的软件。

2.2.2 网络操作系统

管理整个计算机需要有桌面操作系统，如 Windows XP/7；管理整个网络中的各种对象需要有专门的操作系统，即网络操作系统，如 Windows Server 2003/2008。

网络操作系统是整个网络的核心，它实际上是一些程序的组合，是网络环境下用户与网络资源之间的接口，它能够实现对服务器和网络的控制与管理。它还可以通过网络，向网络上的计算机和外部设备提供各种网络服务。人们在选择使用计算机局域网的产品时，很大成分是在选择网络操作系统。由于所有网络提供的功能都是通过该网络的操作系统来实现的，因此，网络操作系统的水平就代表了网络的水平。

1. 网络操作系统的定义和功能

（1）网络操作系统（network operating system,NOS）的定义。网络操作系统是为了实现网络通信的有关协议，并为网络中各类用户提供网络服务的软件集合。它的主要目标就是使用户能够在网络上的各个计算机站点方便、高效地享用和管理网络上的各种资源。因此，网络操作系统的基本任务就是要屏蔽本地资源和网络资源的差异性，为用户提供各种网络服务功能，完成网络资源的管理，同时还必须提供网络系统安全性的管理和维护。

（2）网络操作系统的功能。网络操作系统作为一种管理网络对象的操作系统，通常会同时具有操作系统和网络管理系统两方面的功能。现做如下简单介绍：

① 作为操作系统应具有的基本功能。作为操作系统，应具有处理机管理、存储器管理、文件管理和设备管理等基本功能。

② 作为网络管理系统应具有的功能。

● 提供通信交往能力。网络操作系统应该能够在各种不同的网络平台上安装和使用，通过实现各类网络通信协议，提供可靠而有效的通信交往能力。例如，网络操作系统应该能够支持各类不同物理传输介质的使用，支持使用不同协议的各种网卡和各类介质的访问控制协议和物理层协议。

● 能向各类用户提供友好、方便和高效的用户界面，便于进行网络管理，也便于资源的使用和管理，并具有迅速响应用户提出的服务请求的能力。

● 能支持各种常见的"多用户环境"，也应当支持多个用户的协同工作。

● 能有效地实施各种安全保护措施，并实现对各种资源存取权限的控制。

● 提供关于网络资源控制和网络管理的各类实用程序和工具。例如，常用的系统管理工具有系统备份、性能监测、设置参数、安全审计与安全防范等。

● 提供必要的网络互联支持，例如，提供网桥、路由或网关等功能的支持。

③ 网络服务。用户建立计算机网络的目的是使用网络提供的各种服务，提高工作效率和生产率。因此，网络服务就是网络操作系统通过网络服务器向网络工作站（客户机）或者网络用户提供的有效服务，基本的网络服务如下：

● 文件服务：包括文件的传输、转移和存储、同步和更新、归档（备份数据）等。

- 打印服务：包括共享、优化打印设备。
- 报文服务：提供"携带附件的电子邮件"的服务功能。
- 目录服务：允许用户维护网络上各种对象的属性信息。例如，对象可以是用户、打印机、共享资源及服务器等。
- 应用程序服务：提供应用程序的前端接口。例如，通过安装在客户计算机上的前端程序来查询主数据库服务器；经服务器处理后，将客户机请求的应答信息通过这个接口返回给用户。
- 数据库服务：主要负责数据库的复制和更新，解决数据库的变化与协调问题。

总之，网络操作系统通过各种网络命令，完成实用程序、应用程序和网络间的接口功能；并向各类用户提供网络服务，使用户可以根据各自具有的权限使用各种网络资源。例如，网络操作系统至少应包含用户向网络登录和注册的管理功能；用户作业提交、进入与处理的请求功能；文件传输服务功能；电子邮件服务功能；非本地打印功能；文件或文档的浏览、查询等功能。

2. 网络操作系统的分类

目前流行的网络操作系统主要有 Unix、NetWare、Windows 和近年来流行的 Linux 等系列。进入 20 世纪 90 年代以来，计算机网络互联，不同网络的互联等问题成为热点。所以，网络操作系统便朝着能支持多种通信协议、多种网络传输协议、多种网络适配器和工作站的方向发展。下面简单介绍几种常见的网络操作系统。

（1）Unix 网络操作系统。Unix 网络操作系统是麻省理工学院开发的一种在分时操作系统基础上发展起来的网络操作系统。Unix 是目前功能最强，安全性和稳定性最高的网络操作系统。Unix 是一个多用户、多任务的实时操作系统，它通常与硬件服务器产品一起捆绑销售。

Unix 的应用重点是大型高端网络。在 Internet 中，较大的服务器大都使用了 Unix 操作系统。由于 Unix 不易被普通用户掌握，而且价格昂贵，因此，中小型网络很少使用。

（2）NetWare 网络操作系统。NetWare 是 Novell 公司于 1981 年推出的网络操作系统的名称。由于它具有先进的目录服务环境，集成和方便的管理手段，简单的安装过程和良好的可靠性等特点，曾经广泛应用于中小型局域网。然而，随着微软公司网络操作系统的逐步完善，其市场占有率逐年下降，现在的中小型局域网已经很少使用了。NetWare 从 1981 年推出的 1.X 版本开始，发展到了 NetWare 6.5 后，发展为 OES(open enterprise server，开放式企业服务器平台)V1/V2。

（3）Windows 网络操作系统。Windows 1.0 是微软公司于 1983 推出的第一款操作系统。1993年微软推出了针对网络服务器使用的网络操作系统 Windows NT 后，又推出了功能更强大的 Windows 2000/2003/2008 等多个不同服务器版本的网络操作系统。

当前的最新版本是 Windows Server 2008，其提供了多种功能强大的网络服务功能，如活动目录服务、DNS 服务、DHCP 服务、打印服务、邮件服务、路由和远程访问服务、媒体服务等，以及各种应用程序服务器，如 Web 网站和 FTP 等。

Windows Server 2008 具有体系结构独立、支持多线程和多任务、集中化的用户环境，以及基于 C/S 网络结构的域和基于对等式网络结构的工作组的管理功能。微软最新的 NOS 系统结构是建立在最新的操作系统理论的基础上，具有良好的用户界面和兼容性，对 Internet/Intranet 技术强烈支持，并且在可靠性、高效性、连接性方面有了很大的改善与提升。因此，被广泛应用在中小型局域网中。本书后半部分将以 Windows Server 2008 为主线来实现中小型 Intranet 的基本管理。为此，其相关的功能和特点随后再做介绍。

（4）Linux 网络操作系统。最初，Linux 是由芬兰赫尔辛基大学的学生 Linus B.Torvalds 等，通过 Internet 组织的开发小组共同编写的；后来，又有众多的软件高手加盟并参与开发。

由于 Linux 的源代码公开，任何用户都可以根据自身的需要对 Linux 的内核进行修改。正因为如此，Linux 网络操作系统才得以长足发展，迅速普及，成为具有 Unix 网络操作系统特征的新一代网络操作系统。

① Linux 的特点。

● 免费获得，无需支付任何费用。

● 可以在任何基于 X86 平台或者是 RISC 体系结构的计算机系统上运行。

● 可以实现 Unix 操作系统的所有功能。

● 强大的网络功能：Linux 具有可以与其他操作系统相媲美的多任务、多用户、多平台、多线程、虚拟存储管理、虚拟控制台、高效磁盘缓冲和动态链接库等强大的应用功能。

● 源代码公开：Linux 是一个开放使用的软件。正是由于 Linux 的源代码开放，才使得它更适合于广大需要自行开发应用程序的用户，以及那些需要学习 Unix 命令工具的用户。

● 具有丰富的系统软件和应用软件的支持。

② Linux 的适用场合。基于上述的种种理由，使得 Linux 成为一种可以与 Windows 抗衡的，极具发展潜力的操作系统。它适用于需要运行各种网络应用程序的用户，并提供各种网络服务。

综上所述，NetWare、Windows 的服务器版，以及 Linux 均可用于中小型局域网，主要用于网络服务器中；而 Unix 常用于金融、电信系统等部门的高端大型网络中。

3. 网络操作系统的选择

常见的网络操作系统（NOS）各具特色，而且涉及一系列的技术问题，例如，涉及网络的拓扑结构、网络服务器的支持、网络的站点访问、网络连接设备的支持、网络内部连接方式、工作站内存的占用、网络的容错功能、网络的管理和安全性等多方面的因素。所以，选择网络操作系统时应当考虑如下几个方面。

（1）符合国际标准和工业标准：应在综合性能和标准化两方面进行考虑。

（2）兼容性：选择操作系统时，硬件的兼容性也是要考虑的重要因素，例如，某办公室购置了网卡，但由于所选的操作系统不支持，只好安装了其他 NOS。

（3）网络规模：各种 NOS 对网络客户的数量均有限制，因此，应根据网络的规模进行选择，并注意留有充分的扩充余地。

（4）可靠性：在前面介绍的 4 种 NOS 中，比较起来 Unix 的可靠性相对较高，早期的 Windows NT/2000 可靠性较低；如果企业的保密性要求中等，则应选择安全性能更好的 NetWare、Unix、Linux 和可靠性方面改善了的 Windows Server 2003/2008。

（5）对路由和远程访问的支持：各种 NOS 都提供了路由和远程通信的工具，例如，Windows 2003/2008 服务器提供了远程访问、软件路由器、VPN（虚拟专用网）、Internet 连接共享等远程通信与访问的功能。

（6）能获得众多的应用软件并支持现有的应用：凡是有众多应用软件支持的网络操作系统必定是市场占有率较高的操作系统，如 Windows 的各种版本。

（7）应具有良好的管理功能、方便的开发平台以及安全保证。

目前，人们广泛使用 Windows XP/7 及 Windows Server 2003/2008 来组建办公网、企业网和校园网等中小型的 Intranet 性质的网络，因而，Windows 不但成为最流行的操作系统，也是计算机应用和网络技术专业必须熟练掌握的一种操作系统。

2.3　硬件系统的组成

计算机网络的硬件系统通常由5大部分组成：计算机（服务器、工作站/终端）、传输介质、网卡、网络部件（连接器、转换器）和互联设备（集线器、交换机和路由器），如图2-1所示。在硬件系统中，计算机涉及OSI模型的各个层次；其他硬件主要分布在OSI模型的物理层、数据链路层和网络层。在网络互联设备中，工作的位置不同，工作的原理就不同，性能也不会相同。因此，掌握好网络互联设备，及各种硬件部件的应用特点，是组建和应用好网络的关键。下面将依次对网络中最重要的计算机、部件与互联设备进行介绍。

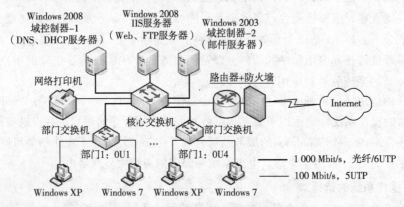

图2-1　二层交换式以太网的系统结构图

2.3.1　网络服务器

目前，在稍大的局域网中，各种服务器是网络中的核心，因此，局域网是基于服务器的网络。网络服务器通常会涉及网络模型的各个层次。

1．按网络服务器的功能分类

根据网络计算模式的不同，系统中服务器的数量和规模有所不同。基于服务器的网络根据服务器的功能，可以分为主干服务器（又称文件服务器）、功能（专用）服务器和应用服务器等。

（1）主干服务器：系统中的一个或多个装有网络操作系统的高性能的服务器。

（2）功能（专用）服务器：系统中为某一种或某几种功能而专门设计的服务器，如Web（WWW）服务器、FTP服务器、邮件服务器、DNS服务器、远程访问服务器、打印服务器、代理服务器、视频点播服务器等。

（3）应用（程序）服务器：通常特指网络中为用户应用提供信息服务的服务器。应用服务器通常将来源于数据库服务器的数据库信息与最终用户的客户端程序（如IE）联系到一起。如Microsoft的应用程序服务器，Oracle公司的应用程序服务器等。

2．按服务器技术分类

服务器功能类型确定后，就要选择服务器的硬件。这就涉及"通用型服务器"与"专用型服务器"的概念，无论选择何种服务器硬件，都会涉及服务器技术。

（1）服务器技术。由于服务器的特殊性，其性能好坏将直接影响整个局域网的效率、可靠性、耐用性；因此，选择好网络服务器的硬件是组建局域网的关键环节。在选择服务器硬件时，涉及的服务器技术主要有以下几个方面：

① 多处理机技术：服务器或工作站使用一个或多个中央处理器（CPU）。

② 总线能力：服务器具有高带宽总线、多总线等技术。总线是计算机中的"主干线路"，由于多数服务器需要传输的数据量要比其他计算机大，因而服务器的总线能力是服务器的一个重要选择因素。例如，总线的位数可以为 32 位、64 位和 128 位等。

③ 内存：服务器中 RAM 随机访问存储器的类型。常见的内存种类有非奇偶校验 RAM、奇偶校验 RAM 和带有错误检测及更正（ECC）的 RAM 等 3 类。

④ 磁盘接口和容错技术：外存储器（硬盘驱动器，光盘驱动器等）也是服务器的重要组成部分。与这些磁盘驱动器相关的技术如下：

● 接口技术：常用的硬盘、光驱等设备的接口有两类：第一类是工作站常用的 EIDE（增强型 IDE，IDE 即集成电路设备，）接口；第二类是各种服务器常用的 SCSI（小型计算机系统）接口。后者比前者有更强的性能。

● 容错技术：在计算机的硬件或软件出现故障的时候，系统采用的某种技术。当采用了容错技术时，即使出现故障，服务器仍然能继续运行。因此，容错技术使服务器具有容忍故障的能力。容错技术既可以通过软件实现，也可以通过硬件的方法来实现。前者称为软件容错，而后者称为硬件容错。如 RIAD 1（磁盘镜像）技术，通过将系统中的每一个数据同时写入多块硬盘，这样，一旦系统崩溃，数据仍可恢复，系统就能继续运行。

⑤ 其他常用的服务器技术：设备的热插拔技术、双机热备份、集群技术等。

（2）服务器硬件类型。按照服务器技术的侧重不同，可以将服务器分为以下两种类型：

① 通用服务器。通用服务器是指不是为某种特殊服务专门设计的，可以提供各种服务功能的服务器。由于通用服务器不是为某一功能而专门设计的，因此，在设计服务器技术时，已经兼顾了多方面的应用需要。总之，通用服务器的结构相对复杂，性能较高，价格较贵，适用性强，因此，当前大多数单位都选择通用型服务器。

② 专用型（功能型）服务器。专用型服务器是专门为某一种或某几种功能设计的服务器。因此，在设计时需要考虑特定的因素，强化某一种或某几种服务器技术。

● Web（WWW）服务器：广泛用于使用 Internet 技术的网络，及需要处理大量客户的并发访问。因此，Web 服务器需要可靠的大容量内存，以增加文件的缓存区和并发处理能力。此外，Web 服务器必须配有卓越性能的高容量磁盘，推荐采用 SCSI 硬盘或 RAID 阵列，以提高传输速度和可靠性；Web 服务器的硬盘容量应根据访问量的多少来定，例如，200 次/s 的访问量需要 50 GB 的硬盘容量；500 次/s 的访问量需要 100 GB；而 1 000 次/s 的访问量则需要 500 GB 的硬盘空间。

● 光盘镜像服务器：主要用来存放光盘镜像文件，与之相适应的服务器技术是需要配备大容量、高速的硬盘，以及光盘镜像软件。

● FTP 服务器：主要用于 Intranet 和 Internet 中的文件传输，因此，要求 FTP 服务器的存储能力、传输能力较强。例如，选择时应着重注意硬盘的稳定性、存取速度、I/O（输入/输出）的带宽等方面应当具有优势。

● Email 服务器：要求配置有高速宽带的上网工具软件，以及大容量的硬盘等。

综上所述，专用（功能）型的服务器硬件在整体性方面的要求较通用服务器低，因此，其硬件的结构较简单（采用单 CPU）；稳定性、扩展性方面要求不太高；价格相对通用服务器来说较低。

3. 网络主干服务器

网络中可以有一台或多台主干（控）服务器，这些服务器是网络中的管理核心，因此，又称核心服务器。它们在网络中能够实现对计算机、用户或资源对象的控制与管理，并能够提供各种通用网络服务。例如，图 2-1 中所示的 Windows 2003/2008 域控制器，在 Novell 网络中的文件服务器等。主干服务器应当具有的功能和要求如下：

（1）运行和安装了网络操作系统，如 Windows 2003/2008 服务器版。

（2）网络管理员通过主干服务器对网络中的各种对象，例如，对用户、设备、资源和安全等进行全方位的集中、可靠管理。

（3）主干服务器是实现网络中软件、硬件和数据信息资源共享和集中管理的主要计算机。

（4）主干服务器对处理能力、内存容量与类型、硬盘容量和可靠性等均有较高的要求。主干服务器配置的大容量的磁盘空间可以直接为"无盘"或者"有盘"工作站的客户提供应用空间。另外，由于它需要接受和处理来自多个客户机的数据处理、资源访问和网络服务等的服务器请求，因此，对服务器的 CPU 的数量、内存容量以及质量的要求均比较高；建议选择通用服务器。

4. 功能（专用）服务器

目前，人们从不同的角度，根据服务器作用的不同，对网络服务器进行了分类。常见的功能服务器有以下几种，这些服务器可以根据自身的需求选择专用服务器硬件。

（1）通信和远程访问服务器。通信和远程访问服务器负责网络客户之间的通信联系、共享通信设备的管理，以及控制网络客户的远程登录和访问等。例如：高速 Modem、ADSL 接入设备、DDN 路由器等的通信和管理。此外，还提供基于计算机网络的电子媒体信件的交换服务。利用通信服务器和客户端软件，通信服务器不但可以在企业内部实现电子邮件的传递，还可以为企事业单位员工提供快捷、简单、费用低廉、可靠的 Internet 上的电子邮件服务，以及客户的远程通信。

（2）WWW（Web）服务器。WWW（Web）服务器提供基于浏览器的 WWW 信息浏览和资源访问的服务。例如，用户通过计算机中的 IE 浏览器访问 Web 服务器中的世界各地的各种信息资源。

（3）DNS 服务器。在网络中，DNS 服务器提供形象的"域名"与抽象的"IP"地址之间的转换服务。

（4）DHCP 服务器。在网络中，DHCP 服务器提供 TCP/IP 协议的自动配置与管理服务。

（5）打印服务器。应当至少有一台或多台物理打印设备与打印服务器相连，它负责接受来自客户机的打印服务请求，并进行打印作业的队列管理，控制实际的物理打印设备的打印输出。例如：对不同级别的客户分配不同的打印优先级，组织或均衡打印负荷等。通过服务器内部的打印和排队服务，使所有的网络用户都可以共享这些打印机，并且管理各个工作站的打印工作。

（6）VOD 服务器。随着多媒体技术的广泛应用，网络的服务也不再单一，而是图、文、声、像的结合，VOD（video on demand，视频点播）就是多媒体应用中的一种。VOD 系统也采用了客户机/服务器的工作模式。人们将多媒体图文、视频、音频等素材存放于 VOD 视频服务器中，客户端的计算机即可通过企业内部的 Intranet 网络，进行交互式查询，并且可以随时随地点播服务器中自己喜欢的多媒体文件。

5．在 Intranet 中创建网站需要的服务器类型

在 Intranet 中，大都设置有信息网站。由于使用 Internet 技术的网络通常采用 B/S 模式的网络应用结构，因此，除了网络中的一般服务器外，至少还需要配置以下几种服务器：

（1）Web 服务器。

（2）DNS 服务器。

（3）接入 Internet 的服务器，如 NAT（物理地址转换）或代理服务器；当然，也可以使用路由器设备。

（4）数据库服务器，如 SQL Server。

2.3.2　客户机

用户连入网络的计算机通常会接受服务器的服务，因此，称为客户机（工作站），参见图 2-1 中的 Windows XP/7 计算机。网络中的各种计算机均会涉及网络模型的各个层次。

1．网络客户机（工作站）应具有的功能

网络中的客户机（工作站）是网络的前端窗口，用户通过它来接受网络的服务，访问网络中的共享资源。为此，客户机（工作站）应当具有接受网络服务、访问网络资源和接受网络管理的接口，以及必要的处理能力。在 C/S 或 B/S 工作模式的网络中，用户通过客户机上的软件程序向服务器程序发出请求服务的命令或访问共享资源的请求；服务器经过运算和处理后，将服务的结果返回客户机的接口；客户机则用自己的 CPU 和 RAM 进行进一步的运算和处理，并将最终结果返回网络用户。

2．网络客户机（工作站）的配置要求

各种类型的计算机均可以成为网络客户机（工作站）。最低档的客户机可能是"无盘工作站"，这种计算机仅有主机、键盘、显示器和网卡，而没有硬盘和软盘驱动器；而高档的多媒体工作站则可能有很高的配置。

（1）硬件条件。各种客户机（工作站）都需要安装网卡，并经过与之相连的网络传输介质、其他网络连接器与网络服务器或其他网络结点相连接。

（2）软件条件。客户机（工作站）通常具有自己单独的操作系统，以便离开网络时可以独立工作。客户机通常使用普通的桌面操作系统，如 Windows 2000/XP/7 等；倘若有特殊的需求，可以选择其他类型的操作系统或网络操作系统，如 Windows 2003/2008 服务器版。

客户机（工作站）与网络相连时，需要将操作系统中的"网络连接软件（如网卡的本地连接）"安装在客户机（工作站）上，形成一个专门的引导连接程序。客户机启动后，才能连接到网络中，进而访问服务器或网站中的信息资源。

在"无盘工作站"的网卡上，通常加插一块专用的启动芯片（远程复位 EPROM）；在有软盘而无硬盘的工作站上，则应制作专用的引导软盘，用于引导本地系统，连接到服务器。

2.3.3　传输介质

传输介质是网络中信息传输的媒体，也是网络通信的物质基础之一，例如，图 2-1 中服务器或客户机与交换机之间的连线，以及交换机与路由器之间的连线。

传输介质的性能特点对传输速率、通信距离、传输的可靠性、可连接的结点数目等均有很大的影响。因此，必须根据不同的通信要求，合理地选择传输介质。

1. 选择传输介质应考虑的具体因素

（1）成本：这是决定传输介质的一个最重要的因素。

（2）安装的难易程度：这也是决定传输介质的一个主要因素。例如：光纤的高额安装费用和高技能安装人员使得许多用户望而生畏。

（3）容量：这指传输介质传输信息的最大能力，一般与传输介质的带宽和传输速率等因素有关，有时也用带宽和传输速率来表示传输介质的容量，它们同样是描述传输介质的重要特性。

① 带宽：传输介质允许使用的频带宽度。

② 传输速率：在传输介质的有效带宽上，单位时间内可靠传输的二进制的位数，一般使用 bit/s、kbit/s、Mbit/s 等表示网卡的速率。

（4）衰减及最大距离：衰减是指信号在传递过程中被衰减或失真的程度；而最大网线距离是指在允许的衰减或失真程度上，可用的最大距离。因此，在实际网络设计中，这也是需要考虑的重要因素。在实际中，所谓的"高衰减"就是指允许的传输距离短；反之，"低衰减"就是指允许的传输距离长。

（5）抗干扰能力：传输介质选择的一个主要特性，这里的干扰主要指电磁干扰（electro magnetic interference，EMI）。

（6）网络拓扑结构：光纤适合环型拓扑结构图。

（7）网络连接方式：同轴电缆适合一点对多点的传输方式。

（8）环境因素：地理分布、气象影响、环境温度、结点间距等。

传输介质的选择与应用是局域网的实现技术之一。目前，网络中常用的传输介质通常分为有线传输介质和无线传输介质两类。其中，有线传输介质又称为约束类传输介质；无线传输介质又称为自由传输介质。有线传输介质包括双绞线、同轴电缆和光导纤维 3 类。

目前，常用的传输介质分为有线介质和无线介质两种，在局域网中常用的是双绞线、同轴电缆和光导纤维 3 种。

2. 双绞线

双绞线（twisted pair，TP）电缆是综合布线工程中最常用的一种传输介质。双绞线电缆分为无屏蔽双绞线（unshielded twisted pair，UTP）和有屏蔽双绞线（shielded twisted pair，STP）两种。在这两大类中，又分为 100 Ω电缆、双体电缆、大对数电缆、150 Ω屏蔽电缆等。

（1）双绞线的物理结构。双绞线（twisted pair，又称双扭线）由两根具有绝缘保护层的铜导线组成。双绞线中的每两根绝缘的铜导线按一定密度绞合在一起，是为了降低信号干扰的程度，因为每一根导线在传输中辐射的电波会被另一根线上发出的电波抵消。双绞线一般由两根 22 号～26 号绝缘铜导线相互缠绕而成。如果将一对或多对双绞线放在一个绝缘套管中就是双绞线电缆，网络中常用的是 4 对双绞线电缆，如图 2-2 所示。

（2）无屏蔽双绞线（UTP）。网络中常用的无屏蔽双绞线通常分成 5 类。市面上常见的有 5 类和超 5 类等几种双绞线，它们的主要性能参数见表 2-1。其中，3 类双绞线用于 10 Mbit/s 以下的数据传输，已不多见；5 类双绞线是当前使用最多的，其保护层较厚，价格也很便宜，适用于大部分计算机网络、语音和多媒体等 100 Mbit/s 的高速和大容量数据的传输。此外，超 5 类双绞线也属于无屏蔽双绞线，它与 5 类双绞线相比，在传送信号时的衰减更小，抗干扰能力更强，如在 100 Mbit/s 的网络中，用户设备受到的干扰只有普通 5 类线的 1/4，可以为网络未来一段时间的发展提供较大的余地，例如，超 5 类 UTP 可以支持 155 Mbit/s 的异步传输模式下 ATM 的数据传输。

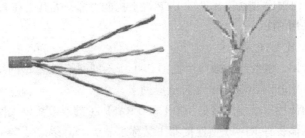

图 2-2　4 对 8 根双绞线（UTP 和 STP）

UTP 是网络中最常见的传输介质，其主要应用特性如下：

① 成本：低成本，由于 UTP 的低廉价格，因此被广泛应用。

② 易维护：安装和维护容易。

③ 高容量：与同轴电缆等介质相比，具有较高的数据传输能力。

④ 高衰减：100 m 以内的低传输距离。

⑤ 抗干扰：抗 EMI 能力较差。UTP 没有金属保护膜，因此，对电磁干扰十分敏感。同其他传输介质相比，在传输距离、带宽和数据传输速度方面均有一定的限制，例如，5 类 UTP 双绞线缆的最长传输距离为 100 m。

⑥ UTP 的优点：价格便宜，易于安装，所以，单对双绞线被广泛地应用于电话系统，4 对双绞线电缆被广泛地用于局域网的数据传输中。

⑦ UTP 的缺点：绝缘性能不好，分布电容参数较大，信号衰减比较厉害，所以，一般来说，主要应用在传输速率不高，传输距离有限的场合。例如：UTP 被广泛地应用于传输模拟信号的电话系统和近距离的局域网中。

表 2-1　各类铜质 UTP 的主要性能参数

UTP 类别	型　　号	最高工作频率（MHz）	最高数据传输速率（Mbit/s）	主　要　用　途
3 类	AT&T 1010	16	10	语音和 10 Mbit/s 低速网络
5 类	AT&T 1061	100	100	语音和多媒体等 100 Mbit/s 高速网络
超 5 类	AT&T 1061C	125 和 200	155	适用于 10 Mbit/s、100 Mbit/s、1 000 Mbit/s 及 ATM 等各种网络环境
6 类		200	>155	适用于各种网络环境，尤其适用于将推出的 10 000 Mbit/s（万兆以太网）

（3）有屏蔽双绞线（STP）。STP 和 UTP 的不同之处是，在双绞线和外层保护套中间增加了一层金属屏蔽保护膜，用以减少信号传送时所产生的电磁干扰，并具有减小辐射、防止信息被窃听的功能。STP 相对 UTP 来讲价格较贵。目前，除了在某些特殊场合（如电磁干扰和辐射严重，对传输质量有较高要求等）使用 STP 外，一般都使用 UTP。理论上来讲，STP 的传输速率可达到 500 Mbit/s，实际的数据传输速率在 10 Mbit/s～155 Mbit/s 以内。目前常用的 5 类 STP 在 100 m 内的数据传输速率为 155 Mbit/s。STP 分为 1、2、5、6、7、9 等类别。STP 的应用特性如下：

① 中等成本：由于整个系统都需要屏蔽器件，因此，价格比 UTP 高一倍以上。

② 中等安装难易程度：STP 比 UTP 更难安装与维护，因此，维护费用较高。

③ 高衰减：100 m 以内的低传输距离。

④ 中等抗干扰（EMI）能力：STP 较 UTP 抗干扰能力强，尤其是在频率超过 30 MHz，最有效的控制方法就是采用 STP。

⑤ 保密性：STP 比 UTP 系统高。

（4）双绞线的应用。双绞线一般应用在图 2-1 所示的网络树/星型网络结构中，计算机可采用已成为主流的 100 Mbit/s /1 000 Mbit/s 自适应网卡。

在图 2-1 所示的使用双绞线连接的 100/1 000 BASE-T 的双绞线以太网中，每个计算机使用的双绞线电缆的两端都装有 RJ-45 型连接器（又称水晶头），参见图 2-3（a）；双绞线一端连接集线器或交换机，另一端连接计算机上的网卡，如图 2-3（c）所示；而墙面上的 RJ-45 接口插座如图 2-3（b）所示。

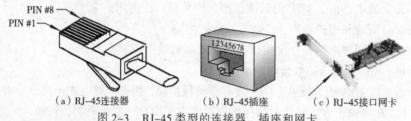

（a）RJ-45连接器　　（b）RJ-45插座　　（c）RJ-45接口网卡

图 2-3　RJ-45 类型的连接器、插座和网卡

（5）双绞线制线标准与跳线应用。

UTP 的 8 芯线与 RJ-45 连接头的 8 个引脚连接时，常用的制线标准有两个：TIA/EIA-568B 和 TIA/EIA-568A，其线序有两种，参见图 2-4 和表 2-2。

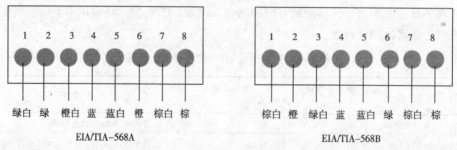

图 2-4　EIA/TIA-568B 和 EIA/TIA-568A（10/100 BASE-T）RJ-45 连接器规范

表 2-2　TIA/EIA-568A 和 TIA/EIA-568B 标准定义的双绞线与 RJ-45 连接器（接头）连接顺序表

色线　　　　引脚 标准	1	2	3	4	5	6	7	8
TIA/EIA-568A	绿白 W-G	绿 G	橙白 W-O	蓝 BL	蓝白 W-BL	橙 O	棕白 W-BR	棕 BR
TIA/EIA-568B	橙白 W-O	橙 O	绿白 W-G	蓝 BL	蓝白 W-BL	绿 G	棕白 W-BR	棕 BR

在连接网络设备时，应注意以下两种跳线的制作与使用：

① 直通线（straight cable，又称标准线）。在制线时，两头的 RJ-45 线序排列的方式完全

一致的网线称为"标准线"、"直通线"或"直连线",通常两头均按表 2-2 中 568B 标准规定的线序排列方式制作。直通线一般用于两个不同设备之间的连接。

直通线的连接场合有:交换机-路由器、计算机-hub、计算机-交换机之间的连接。

② 交叉线(crossover cable,又称跳阶线)。在制线时,两头的 RJ-45 线序排列的方式不一致的网线称为"交叉线"或"跳接线"。它的一头按照表 2-2 中的 TIA/EIA-568B 标准的线序制作;而另一头按照表 2-2 中的 TIA/EIA-568A 标准的线序制作。交叉线主要用于两个相同设备之间的连接。

交叉线的连接场合有:计算机-计算机、交换机-交换机、集线器-集线器、路由器-路由器、计算机-路由器之间同类端口的连接。

(6)双绞线的传输距离。双绞线在局域网中的最长单段传输距离为 100 m,但作为远程中继线时最长为 15 km。

3. 同轴电缆

(1)同轴电缆的物理结构。同轴电缆(coaxial cable)是网络中最常用的传输介质,因其内部包含两条相互平行的导线而得名。一般的同轴电缆共有 4 层,最内层的内导体通常是铜质的,该铜线可以是实心的,也可以是双绞线。在中央导体的外面依次为绝缘层、外导体(屏蔽层)和保护套,如图 2-5 所示。绝缘层一般为类似塑料的白色绝缘材料,用于将中心的导体和屏蔽层隔开。而屏蔽层为铜质的精细网状物,用来将电磁干扰(EMI)屏蔽在电缆之外。

实际使用中,网络的数据通过中心导体进行传输,电磁干扰被外部导体屏蔽。因此,为了消除电磁干扰,同轴电缆的屏蔽层应当接地。

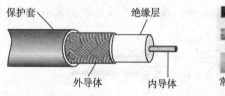
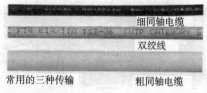

图 2-5 电缆的结构和外形

(2)同轴电缆的分类与应用。我们中的大部分人都见过同轴电缆,例如:有线电视使用的就是一种同轴电缆。按带宽和用途来划分,同轴电缆可以分为基带(base-band)和宽带(broad-band)。在小型局域网中,常使用基带同轴电缆;在电视网或基于电视网络的局域网中,常使用宽带同轴电缆。

基带同轴电缆传输的是数字信号,在传输过程中,信号将占用整个信道,数字信号包括由 0 到该基带同轴电缆所能传输的最高频率,因此,在同一时间内,基带同轴电缆仅能传送一种信号。同轴电缆主要用于总线拓扑结构的网络。同轴电缆应用时,两端必须安装终结器,以连通网络和吸收波的反射。常用的同轴电缆的类型与应用场合如下:

① RG-58A/U:用于 10BASE-2,阻抗为 50 Ω,直径为 4.572 mm 的同轴电缆线,又称"细同轴电缆"。它是计算机网络中最常见的同轴电缆线,就 Ethernet 标准而言,它常与 BNC 接头配合连接。

② RG-11:用于 10BASE-5,阻抗为 50 Ω,直径为 10.16 mm 的同轴电缆线,又称"粗同轴电缆"。它需要配合收发器(Transceiver)使用。

③ RG-59U:阻抗为 75 Ω,直径为 6.35 mm 的同轴电缆线,常用于电视电缆线,也可作为宽

带的数据传输线，ARCnet 网络用的就是此类电缆线。

同轴电缆一般安装在设备与设备之间。在每个用户的位置上都装有一个连接器，为用户提供接口。目前，局域网上主要使用基带同轴电缆。

（3）常用基带同轴电缆的应用特点。

① 成本：低成本。

② 安装维护：易于安装与维护，扩展方便；故障诊断不易，例如，单段电缆的损坏将导致整个总线网络的瘫痪。

③ 低容量：最高 10 Mbit/s 的容量。

④ 衰减：中等衰减，即无中继时为中等传输距离，如 10BASE-5 的 500 m。

⑤ 抗干扰：抗 EMI 能力中等。

（4）同轴电缆的传输距离。在局域网中常用的基带同轴电缆的单段最大传输距离为几百米；而使用宽带同轴电缆时的最大传输距离为几万米。

4．光导纤维电缆

光导纤维电缆（optical fiber）简称光纤电缆、光纤或光缆。它是一种用来传输光束的细软而柔韧的传输介质。光导纤维电缆通常由一捆纤维组成，因此得名"光缆"。光纤使用光而不是电信号来传输数据。随着对数据传输速度要求的不断提高，光缆的使用日益普遍。对于计算机网络来说，光缆具有无可比拟的优势，是目前和未来发展的方向。

（1）光导纤维电缆的物理结构。光缆由纤芯、包层和护套层组成。其中，纤芯由玻璃或塑料制成，包层由玻璃制成，护套层由塑料制成，其结构见图 2-6，其实物见图 2-7，其应用见图 2-1。光缆的中心是玻璃束或纤芯，由激光器产生的光通过玻璃束传送到另一台设备。在纤芯的周围是一层反光材料，称为覆层。由于覆层的存在，没有光可以从玻璃束中逃逸。

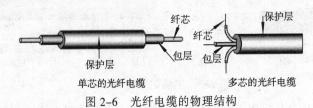

图 2-6　光纤电缆的物理结构

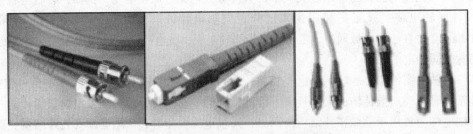

图 2-7　连接光纤的 FC、SC 和 ST 插头

（2）光纤通信系统的工作原理。光纤通信系统是以光波为信号的载体，光导纤维为传输介质的通信系统。光纤通信系统由光纤、光发送机和光接收机等部分组成，参见图 2-8。

各部分的主要作用如下：

① 光纤是传输光波的物理媒体。

② 光发送机主要由光源和驱动两部分组成。负责产生光束，将 0 和 1 组成的电信号转换为

光信号，进行光信号的编码，并将光信号导入光纤。

图 2-8　光纤通信系统工作示意图

③ 光接收机主要由光检测和放大两部分组成。负责接收从光纤上传输来的光信号，将光信号转换为电信号，解码后转换成计算机可以处理的 0 和 1 组成的信号。

④ 光中继机是为了解决长距离传输过程中的光能衰减的问题，在大容量、远距离的光纤系统中，每间隔一定的距离需要设置一个中继机，以解决光信息传输质量下降的问题，以保证光纤的高可靠、高质量的远距离传输。

在光缆中，光只能沿一个方向移动，两个设备若要实现双向通信，必须使用两束光纤，或者使用双股光缆，一条用来发送信息，另一条用来接收信息。

（3）光导纤维电缆的分类与性能参数。几年前光缆的价格是十分昂贵的，近几年已经大幅度下降。由于安装光缆的工作，需要具有高技能的技术人员进行操作，因此，铺设光纤网络的绝大部分费用是安装费。光纤有两种：单模式（single mode）和多模式（multimode）。单模式光纤比多模式光纤具有更快的传输速度和更长的传输距离，自然费用也就更贵。

① 单模式光纤：简称单模光纤，以激光作为光源。由于单模式光纤仅允许一束光通过，因此，只能传输一路信号。其传输距离远，设备比多模光纤贵。

② 多模式光纤：简称多模光纤，以发光二极管作为光源。由于多模式光纤允许多路光束通过，因此，可传输多路信号。其传输的距离较近，设备比单模的便宜。

在使用光纤介质建设网络时，必须考虑光纤的单向性。在普通计算机网络中使用光纤时，安装是从用户设备端开始的，如果需要双向通信，应该使用双股光纤，一路用于输入，另一路用于输出。光纤电缆两端应当接到光设备接口上。

（4）光纤电缆的接口与常用设备

① 光纤的接口标准：有 ST 型、SC 型、FC 型几种，其中 FC 为圆形的螺纹式结构，SC 是矩形的插拔式结构，ST 为圆形卡口式结构，参见图 2-7。

② 光电转换器（transceiver）：也称光纤收发器，是物理层的设备，用于光信号和电信号的相互转换，适用于传输距离较长，而设备中没有光纤接口的场合。

（5）光导纤维电缆的主要应用特点。光纤与其他传输介质的比较参见表 2-3。

表 2-3　常用的光导纤维电缆与同轴电缆比较

介质名称	电缆线类型	频率（MHz）	衰减（dB/km）	无中继距离
电缆	粗缆	1 MHz	24	185 m
		30 MHz	28.7	
	细缆	1 MHz	42	500 m
		30 MHz	18.77	
光纤	0.85 μm 单模	200 MHz～1 000 MHz	<3	4 km
	1.55 μm 单模	10 GHz～100 GHz	<3	100 km
	1.3 μm 多模	>1 000 MHz	<1	30 km

光纤迅速发展的原因在于它具有如下特点：

① 传输信号的频带宽，通信容量大。

② 传输损耗小，传输（中继）距离长。

③ 误码率低，传输可靠性高。一般来说，误码率低于 10^{-9}。

④ 抗干扰能力强。由于光纤是非金属材料，因此，不受电磁波的干扰和电噪声的影响，保密性好。例如：数据不易被窃听，或者被截取。

⑤ 体积小，重量轻。

⑥ 价格昂贵，但正在不断下降，是最有发展的传输介质。目前，光缆的价格为 12 元/m～45 元/m，安装一个站点的工程价格在 700 元左右。单模和多模光缆的价格差距不大。

⑦ 安装十分困难，需要专业的技术人员。例如：切断和连接时较为麻烦。

⑧ 质地脆，机械强度低。

（6）光导纤维电缆的应用场合。光缆适用于长距离、布线条件特殊的情况，以及语音、数据和视频图像等应用领域；另外，在较大规模的计算机局域网络中，目前广泛地采用光缆作为外界数据传输的干线，这样一方面可以有效地防止电磁干扰的入侵，另一方面可以极大地扩展网络距离。

光纤很少用于连接交换机（集线器）和工作站；但却常用于交换机到服务器的连接，交换机到交换机的连接。

5．无线（自由）传输介质

无线传输介质，简称无线（自由或无形）介质，或空间介质。无线传输介质是指在两个通信设备之间不使用任何物理连接器，通常这种传输介质通过空气进行信号传输。当通信设备之间由于存在物理障碍，而不能使用普通传输介质时，可以考虑使用无线介质。根据电磁波的频率，无线传输系统大致分为广播通信系统、地面微波通信系统、卫星微波通信系统和红外线通信系统。因此，对应的 n 种无线介质是无线电波（30 MHz～1 GHz）、微波（300 MHz～300 GHz）、红外线和激光。

（1）无线电波通信。无线电波通信主要用在广播通信中。

（2）微波通信。微波通信在数据通信中占有重要地位。微波的频率范围为 300 MHz～300 GHz，它主要使用 2 GHz～40 GHz 的频率范围。微波在空间中是直线传播，由于微波会穿透电离层而进入宇宙空间，因此，它不像短波通信那样，可以经电离层反射传播到地面上很远的地方。微波通信有两种主要的方式：地面微波接力通信和卫星通信。

2.3.4 网络适配器

网络适配器（network adapter）又称为网络接口卡（network interface card），简称网卡或 NIC。网卡是连接计算机与网线的设备，因此，是与网络连接的通信接口。网卡通常安装在每台服务器或者客户机的扩展插槽中。它是网络通信的主要部件，也是网络通信的主要瓶颈之一。它的品种和质量的好坏将直接影响网络的性能和网络上运行软件的效果。

1．网络适配器的组成与连接

（1）网卡的组成：网卡由 CPU、RAM、ROM 和 I/O 接口等组成。如图 2-9 所示，网卡与计算机以并行方式传输信号；而与外部传输介质，则是以串行方式传输信号。由于这两种信号的传输速率并不相同，因此，网卡上必须有用于数据存储的缓存芯片。

（2）网卡与 LAN 的连接：网卡通过传输介质的接口连接，例如，RJ-45 与双绞线连接，进而与局域网连接。在传输介质中，信号以串行方式传输。

（3）网卡与计算机的连接：网卡通过计算机内主板上的 I/O 总线与计算机连接。在计算机的 I/O 总线上，信号以并行方式传输。

（4）网卡的硬件地址：为了区别于网络中的其他计算机和设备，每块网卡都有一个唯一的硬件地址。这个地址就是"介质访问控制地址"，其英文缩写为 MAC 地址，又称为"物理地址"。对于每一台设备，该地址都是唯一的，例如，路由器的端口、网卡都有自己的 MAC 地址。MAC 地址是由 12 位十六进制数（0～F）组成；用二进制表示为 48 位。网卡 MAC 地址的前 24 位标识厂商，后 24 位是由厂商指定的网卡序列号，如 00-0A-EB-5F-B6-8F。

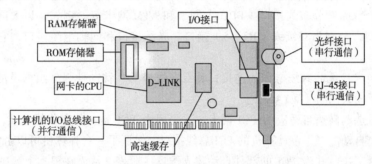

图 2-9 网卡的结构示意图

2．网络适配器的基本功能

网卡工作在 OSI 模型的第 2 层，它实现"物理层"和"数据链路层"的功能。

（1）网卡的工作流程。工作站通过网卡的介质接口、介质连接器、传输介质与局域网进行连接。按照要求的物理连接和电信号进行匹配，接收和执行工作站与服务器送来的各种控制命令，完成物理层和数据链路层的功能。

① 发送端计算机：网卡负责将计算机待发送的数据转换为能够通过传输介质传送的数据信号，并通过传输介质传递信号到目的设备。为了便于传送，要发送的数据会被分割成小的数据包，即数据帧。数据帧的头部写有发送方（源）MAC 地址和接收方（目标）的 MAC 地址。

② 接收端计算机：计算机网卡侦听网络上的所有数据帧，并且会根据每个数据帧头部的 MAC 地址信息来判断是否是发送给自己的，如果是则接收该数据帧。总之，网卡负责接收传输介质中传递给本网卡的数据帧信号，并将其重新组合，还原为原数据。

（2）网卡的功能。

① 进行串行/并行转换。

② 对数据进行缓存。

③ 在计算机的操作系统中安装设备驱动程序。

④ 实现局域网或广域网的协议，如以太网协议。

⑤ 进行编码和解码。

从功能来说，网卡相当于广域网的通信控制处理机，通过它将工作站或服务器连接到网络上，实现网络资源共享和相互通信。此外，网卡还负责工作站与局域网传输介质之间的物理连接和电信号匹配，接收和执行工作站与服务器送来的各种控制命令，完成物理层和数据链路层的功能。

3．选购网络适配器时应考虑的因素

（1）速率：网卡的速率是衡量网卡接收和发送数据快慢的指标。根据需要选购 100 Mbit/s 或 1 000 Mbit/s 的以太网网卡、ATM 网卡或其他类型的网卡。

（2）计算机中的总线插槽和连接类型：常见的有 ISA、EISA、VESA、PCI 和 PCMCIA 等，因此，所选网卡应当与所插入的计算机的总线类型一致。另外，目前很多设备都采用了 USB（universal serial bus，通用串行总线）接口，USB 设备具有热插拔，不占用计算机的总线插槽，安装和使用方便等显著的优点；与其他 USB 设备一样，在 Windows 中使用时，USB 的有线和无线网卡一旦被接入，可以立即被计算机承认。

（3）有线网卡：应根据支持的局域网类型和有线介质的不同进行选择，常见的有以太网网卡、令牌环网卡、光纤分布式接口（FDDI）网卡和 ATM 网卡等。例如，以太网的常用介质接口共有 3 种类型，分别为双绞线（RJ-45）接口、光纤接口和同轴电缆接口，它们分别用在不同的以太网中。

（4）无线网卡：无需有线电缆的连接，具有布线容易、移动性强、组网灵活和成本低廉等特点。主要用于无线网络（WLAN）。

通常应尽量选购高速自适应的 PCI 网卡。这是因为 PCI 是一种完善的标准，从一开始，其设计目标就是"自动配置"。计算机的 PCI 总线接口，保证了一台计算机可以由它的 BIOS 或操作系统进行配置工作，并为 PCI 的部件自动建立配置注册表，从而在根本上解决了 PCI 设备与其他设备间的硬件冲突。而自适应网卡则能够自动匹配各种速率的网络。

2.3.5 物理层设备与部件

工作在 OSI 模型的第 1 层"物理层"的设备主要有收发器、中继器、集线器，以及接入点 AP；部件主要有传输介质、介质连接器、各类转换部件（AUI-RJ45）等。

1．理论作用

物理层设备具有信号接收、放大、整形、向所有端口转发数据的作用；没有判断是否转发的功能。

2．实际应用

物理层互联设备在网络中的实际作用：增长传输距离，增加网络结点数目、不同介质网络的连接及组网。例如，当局域网网段中结点相距过远，信号的衰减会导致接收设备无法识别，此时，就应加装中继器、收发器或集线器，以加强信号；又如，当 8 口集线器不够时，就需要使用其他集线器进行扩充，以求连接更多的计算机。此外，使用带有光纤接口的集线器可以连接 1 个使用双绞线和 1 个使用光纤的以太网。

3．冲突域和广播域

物理层设备互联的网络的各个结点收到信息时，会向所有端口转发；一个结点发送数据时，其他结点就不能发送数据量，因此，互联的所有结点都处于同一个冲突域。

由于物理层设备将收到的信息转发到所有端口，因此，不能隔离广播信息的传播，所以互联的网段都处于同一个广播域。例如，当 16 口集线器上连接有 3 个计算机结点时，其冲突域的数目为 1，广播域的个数也为 1。

使用物理层设备互联的结点数目越多，冲突域和广播域的范围就越大，网络的性能也越差，

因此，若想改善网络的性能，应使用其他层的网络设备来设法减小冲突域和广播域的范围，增加冲突域的个数。

4．常见设备和部件

物理层的常见设备主要有：中继器、集线器，以及其他各种类型的转接器。由于网络的类型多样化，介质和介质连接器的种类繁多，因此，在实际工程中经常需要各种物理层的转换部件。网络市场上就有诸如 AUI-RJ45、BNC-RJ45、ST-RJ45 等不同类型的接口转换器，有时也称为"跳线"。例如，图 2-10 所示的就是一款光纤跳线，使用它可以实现不同光纤接口（ST-SC 多模跳线）的转换连接。

5．有线和无线集线器

集线器主要指共享式集线器，又称多端口中继器。它工作在 OSI 模型的物理层，其作用与中继器类似。集线器的端口数目可以从 4 端口到几百个端口不等。集线器的基本功能是强化和转发信号，此外，集线器还具有组网、指示和隔离故障站点等功能。

（1）无线集线器（AP）。AP 相当于有线网络中的集线器，其外形参见图 2-11。AP 用来连接周边的无线网络终端，形成星型网络结构。

图 2-10　光纤跳线图

图 2-11　无线接入点 AP

（2）有线集线器的分类。集线器和交换机的外形十分相似，按外形可以分为独立式集线器、堆叠式集线器和模块式集线器 3 种，参见图 2-12、图 2-13 和图 2-14；按照速率可以分为 10 Mbit/s、100 Mbit/s 和 1 000 Mbit/s。

图 2-12　独立式交换机（集线器）

图 2-13　堆叠式交换机（集线器）

图 2-14　千兆模块式交换机（集线器）

堆叠式集线器采用了集线器背板来支持多个中继网段。这种集线器的实质是具有多个接口卡槽位的机箱系统。此外，在市场上以太网的交换式集线器又称集线器，但是它与共享式集线器有着本质不同，其实质是具有内置网桥功能的多端口网桥，即后边将要介绍的交换机。

2.3.6　数据链路层设备

数据链路层设备的主要部件包括有线和无线网卡，主要互联设备有网桥、交换机和无线网桥等，它们都工作在 OSI 模型的第 2 层"数据链路层"。交换机与网桥的工作原理类似，因此，又称"多端口网桥"。但是，交换机的应用更为广泛。

1. 理论作用

在网络中，这层设备负责接收和转发数据帧。数据链路层设备包含了物理层设备的功能，但是比物理层设备具有更高的智能。其理论与实际功能如下：

（1）学习功能：这层设备不但能读懂第 2 层"数据帧"头部的 MAC 地址信息，还能根据读到的端口和物理（MAC）地址信息自动学习，建立起"转发表"（MAC 地址表），并依据转发表中的数据进行过滤和筛选，最终依所选的端口转发数据帧。这层设备允许不同端口间的并发通信，因此，可以增加冲突域的数量。

（2）过滤和转发：当交换机（网桥）的"学习"过程完成后，这层设备就能根据学习到的转发表和目的地址，进行数据帧的过滤或转发，并自动维护交换机的"转发表"。由于网络上的各种设备和工作站都有一个"MAC 地址"，因此，当交换机（网桥）接到一个信息帧时，如果目标地址与源地址在同一网络（端口号相同），则自动废除该信息帧，这就是"过滤"功能；反之，如果目标地址与源地址不在同一网络（端口号不同），则交换机（网桥）就会转发这个数据帧，这就是"转发"功能。

例如，当图 2-15 中 PC1 发送数据给 PC2 时，由于端口号均为"1"，因此，交换机（网桥）判断两台主机是在同一网络，因此会执行"过滤"功能，不转发这个数据帧。当图 2-15 中 PC1 发送数据给 PC3 时，由于这两台主机所在的端口号不同，因此，交换机（网桥）判断这两台主机不在同一网络，因此，会从"端口 1"转发数据帧到"端口 2"。

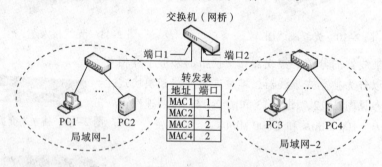

图 2-15　连接两个本地局域网的交换机

2. 冲突域和广播域

数据链路层设备经常用于互联使用相同网络号的 IP 子网。交换机和网桥都是端口冲突和传播广播信息的设备；端口冲突是指多个计算机结点如果同时访问同一端口则会发生冲突，如果不同时访问同一个端口则不会发生冲突。因此，网桥和第 2 层交换机互联的网络处于多个冲突域和同一个广播域，图 2-15 所示的交换机（网桥）互联了两个物理网段，因此，具有 1 个广播域和 2 个冲突域。又如，一个 24 口交换机连接了 8 台计算机，则其冲突域为 8 个，而广播域只有 1 个。

3. 实际作用

网桥和交换机都是软件和硬件的综合系统。但网桥出现的较早，目前，在局域网中，交换机已经基本上取代了网桥和传统的集线器。局域网交换机的引入，使得端口的各站点可独享带宽，减弱了冲突，减少了出错及重发，提高了传输效率。交换机最重要的作用就是可以维护几个独立的、互不影响的并行通信进程。交换机在实际中的作用：

（1）组网，即作为连接终端设备的各种结点计算机和设备；低速交换机常用于连接计算机结点，而高速交换机常作为局域网内部的核心或骨干结点互联局域网内部的不同网段。

（2）增加冲突域的个数，减小冲突域的范围，使得共享网络进行分段，从而改善和提高网络性能。例如，当 10/100/1 000 BASE 共享网络的性能下降时，如果将其中的 hub 替换为交换机，则性能可以得到改善。

（3）通过 VLAN 作用划分多个广播域，近一步提高网络的性能。

交换机（网桥）应用时，应注意其转发所有的广播数据，因此，不能控制广播信息和广播风暴；但是，启用了 VLAN 功能的交换机除外。此外，这层设备不能识别第 3 层地址，因此，只能互联使用相同网络号的 IP 子网。

4. 以太网交换机

交换机和交换式集线器均称交换机。从工程角度看，以太网交换机是一个具有低价位、高性能和高端口密度等特点的设备，是使用交换技术的主流产品。目前，为了解决或减轻局域网中的信息瓶颈问题，交换机正在迅速代替共享式集线器，并成为组建和升级局域网的首选设备。以太网交换机除了包括集线器的所有特性外，还具有自动寻址、交换和处理等功能。下面将简单总结交换机与集线器的相同与不同之处：

（1）不同之处。

① 在 OSI 模型中所处的位置不同：传统的以太网交换机是在多端口网桥的基础上发展起来的，它实现 OSI 模型的下两层协议，因此可以将以太网交换机看做"多端口网桥"，或者是多个网桥的一起使用。它实际上是改进了的网桥。

② 工作原理不同：交换机与网桥按照每一个信息帧中的第二层（如 MAC）地址和学习到的"转发表"来筛选、转发以太网的数据帧。它不向所有的端口转发数据帧，而只向目的端口转发数据帧，因此，可以显著地提高网络的传输性能。集线器则不同，当它检测到某个以太网端口发来的数据帧时，直接将该数据帧发往其他所有端口，这样就导致了共享式局域网中的竞争信道的问题。有些交换机除了具有过滤、学习功能外，还具有差错控制的功能。而集线器则无此功能，因此，不能保证数据传输的完整性和正确性。

③ 网络工作方式不同：集线器按广播模式进行工作，当集线器的某个端口工作时，其他所有端口都能够收听到信息，容易产生广播风暴，当网络较大时，网络性能会由于冲突的大量产生而急剧下降。交换机工作的时候，只在发出请求的端口和目的端口之间进行通信，不会影响其他端口，这样就减少了信号在网络上发生碰撞的机会，因此，交换机能够隔离冲突域。

④ 带宽不同：共享式网络的最大问题是网络中的所有结点用户共享带宽，因此，在某一个时刻只允许一个用户传递信息。这样，当多个用户需要同时传递信息时，就只能采用"争用"的规则来争取信道的使用权利，因此，大量用户经常处于"等待"状态，严重地影响了网络的性能。而交换机可以为每个端口提供专用带宽的信息通道，并允许多对结点同时传递信息。因此，除非是两个用户同时向同一个端口的用户发送信息，否则不会发生冲突。总之，集线器的

各端口共享集线器的带宽，而交换机的各端口独享带宽，即交换机的信息流通量为各个端口结点专用传输速率之和。例如：如果背板速率足够宽，则一个 16 口共享式的 10BASE-T "集线器"最多只能提供 10 Mbit/s 的数据流通量；而一个 16 口的 10 Mbit/s "交换机"，当 16 个结点同时与其他交换机的结点通信时，总的传输速率最多为 160 Mbit/s。然而，在同一交换机的 16 个端口之间通信时，最多只能同时提供 8 对并行数据通信信道。

⑤ 端口通信模式和速率不同：交换机不但可以在半双工模式下工作，还可以在全双工模式下工作；但集线器只能工作在半双工模式下。交换机各个端口的速率可以相同或不同，但集线器的各个端口共享同一个信道的带宽。

⑥ 冲突域数目不同：交换机为端口冲突域，因此，交换机连接的网络是多冲突域，而集线器网络中的所有结点处于同一个冲突域。

（2）相同之处。交换机和集线器只是在工作方式上不同，而在其他方面则完全一致，例如：连线方式、物理拓扑结构、故障指示、组网功能，以及网卡、传输介质和速度选择等。交换机与集线器互联的网络都不能隔离广播信息，因此，所有结点都处于同一广播域。

（3）交换机端口类型与参数。

① 单/多 MAC 地址：单 MAC 交换机主要用于连接最终用户、网络共享资源或非桥接路由器，不能用于连接集线器。而多 MAC 交换机则可以用来连接一个共享设备（如 hub）。

② 专用端口和共享端口：由于单 MAC 交换机只能连接单个计算机结点，所以此类端口称为"专用端口"；而多 MAC 交换机可以用来连接集线器或交换机等具有多个结点的共享设备，因此，这类端口就称为"共享端口"。

③ 端口密度：端口密度一般是指以太网交换机能够提供的主要端口的数目；有时也定义为设备端口的数量。常见以太网交换机的端口密度为 4 的倍数，我们常说 4 口、8 口、16 口、24口、32 口和 48 口的交换机。例如，市场上的端口密度为 16 口或 24 口的 100 Mbit/s 桌面交换机，分别可以提供 16 个或 24 个 100 Mbit/s 端口。

④ 高速端口：高速端口是指交换机上大于普通端口速率的端口，此类端口主要用来连接高速结点或下级交换机。例如 10/100 Mbit/s 交换机中的 100 Mbit/s 端口，这类端口可以进一步分为100 Mbit/s 专用端口或 100 Mbit/s 共享端口；前者用来连接 100 Mbit/s 专用带宽的网络设备（如网络服务器），后者用来连接 100 Mbit/s 的共享集线器或下级的 10 Mbit/s 交换机。

⑤ 管理端口：交换机上通常配置有管理端口，通常使用窗口线连接终端或计算机。通过设置端口可以对交换机的端口进行配置，实现其提供的管理功能，例如，实现交换机的 VLAN功能。

⑥ 其他连接端口：交换机与集线器类似，设备上除了具有多个用于连接双绞线的 RJ-45 接口外，通常还具有一个或多个与其他类型网络或介质连接的端口，例如，用于连接细同轴电缆的 BNC 接口、连接粗同轴电缆的 AUI 接口，以及连接光纤的 SC 或 ST 接口等。

（4）按照外形分类。交换机和集线器按照它的外形可以分为以下 3 类：

① 独立式：独立式交换机（集线器）的外形如图 2-12 所示。它通常是较为便宜的交换机，常常没有管理功能。它们最适合小型独立的工作小组、部门或者办公室使用。

② 堆叠式：堆叠式交换机（集线器）如图 2-13 所示，它采用了背板技术来支持多个网段，其实质是具有多个接口卡槽位的机箱系统，因此，多个交换机堆叠后可以当作一个设备来进行管理，适用于目前只有少量的投资，而未来可能会迅速增长的场合。

③ 模块式：模块式交换机（集线器）如图 2-14 所示，它配有机架或卡箱，带多个卡槽；每个槽内可以安装一块通信卡。每个卡的作用就相当于一个独立式交换机（集线器）。当通信卡安放在机架内卡槽中时，它们就被连接到通信底板上，这样，底板上的两个通信卡的端口间就可以方便地进行通信。模块式交换机（集线器）的功能较强，价格较高，可作为一个设备来进行管理。

（5）交换机的应用。在网络应用中，交换机按照网络的规模进行应用时，由小到大依次为：桌面型交换机、工作组交换机、骨干（部门）交换机和企业交换机。三级交换式（由低至高：接入层、分布层和核心层）网络的应用结构、二级交换式网络如图 2-1 所示。

① 桌面型交换机。桌面型交换机是最常见的一种交换机，也是最便宜的交换机。它区别于其他交换机的一个重要特点是每个端口支持的 MAC 地址数目很少，通常是每个端口支持 1 个～4 个 MAC 地址。从端口传输速度上看，现代桌面型交换机大都提供多个具有 10/100 Mbit/s 自适应能力的端口。桌面型交换机的作用是直接连接各计算机工作结点，而不是共享型结点，如 hub。一般适用于办公室、小型机房和受理业务较为集中的业务部门、多媒体制作中心、网站管理中心等部门。

② 工作组交换机。工作组交换机常用做网络的扩充设备，当桌面型交换机不能满足需求时，大多直接考虑替换为工作组交换机。虽然工作组交换机只有较少的端口数量，但却支持比桌面型交换机更多的 MAC 地址，使用更复杂的算法，并具有良好的扩充能力，端口的传输速度基本上为 100 Mbit/s。

③ 部门交换机。部门交换机与工作组交换机的不同之处在于它的端口数量和性能方面的差异。一个部门交换机通常有 8 个～16 个端口，并在所有的端口上支持全双工操作。另外，它的可靠性、可管理理性和速度等性能往往要高于工作组交换机。

④ 校园网（骨干）交换机。校园网交换机一般作为网络的骨干交换机使用，因此也被称为骨干交换机。它通常具有 12 个～32 个端口，一般至少有一个端口用于连接其他类型的网络，例如 FDDI 或 ATM 网络的连接端口。此外，它还支持第三层交换中的虚拟局域网，并具有多种扩充功能选项。总之，校园网交换机具有数据的快速交换能力、各端口的全双工能力，还可以提供容错等智能特性，价格也比较高，因而，更适用于大型网络。

⑤ 企业交换机。企业交换机虽然非常类似于校园网交换机，但它能够提供更多、更高速率的端口。它与后者最大的不同是：企业交换机允许接入一个大的底盘，该底盘产品通常能够支持多种不同类型的网络组件，更加有利于网络系统的硬件集成，例如：具有快速以太网和以太网的中继器、FDDI 集中器、令牌环的 MAU，以及路由器等多种功能组件。这些功能组件对于保护先前网络系统的投资，以及对其他网络技术的支持都是非常重要的，因而，十分有利于企业级别的网络建设。基于底盘的设备通常具有强大的管理特征，非常适合于企业网络管理环境；然而，基于底盘设备的缺点是它们的成本都很高。

2.3.7 网络层设备

网络层设备的主要互联设备主要有第三层交换机和路由器，它们都工作在 OSI 模型的第 3 层"网络层"。在 TCP/IP 网络中，它们的主要任务是负责不同 IP 子网之间的数据包的转发。

1. 理论作用

在网络中，网络层设备负责接收和转发数据分组，它们通常包含了物理层和数据链路层设备的功能，但是比数据链路层设备具有更高的智能。它们不但能读懂第 3 层 "数据帧" 头部的 IP 地址信息，还能根据手动或自动建立起的 "路由表" 选择最佳路径，并进行数据分组的路由。这层设备丢弃收到的广播信息，因此，可以将广播信息隔离在端口连接的网段内部。

2．实际应用

在网络中，路由器和第三层交换机都是软件和硬件的综合系统，但前者的路径选择偏软，后者的路径选择偏硬。路由器主要负责 IP 数据包的路由选择和转发。因此，在实际中，路由器更多地应用在 WAN-WAN、LAN-WAN、LAN-WAN-LAN 等网络之间的互联；而交换机通常用做局域网内部的核心或骨干交换机，用来互联局域网内部的不同子网。

第三层交换机在很多方面与二层交换机相同，但是从本质上来说，第三层交换机是带有路由功能的交换机，主要用在局域网内部，其实际应用参见图 2-1 中的 "核心交换机"。路由器在实际中，应用最多的是将局域网通过 WAN 的资源连接到 Internet，另外，也经常用在多个远程局域网之间的互联设备。总之，网络层设备在实际中的作用如下：

（1）网络互联：支持各种广域网和局域网的接口，主要用于连接 LAN 与 WAN 的互联。

（2）网络管理：支持配置管理、性能管理、流量控制和容错处理等功能。

（3）其他作用：在实际中，这层设备能够提高子网的传输性能、安全性、可管理性及保密性能的作用。

3．冲突域和广播域

网络层设备主要用于互联使用不同网络编号的 IP 子网。如图 2-16 所示，第三层互联设备在局域网中会与下面的第二层设备连接，如交换机或网桥，因此，互联的网络结点一般处于多冲突域。另外，第三层设备丢弃所有的广播信息，因此，互联的网络分别处于不同的广播域。

例如图 2-16 所示的网络系统，其广播域为 5，冲突域的数目为 7。又如，当一个 4 口路由器上连接有 3 个子网时，其广播域为 3，冲突域的多少还要根据其具体连接的子网的网络设备的类型来确定。

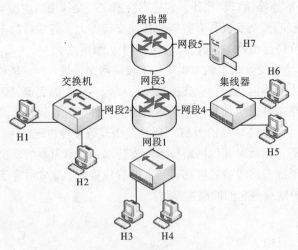

图 2-16　路由器互联的网络

4．Internet 接入的首选设备路由器

随着 Internet 和 Intranet 的迅猛发展，路由器的使用频率一路攀升。目前，路由器已经成为建设企业网或校园网中使用最为广泛和最为重要的一种互联设备。它被广泛应用在局域网与局域网、局域网与广域网、广域网与广域网的互联之间，也是大中型单位局域网接入 Internet 的首选设备之一，参见图 2-1。

路由器（router）是工作在 OSI 模型第三层（网络层）上的一种在网络中负责寻径和数据转发的设备。路由器是一个软件和硬件的综合系统。

（1）路由器的定义与功能。可将路由器定义为：用来连接两个以上复杂网络的，具有路由选择及协议转换的，可以进行有条件异种网络互联的，工作在 OSI 参考模型第三层的网络互联设备。路由器工作在 OSI 模型的第三层，即网络层。在 Internet 或 WAN 中，它负责 IP 数据包的路由及转发。路由器的主要功能如下：

① 网络互联：支持各种广域网和局域网接口，并连接 WAN 和 LAN。

② 数据处理：提供分组过滤、分组转发、优先级、复用、加密、压缩和防火墙等处理功能。

③ 网络管理：支持配置管理、性能管理、流量控制和容错处理等功能。

（2）路由的定义。简单来说，路由就是选择一条数据包传输路径的过程。在广域网中，从一点到另一点通常有多条路径，每条路径的长度、负荷和花费都是不同的，因此，选择一条最佳路径无疑是远程网络中最重要的功能之一。

（3）路由器的工作过程。路由器接收来自各个网络入口的分组，根据路由表选择一个合适的路径后，再把分组从所选的端口转发出去。路由器根据收到的数据包中的目的地址选择一个合适的路径，并通过所选的网络接口将数据包传送到下一个路由器。路径上的最后一个路由器负责将数据包交给目的主机。当主机或路由器需要路由数据包时，它们首先查询其路由表，然后决定将数据包发送到何处。如果遇到路由表中没有的目的网络地址时，则选路程序将数据发送到默认路由器上。

（4）路由表。

① 路由：通过相互连接的网络将信息从源结点移动到目的结点的活动。

② 路由段：人们将路由器的数据包在某个网络中走过的通道（从进入到离开该网络为止）称为逻辑上的一个路由单位，并将此路由单位称为一个路由段（hop）。

③ 相邻的路由器：两个路由器都连接在同一个网络上，某个路由器到其直接连接的端口中的某个主机的路由段数计为"0"。

④ Internet 中的路由选择：Internet 将网络中的路由器看成网络中的结点，将连接结点的链路称为路由段。于是在 Internet 中的路由选择就可以简化为简单网络中的路由选择。所谓的简单网络是指 2 个～3 个远程局域网的连接。

⑤ 路由表或 Internet 路由表：其英文名称为"routing table"或"Internet routing table"。路由表是路由器中路由项的集合，也是路由器进行路径选择的依据，路由表中存储了所有可能的目的地和如何到达目的地的路径信息。

⑥ 路由表中的路由项：目的网络、下一跳、距离、优先级或花费等。

⑦ 路由表的分类：

● 静态路由表：由系统管理员事先设置好的固定的路径表称为静态（static）路径表，网络开支小，通常是在网络建设的前期根据网络的配置情况预先设定的，它不会随网络结构的改变而改变。

● 动态（dynamic）路由表：路由器根据网络系统的运行和变化情况而自动调整并得来的路由表。路由器根据路由选择协议（routing protocol）提供的功能，自动学习和记忆网络运行情况，在需要时，根据自动生成的路由表自动计算数据传输的最佳路径。

5. 路由器具有的基本功能

路由器的理论功能如下：

（1）静态/动态路由选择功能：根据路由器的路由选择表的调整方式，可以实现路由选择表的手动维护或自动维护功能。

（2）转发数据分组：通过路由表和路由算法，将数据分组正确转发到路由表中的下一站。

（3）数据处理：路由器提供包括分组过滤、转发和防火墙的功能。

（4）隔离通信：路由器可以用来隔离各个子网的流量，避免广播通信扩散到整个网络中。

（5）网络管理：路由器可以提供配置管理、性能管理、容错技术和流量控制等多种网管功能。

（6）路径选择：实现多个远程局域网间的互联。在路由器互联的多个远程网络中，路由器可以进行路径选择。当互联的远程子网的某个传输信道断路，或发生拥塞导致性能不好时，路由器可以根据选定的路由算法选择另一条信道传输数据分组。

6. 路由器在实际网络连接中的作用

（1）延伸距离。目前，由于局域网的距离很少超过 20 km，因此在局域网的建设中，常使用 5 类双绞线或光纤作为传输介质。其中，双绞线的最大传输距离为 100 m，光纤的传输距离则比较远。但是，如果一个公司需要连接两个跟离很远的局域网，例如：一个在北京，而另一个在上海，那么，各个公司通常不会采取自己铺设专用线路（双绞线或光纤）的方法，因为这将需要一笔巨额的投资。通常采取的方法是租用电信局的线路来实现不同地域局域网的相互连接。这样，投资和运行的费用都不太高。

（2）将局域网连接到 Internet。由于电信局的线路是利用广域网技术来进行传输的，所以，运行在局域网技术上的数据若想通过电信局的线路进行传输，就必须进行相应的"数据格式"转换，这时，就需要使用路由器来转换局域网和广域网之间的数据格式。同理，当某个公司租用电信局的专线（ISDN、DDN、帧中继或 ADSL）接入 Internet 时，也需要配备路由器以进行相应数据格式的转换。对于普通用户而言，只需知道路由器是转换广域网和局域网数据格式的专用设备即可。但对于网络组建和维护的专业人员来讲，需要进一步了解路由器的路由选择功能。

（3）远程局域网间的互联。所谓路由器的路由选择功能，是指它可以在互联的多个网络中，从多条可能的路径中寻找一条最佳网络路径提供给用户通信。这个最佳路径可能是当前通信量最少的一条。换言之，在网络的远程连接中，通常有多个不同的线路都可以到达同一目的地，路由器可以人工或智能地选择其中的一条最佳线路，并从该线路转发和传递数据。

总之，路由器在网络连接中的基本作用就是数据格式的转换、路由选择和数据转发，其主要任务是将通信以最佳的方式引导到目的网络。因特网常常有多个通道，路由器能够确保各个通道得到最有效的使用。

习　题

1. 什么是局域网？它具有哪些主要特点？它由哪些主要部分组成？
2. 网络硬件系统由哪些部件组成？网络软件系统由哪些部件组成？
3. 什么是 OS，它包括哪些基本功能？什么是 NOS，它又有哪些功能？

4. 常用的 NOS 有哪些？试查询后写出常用 NOS 的最新版本的名称。

5. 按网络服务器的功能分成哪些类？选择服务器时，涉及的技术有哪些？

6. 试举例说明常用的功能服务器和应用服务器的类型。

7. 常用的传输介质包括哪两类？其中的有线介质有几类？

8. 常用的无线传输是什么？无线介质是否表示没有传输介质？

9. 常见的 UTP 有几类？每类的最大传输速率是多少？双绞线是否表示只有两根线？

10. 网络中的主要部件有哪些？写出物理层、数据链路层和网络层设备的类型和特点。

11. 双绞线分为几类？每类的特性参数是什么？各用在哪种网络标准中？

12. 什么是直通双绞线？什么是交叉双绞线？试举例说明它们各自适用的场合。

13. 网卡的功能有哪些？它工作在 OSI 模型的第几层？

14. 网络适配器的其他名称是什么？它由哪几部分组成？如何选择和购买网络适配器？

15. 工作在物理层和数据链路层的部件和设备各有哪些？

16. 交换机与集线器的主要区别是什么？

17. 什么是冲突域和广播域？请问一个使用 24 口集线器的 100BASE-TX 网络中，如果连接有 10 个计算机结点，其冲突域的数目和广播域数目各是多少？如果将集线器换为传统交换机，其冲突域的数目和广播域数目又是多少？

18. 从理论上看，物理层设备的功能是什么？在实际中，物理层设备的功能是什么？

19. 集线器的堆叠与级联有什么区别？

20. MAC 地址是什么？MAC 地址是怎样组成的？每个 MAC 地址占多少位？作用如何？

21. 如何查看网卡的 MAC 地址？MAC 地址由哪两部分组成？每部分表示了什么含义？

22. 集线器与交换机的区别是什么？第二层交换机和第三层交换机有哪些区别？

23. 第三层交换机和路由器有什么异同？局域网接入 Internet 的首选设备是什么？

实 训 项 目

实训环境与条件

（1）网络硬件环境：

① 制线工具、RJ-45 连接器、UTP 及网线测试仪。

② 每组 1 台交换机和 4 台计算机（含网卡）；每台交换机连接 2 台计算机。

③ 具有网络设备（交换机）的专用连接电缆。

④ 计算机安装有 Windows XP/7 操作系统。

（2）网络软件环境：

① 安装了 Windows 的主机一台，并与交换机的 RJ-45 端口连接。

② 真实交换机，也可使用网络设备仿真软件完成实验，如 Cisco 设备模拟器。

③ 本章实验中的"XX"为学号，如 01、02、…、36 等。

实训 1　网线制作与应用

（1）实训目标：

① 标准线和交叉线的制作。

② 标准线和交叉线的应用。

（2）实训内容：

① 按照表2-2制作一根直通双绞线（标准线）和一根交叉线。

② 使用交叉线使两台计算机连通。

③ 使用直通双绞线连接两台集线器（交换机）的uplink端口和普通RJ-45端口。

实训2　网络适配器的设置

（1）实训目标：

① 掌握代表网卡的本地连接的配置。

② 能够确认网卡的工作是否正常。

③ 掌握ping和ipconfig命令的初步使用。

（2）实训内容：

① 在安装了网卡驱动的计算机中，依次选择"开始"｜"所有程序"｜"附件"｜"命令提示符"选项，在弹出的"命令提示符"窗口中，输入"ipconfig/all"，根据显示内容记录本计算机网卡的MAC地址和本机的IP地址。

② ping自己主机和其他同学的IP地址，连通时的丢包率为0%，未连通时的丢包率为100%。参见图2-17和图2-18。

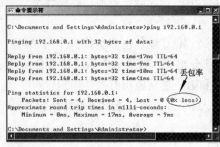

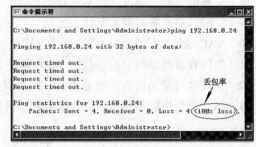

图2-17　"ping其他主机"成功的响应　　　图2-18　"ping 其他主机IP"失败的响应

实训3　设置网络设备交换机

（1）实训目标：

① 了解网络互联设备的配置流程，学习网络设备的基本配置。

② 掌握交换机的基本设置。

（2）实训内容：

① 将一台交换机连接两台以上的计算机。

② 完成交换机的初始配置和上电引导任务。

③ 为交换机配置设备名称SXX，并配置IP地址，如192.168.××.1。

④ 为每台计算机配置与交换机同网段的IP地址，如192.168.××.2～192.168.××.254。

用ping命令测试各个主机间的连通性。

第 ② 篇

网站局域网的组建与管理

　　本篇主要解决信息网站的建设与管理中所涉及的各种网络组建技术、网络应用模式、网站规划和建设方法，以及单一 IP 下创建多网站等实用技术问题。主要包含组建局域网、接入 Internet、网络系统的基本管理、Intranet 中网站的建设与管理 4 章。涵盖了双绞线以太网技术、高速共享式和交换式组网技术、无线局域网组网技术、网络计算模式与网络的组织模式、操作系统与安装技术、组建和管理工作组网络、DNS 服务子系统管理、Internet接入（局域网共享接入、有线路由器接入、无线路由器接入），以及按 B/S 模式工作的网络类型、常见网站的类型、网站的规划与设计、网站的建设流程、网站技术基础、安装 IIS服务器、创建网站、多网站的运行管理技术、网站虚拟目录的创建等组建、管理信息网络，以及发布网站等多方面的基本知识与管理技术等内容。

第 3 章

组建局域网

学习目标

- 了解局域网和以太网的基本知识。
- 掌握双绞线以太网的工作原理和组建技术。
- 了解提高网络性能的方法。
- 掌握交换式以太网组网技术。
- 掌握高速以太网组网技术。
- 掌握无线局域网的组网技术。

3.1 局域网概述

在计算机网络中，局域网是应用最多的一种。它不但具有计算机网络的基本特点，还具有自己的典型特征。局域网通常是指小区域范围内各种数据通信设备互相连接在一起而构成的一种通信网络，其主要目的是在园区、建筑和办公室内实现数据通信和资源共享。

1. 局域网的定义

局域网（local area network，LAN）是一种小范围内（一般为几公里）以实现资源共享、数据传递和彼此通信为基本目的，由网络结点（计算机或网络连接）设备和通信线路等硬件按照某种网络结构连接而成的，配有相应软件的高速计算机网络。

（1）局域网所覆盖的地理范围：通常是一个办公室、建筑物、机关、厂矿、公司、学校等，目前，其距离被限定在几千米的较小范围内。

（2）局域网组建的目的：以资源共享和数据通信为基本目的。

（3）局域网中所连接的结点设备是广义的，它可以是在传输介质上连接并进行通信的任何设备，如计算机、集线器、交换机、网络打印机等各种设备。

（4）通过介质连接的网络结点组成的计算机局域网是由硬件、软件连接在一起的复合系统；其中的计算机在脱离网络后，仍然能够进行独立的数据处理业务。

2. 局域网的特征

（1）共享传输信道。在局域网中通常将多个计算机和网络设备连接到一条共享的传输介质上，因此，其传输信道由连入的多个计算机结点和网络设备共享。

（2）高传输速率。局域网是一种应用最广的计算机网络。它具有较高的数据传输速率，通信线路所提供的带宽一般不小于 10 Mbit/s，最快可达到 1 000 Mbit/s 或者是 10 000 Mbit/s，应用最多的是 10Mbit/s～100 Mbit/s。目前 LAN 正向着更高的速率发展，例如光纤局域网、ATM 局域网、千兆以太网等。通常桌面型计算机接入网络的速度为 10 Mbit/s 或 100 Mbit/s，主干线的速率则应当在 1 000 Mbit/s 及以上。

（3）有限传输距离。在局域网中，所有物理设备的分布半径通常为几千米内的较小的地理范围，这个距离没有严格的限定，一般认为是在 10 m～25 km 内。这个距离通常由通信线路（如光缆或双绞线）所允许的最大传输距离来决定。局域网主要用于小公司、机关、企业、学校等内部，因此，涉及的范围可能是一个办公室、一座或几座建筑或有限地域的园区。

（4）低误码率。局域网通常具有高可靠性。由于局域网的传输距离短，所经过的网络连接设备就比较少，因此，具有较好的传输质量，误码率通常在 10^{-8}～10^{-11} 之间。

（5）连接规范整齐。局域网内的连接一般十分规范，都遵循着严格的标准。

（6）用户集中，归属与管理单一。局域网通常由一个单位或组织组建，主要服务于本单位的用户。由于局域网的所有权属于某个具体的单位，因此，局域网的设计、安装、使用和管理等均不受公共网络的束缚。

（7）采用多种传输介质及相应的访问控制技术。局域网既可以支持粗缆、细缆、双绞线、光缆等有线传输介质，也可以支持红外线、激光、微波等无线传输。因此，局域网中使用的媒体访问控制技术也有多种，例如：带有冲突检测的载波侦听多路访问（CSMA/CD）技术、令牌环访问控制（token ring）技术、光纤分布式数据接口（FDDI）技术等。

（8）一般采用分布式控制和广播式通信。在局域网中各结点的地位平等，通常采用"一点对多点"的广播通信方式，但是，也支持简单的"点对点"通信方式。

（9）简单的低层协议。局域网通常采用总线型、环型、星型或树型等共享信道类型的拓扑结构，网内一般不需要中间转接，流量控制和路由选择等功能大为简化。局域网的通信处理功能一般由计算机的网卡、网络连接设备和传输介质共同完成。

（10）易于安装、组建和维护。局域网通常具有较好的灵活性。局域网既允许速度不同的网络连接设备接入，也允许不同型号、不同厂家的产品接入网络中。

3.2 以太网技术

3.2.1 如何组建以太网

组建以太网与其他网络的基本环节都是相似的，其中的软件设置参见后续章节。

（1）确认以太网的标准和拓扑结构，如 100BASE-TX，二级树型拓扑结构。

（2）根据确定的标准画出网络系统结构图，列出所需设备的清单。

（3）根据系统结构准备好硬件，如计算机交换机、路由器、网卡、直通双绞线等。

（4）连接系统硬件各个环节，在各计算机上安装网卡硬件与驱动程序。

（5）软件设置：确定网络的组织结构，如工作组。

（6）软件设置：在各计算机上设置好网卡的网络组件（功能）、常规信息，加入工作组。

3.2.2　准备知识

以太网使用 CSMA/CD 协议作为网络介质的访问控制协议，该协议主要用于物理拓扑结构为总线（bus）、星型或树型（tree）的共享以太网中，其标准为 IEEE802.3。

1. 以太网的工作原理——CSMA/CD 方法

在采用 CSMA/CD 协议工作的以太网上，任何时刻只能有一对结点在传送数据，而不允许两对以上的结点同时传送。CSMA/CD 方法的工作原理可以简单地概括为以下 4 点：

（1）先听后发。

（2）边听边发。

（3）冲突停止。

（4）随机延迟后重发。

CSMA/CD 方法无需选择或者设置，只要购买和安装了以太网卡就会拥有该功能。

2. 以太网中数据的发送与接收

单集线器以太网的系统结构如图 3-1 所示。在以太网中，发送给所有结点的数据包被称为"以太帧"。帧的首部会写明源（发送）站点（MAC$_A$）和目标（接收）站点的地址（MAC$_B$）。在 A 站向 B 站发送数据帧时，仅当数据帧中的目的地址（MAC$_B$）与计算机（MAC$_B$）的地址一致时，计算机才会接收；否则，不会接收，并丢弃收到的数据帧。

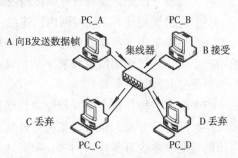

图 3-1　以太网数据的发送与接收

3. 以太网的拓扑结构

（1）网络拓扑结构。网络拓扑结构是网络规划和设计的重要内容，也是网络设计的第一步。从计算机网络拓扑结构的定义来看，计算机网络的拓扑结构应该指其负责通信的传输网络中结点和链路排列组成的几何图形。而在局域网中，人们说的拓扑结构通常是指局域网的通信链路（即传输介质）和工作结点（即连到网络上的任何设备，例如：服务器、工作站以及其他外围设备）在物理上连接在一起的布线结构，即指它的物理拓扑结构。为此，在讨论实际网络拓扑结构时应当注意逻辑拓扑结构和物理拓扑结构的关系问题。

① 逻辑拓扑结构：局域网结点间的信息流动的形式，由其采用的介质访问控制方法来确定，例如，采用 CSMA/CD 方法为逻辑的总线结构。

② 物理拓扑结构：局域网中各部件的外部连接形式，即设备抽象为点，介质抽象为线，点线组成的几何图形，如图 3-1 所示，将构成一个"星型"的物理拓扑图形。

总之，逻辑结构属于"总线型"或"环型"拓扑的局域网，物理拓扑结构也可以是星型或其他物理构型。虽然理论上定义的网络拓扑结构应当指它的逻辑拓扑结构；但实际上，人们却常常将局域网的物理拓扑结构称做该局域网的拓扑结构。为此，在某些产品介绍中，出现了 star-to-bus 与 star-to-ring 的叫法也就不足为奇。

（2）共享式以太网的结构。共享式以太网的逻辑拓扑结构是"总线型"，这是根据其使用的介质访问控制方式而定义的；其物理拓扑结构有总线、星型（树型，即扩展星型）几种，最常用的是星型拓扑。

4. 以太网的产品标准与分类

以太网中常见网络的主要参数见表 3-1。采用不同的以太网组网时，所采用的传输介质以及相应的组网技术、网络速度、允许的结点数目和介质缆段的最大长度等都各不相同。

表 3-1 以太网的标准和主要参数

以太网标准	传输介质	物理拓扑结构	区段最多工作站（个）	最大区段长度（m）	IEEE规范	标准接头	速度（Mbit/s）
10BASE5	50 Ω粗同轴电缆	总线	100	500	802.3	AUI	10
10BASE2	50 Ω细同轴电缆	总线	30	185	802.3a	BNC	10
10BASE-T	3 类双绞线	星型	1	100	802.3i	RJ-45	10
100BASE-TX	5 类双绞线（2 对）	星型	1	100	802.3u	RJ-45	100
100BASE-T4	3 类双绞线（4 对）	星型	1	100	802.3u	RJ-45	100
100BASE-FX	2 芯多模或单模光纤	星型	1	400～2 000	802.3 u	MIC、ST、SC	100
1000BASE-SX	2 芯多模（光纤直径 62.5μm 或 50μm）光纤	星型	1	260 或 525	802.3 z	MIC、ST、SC	1 000
1000BASE-T	5 类双绞线（4 对）	星型	1	100	802.3ab	RJ-45	1 000

（1）低速产品的常见标准。符合 IEEE802.3 标准的以太网络低端产品的传输速率通常为 10 Mbit/s，其正式标准有以下 3 种，常用的是 10BASE-T。

① 10BASE5：标准以太网，即"粗缆以太网"，使用曼彻斯特编码，基带传输。

② 10BASE2：廉价以太网，即"细缆以太网"，使用曼彻斯特编码，基带传输。

③ 10BASE-T：双绞线以太网，基带传输，使用曼彻斯特编码，基带传输。

（2）其他以太网标准。除了低速以太网外，还有若干个以太网的变形产品标准。这些变形标准倾向于更长的传输距离、更快的传输速度，以及交换技术。其中比较著名的有以下几种：

① 100BASE 系列：快速以太网。

② 1 000BASE 系列：千兆位以太网。

③ 交换式以太网系列：10 Mbit/s、100 Mbit/s 和 1 000 Mbit/s。

（3）共享以太网的总结

① 传输速度：10 Mbit/s、100 Mbit/s 或 1 000 Mbit/s。

② 介质访问控制方法：CSMA/CD。

③ 拓扑结构：逻辑拓扑为"总线"结构；物理拓扑为"总线"、"星型"或"树型"结构。

④ 传输类型：帧交换。

⑤ 其他指标：各种以太网的组网技术有所不同，例如：100 Mbit/s 与 1000 Mbit/s 双绞线高速以太网中单段双绞线的限制就不相同。

⑥ 典型以太网：一般指速率在 10 Mbit/s 及以下的低速共享式以太网。

5. 共享以太网的特点

在总线网络中的所有结点可以平等地使用公用信道，并以广播的方式发送信息，因此，一个结点发出的数据，其他结点都能收到；但是在一段时间内只能为一个结点提供服务，这便出现了信道的竞争与冲突。可见，这种网络中的所有结点处于同一个冲突域。

使用 CSMA/CD 协议的以太网的主要性能特点是：采用了"争用"型介质访问控制方法，各结点地位平等，因此，无法设置介质访问的优先权，在低负荷时，响应较快，具有较高的工作效率；在高负荷（工作结点激增）时，随着冲突的急剧增加，传输延时剧增，导致网络性能的急剧下降。

此外，有冲突性的网络，时间不确定，因此，不适合控制型网络。以太网的主要设计特点如下：

（1）简易性，结构简单，易于实现和修改。

（2）低成本，各种连接设备的成本不断下降。

（3）兼容性，各种类型、速度的以太网可以很好地集成在一个局域网中。

（4）扩展性，所有按照以太网协议的网段，都可以方便地扩展到以太网中。

（5）均等性，各结点对介质的访问都基于 CSMA/CD 方式，所以对网络访问的机会均等，采用"争用"的方式取得发送信息的权力，并以广播方式传递信息。

总之，以太网经过长期的发展和完善，具有较高的传输速率、结构简单、组网灵活、便于扩充、易于实现和低成本等优点，从而成为当前应用最为广泛的局域网技术。

3.2.3　组建双绞线以太网

表 3-1 中的 10/100/1000BASE 以太标准 T 系列中的 T 代表"twisted-pair"，即双绞线；为此，我们称其为双绞线以太网；它使用物理上的"星型"拓扑结构，逻辑上的总线拓扑结构。

在共享式以太网中，任何时刻都只能有一个结点计算机发送信息，这是由 IEEE802.3 的 MAC 子层的 CSMA/CD 协议规定的，即介质访问控制方法。由于该协议制定的是逻辑总线的使用规则，因此，使用 CSMA/CD 的共享式以太网的逻辑拓扑结构都是"总线"型。

1.　共享式双绞线以太网的硬件结构

10/100/1000BASE 的 T 系列是在"共享模式"的设计思想基础上设计出来的双绞线以太网，它利用 3、5 或超 5 类的非屏蔽双绞线、RJ-45 接头和集线器连接为物理拓扑结构为"星型"的网络，参见图 3-1。双绞线以太网使用不超过 100 m 的双绞线，将每一台计算机或设备连接到中心结点的共享集线器上。它克服了"总线"式网络中单点故障会引起整个网络瘫痪的问题。由于双绞线以太网的高灵活性，因而，更适合那些需要不断增长的网络。

（1）集线器（hub）。图 3-1 中所示的独立式有源集线器是共享式双绞线以太网的核心连接设备。hub 会将网络中任意一台结点（计算机）发送的信息，转发到所有与之相连的端口。其主要功能如下：

① 组网功能：hub 上有多个 RJ-45 接口，因此，能支持多个计算机入网。hub 上的 RJ-45（级联或普通）接口可以与其他 hub 或交换机相连，因此，很易于扩展网络。

② 与其他介质连接的功能：通过 hub 上的 AUI、BNC、光纤等其他介质的连接接口，可以与使用粗缆、细缆和光纤的以太网直接相连。

③ 信号的强化功能：hub 能对收到的计算机信号进行放大整形，并传播信号到网络上的所有接口。

④ 自动检测与强化"碰撞"信号的功能：在检测到"碰撞"信号后，hub 会立即发送出一个阻塞（jam）信号，以强化"冲突"信号，因而，增强了整个网络的抗冲突的能力。

⑤ 故障的检测与处理：能够自动指示有故障的计算机结点，并切除其与网络的通信。

（2）网卡（RJ-45 接口）和网线。连入 10BASE-T 网络的每个计算机结点都需要一块支持 RJ-45 接口、10/100/1 000 Mbit/s 的以太网网卡。使用制作好的双绞线电缆（直通线）连接网卡与集线器上的 RJ-45 接口，参见第 3 章的相关内容。

2.　双绞线以太网的组建方法

典型独立集线器（hub）结构的双绞线以太网组网实例如图 3-1 所示。所有结点（服务器或工作站）均通过自身的 RJ-45 网卡、带有 RJ-45 接头的传输介质（标准线或直通线）连接到 hub，形成物理的"星型"网络。每个结点到 hub 之间双绞线的最大距离为 100 m。单集线器结构适合小型工作组规模的局域网，如小办公室、实验室和网吧等，其中心结点通常为具有 8 个、16 个、24 个普通 RJ-45 端口的共享型集线器。为了连接其他以太网，hub 上通常还会有一个或多个 BNC、AUI 或 ST（SC）等其他传输介质的连接端口。

3. 双绞线以太网的扩展组网方案

使用双绞线的共享以太网可以分为：独立集线器结构、多集线器级联结构、多集线器堆叠结构。例如，图 3-1 所示的是独立集线器结构的 10BASE-T 网络。在实际中，为了扩展网络的距离或计算机的结点数，可以采用集线器的扩展方案。下面介绍几种常见的扩展方案：

（1）独立集线器提供的端口类型。

① 级联端口：专门用于级联的标有"出口/入口"或 Uplink 的端口。大部分集线器的级联口标注有 Uplink 字样，由于该端口与第一个普通 RJ-45 口直接相连；因此，这两个口不能同时使用，只能使用其中的一个。

② 普通 RJ-45 端口：其数目一般是 8、16、24、32 等。例如，单立式 16 口集线器最多可以连接 16 台计算机，但是，如果使用了 Uplink 端口，则最多只能连接 15 台计算机。

③ 其他介质的连接端口：用于连接粗缆的 AUI、连接细缆的 BNC 或连接光纤的端口。

（2）多集线器级联结构。

① 级联的目的：组成更大规模的网络。当设计的网络结点数目超过单个集线器所允许的最大数目时，就应当采用 hub 级联的方法。级联时，应注意设备的中继距离和规则。例如，在低速 10BASE-T 网络中，应遵循 5—4—3 规则，即任意两个计算机结点间的一条通路上最多可以串联 4 个集线器。

② 级联的方法：通常使用一般的双绞线通过普通 RJ-45 接口或是 Uplink 口将两台或多台集线器或交换机连接起来。对于不同端口，多集线器结构的级联有以下几种方法：

● 使用直通线（标准线），通过集线器上专门"出口/入口"进行级联。即第一个 hub 的级联出口连接下一个 hub 的级联入口。由于使用 5UTP 进行级联，因此，图 3-2 中任意两个计算机结点间的最长距离为 300 m。

● 对于没有专门级联"出口/入口"的两个集线器，可以使用"直通线"将一个集线器上的 Uplink 级联口与另一个集线器上的普通 RJ-45 端口相连，参见图 3-2。从而实现多集线器间的级联。级联网络中任意两个计算机间的最长距离为 300 m。

● 使用"交叉线"连接两个没有"级联（Uplink）"口的集线器上的普通 RJ-45 接口，也可以实现多集线器的级联。

● 使用同轴电缆、光纤，通过集线器提供的"其他介质连接端口"实现级联。例如，在图 3-3 所示的使用光纤级联的 10BASE-T 网络中，任意两台计算机间的最长距离为（200+光纤许可距离）m。

③ 级联设备的管理：通过统一的网管平台，在网络中可以实现不同厂家设备的统一管理。例如，可以将 Dlink、华为和思科等不同厂商的设备级联起来，进行统一管理。

④ 级联设备的特点：级联网络中的设备具有易理解，好安装，不同厂家的设备都可以级联等优点；但是，与堆叠设备不同的是，级联的多个设备是上下层的关系，而且上层设备的性能优于下层设备。这样，当级联的层次较多时，下层级联设备的结点就会产生比较大的延时；因此，最后一层设备的性能最差。

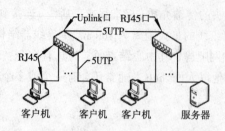

图 3-2 使用 Uplink 和普通 RJ-45 口级联的
双集线器 10BASE-T 网络

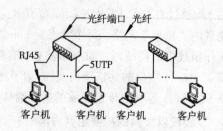

图 3-3 使用光纤口级联的
双集线器 10BASE-T 网络

（3）可叠加集线器以太网结构。使用可叠加集线器或交换机组建以太网的典型结构如图 3-4
所示。

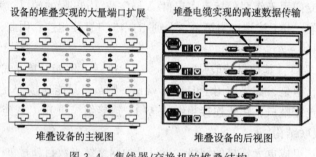

图 3-4 集线器/交换机的堆叠结构

① 堆叠的目的：为了满足大型网络对端口的数量要求，在大型网络中采用了集线器或交换
机的堆叠方式。所谓的可堆叠集线器或交换机是指一个集线器或交换机中，同时具有 "UP" 和
"DOWN" 的堆叠端口。

② 堆叠的条件：进行堆叠时，应当注意只有支持堆叠的设备才能进行堆叠，另外，一般同
型号的设备才能够堆叠在一起。

③ 堆叠设备的管理：当多个集线器或交换机堆叠在一起时，其作用就像一个设备一样。因
此，堆叠的设备可以简化本地管理，一组设备作为一个对象来管理，提供统一的管理模式。例
如：当 5 个 16 口的可叠加集线器连在一起时，可以看做 1 个 80 口的集线器。堆叠在一起的交
换机或集线器可以当做一个单元设备来进行管理。一般情况下，当有多个交换机或集线器堆叠
时，其中存在一个可管理设备，利用可管理设备可对此堆叠式设备中的其他 "独立型设备" 进
行管理。

④ 堆叠设备的优缺点如下：

● 优点：堆叠后的集线器或交换机可以看成一台设备来使用。因此，在使用集线器的共享
以太网中，堆叠的集线器数目不受中继规则的限制，堆叠后的交换机具有很高的带宽。另外，
与级联不同的是，堆叠的多个设备处于同一层次，因此，堆叠交换机中任意两个端口的延时都
是相同的。

● 缺点：堆叠技术是一种非标准化技术，堆叠的标准和模式是由各厂商自定的，因此，各
厂商支持的堆叠产品是不能进行混合堆叠的。

堆叠方式采用厂家的堆叠电缆，堆叠在一起的设备在逻辑上作为一个集线器，不受中继规
则的限制。因此，为了避开级联网络中级联数量的限制，增加端口数的最好办法是采用堆叠式
设备，如集线器。

总之，由于以太网有多种物理层规范，无论是使用集线器的共享式以太网，还是使用交换机的交换式以太网都可以支持多种传输介质，因此，互联十分方便。连接时，主干网还可以采用光纤，再通过分支网络的双绞线形成"树型"网络结构，这样可以提高干线的可靠性与干扰能力，并可以延长传输距离，增加网络的结点数目。

4. 双绞线以太网的应用特点

双绞线以太网包括核心设备使用集线器和交换机的两种网络，它们得到了世人的青睐和瞩目，并得到了广泛的应用。

（1）优点：

① 容易检测故障：当某一段线路、计算机、互联的网络设备，例如，某个集线器出现故障时，集线器会将故障结点自动排除在网络之外，从而保证了剩余部分的正常工作。由于不用中断网络的运行，就可以维护网络，因而简化了网络故障诊断的过程，从而节省了时间，从根本上改善了局域网难于维护的缺点。

② 容易组建：双绞线以太网的安装、管理和使用都很简单。因此，中小型单位可以自行组建局域网。

③ 低成本：线路安装可以与电话线路的安装同时进行，从而减少了网络安装费用。

④ 扩展方便：网络站点数目不受线段长度和结点与结点距离的限制，因此，扩充极为方便。此外，由于集线器和交换机都可以与其他以太网兼容，因此，与 100BASE-FX 或 10BASE5 等不同物理层标准的网络互联时，无需改变网络系统中的硬件和软件设置。

⑤ 容易改变网络的布局：可以容易地改变网络的某一部分布局，例如，扩充与减少结点（计算机或其他网络设备），不会影响或中断整个网络的工作。

⑥ 允许多种媒体共存：通常每个集线器（交换机）有 N（8、16、24）个 RJ-45 接口和 M（1、2、3、4）个其他型号的向上接口，例如：集线器或交换机都可以既拥有连接双绞线的 RJ-45 端口，也具有连接同轴电缆的 AUI 接口，以及连接光纤的 ST 或 SC 接口。因此，可根据通信量需求的大小和结点分布的情况选择和设计不同规模、不同介质的网络。

（2）缺点：

① 对于使用集线器和 CSMA/CD 的共享网络来说，随着网络计算机结点的增加，网络的响应速度会不断下降，响应的时间过长，导致网络的性能的急剧下降。有实验表明，一个单集线器的 10BASE-T 虽然具有 10 Mbit/s 的带宽，但是，当网络工作结点增至 20 个的时候，其实际的可用带宽将降至原来的 30%～40%。此外，当使用多个集线器（最多 4 个）级联时，或者是与其他以太网连接之后，所有的网络结点将共享 10 Mbit/s 的带宽。因此，集线器所连接的结点越多，每个工作结点得到的带宽就越窄。在高负荷时，网络性能急剧下降。解决的方法是将核心设备更换为交换机，这将在后面章节详细介绍。

② 网络的中央结点的负荷过重，一旦集线器出现故障，将导致整段或全部网络瘫痪。

③ 双绞线的抗干扰能力弱，因此，选择时应十分注意它的电器特性。

④ 由于每个单段网线只能连接一个工作结点，所以，网络通信线路的利用率很低。

5. 双绞线以太网的总结

（1）拓扑结构：由于介质访问控制方法为 CSMA/CD，因此，核心设备是集线器的双绞线以太网在逻辑上是"总线"型拓扑结构；物理上是"星型"拓扑结构。

（2）网线类型：3 类、5 类、超 5 类或 6 类非屏蔽双绞线。

（3）传输速度：10 /100 /1 000 Mbit/s。

（4）最大网络结点数目：1 024 个。

（5）每段最大结点数目：1 个。

（6）最大网络长度：无最大长度。

（7）最大网段长度：100 m。

综上所述，虽然各种类型的局域网上的传输介质可以是粗缆、细缆、双绞线和光纤，但是从当前的发展趋势来看，局域网正在由早期的粗缆、细缆向双绞线和光纤转换；共享网络已经向交换式网络全面转换。然而，组网的方法基本上没有什么变化，因此，当前最常见的是双绞线交换式以太网与光纤干线网的混合连接。这是因为大多数办公室都安装有双绞线的 RJ-45 网络接口，而主干的光纤能为干线提供优良的传输特性，例如，具有速度高、抗干扰能力强以及传输距离长等优点。

3.3　高速局域网与改善网络性能的技术

为了适应信息时代的需要，目前的局域网正向着高速、模块、交换和虚拟局域网的方向发展。自 1992 年以来，100 Mbit/s、1 000 Mbit/s 和 10 Gbit/s 的以太网以及其他高速局域网的技术正逐步成熟，并且得到了广泛的应用。流行的高速局域网类型有：共享式快速以太网、交换式高速以太网、虚拟局域网（virtual LAN）、千兆位（1 000 Mbit/s）以太网、FDDI 和 ATM 局域网等。

3.3.1　如何实现高速局域网

在实际应用时，企业或校园的高速局域网的实施工程包括如下几项：

（1）选择一种合适的提高局域网性能的方法。

（2）合理选择和设置各工作站、集线器、交换机、路由器、服务器。

（3）网络综合布线，包括各种传输介质的选择、更换、安装、施工与连接。

（4）主干网络的实施。

（5）各结点网卡的调整、安装与设置。

（6）各网络服务器的设置与调试。

（7）各站点网络操作系统、桌面操作系统和应用软件的安装、设置和实施。

3.3.2　准备知识

1. 高速局域网基本概念

（1）高速局域网。一般将数据传输速率在 100 Mbit/s 以上的局域网称为高速局域网。

（2）改善网络性能的传统手段。

① 采用"缆段细化"的方法，将一个大的局域网分割成若干个小的子网，然后通过网桥、路由器、网关等进行连接，最终成为可以互相传递信息的网络信息系统。

② 采用更高速率的局域网，从提高缆线的传输速率着手来提高网络性能。

（3）当前改善网络性能的手段。随着网络技术的应用和发展，由于传统方法不能解决网络的通信瓶颈问题，提高传输介质的传输速率涉及布线工程，具有成本高，实现困难等特点，因而，不得不进行改进，以适应时代发展的需要。当前提高网络性能的主要思路有以下两个：

① 交换式：通常是从多缆段所连接的核心设备，如"集线器"入手，将共享式的设备变换为交换式。交换技术从根本上改善了介质的访问方式，废除了"竞争"的访问方式，采用了各个结点间的并发、多连接交换链路。

② 其他技术：在现代局域网中，通过软件与硬件的结合，可以更大地提高网段的性能。例如，在交换式以太网中，引入虚拟局域网（VLAN）或 IP 子网技术，可以重新划分冲突域（是指结点访问的冲突范围）和广播域（是指广播信息所到达的范围），极大地提高网段的传输性能，提高安全性和可管理性。

2．提高网络性能的几种常用解决方案

在局域网中，为了克服网络规模与网络性能间的矛盾，人们提出了以下几种解决方案：

（1）提高传输速率：增加绝对带宽。例如：从传统的 10 Mbit/s 以太网升级到 100 Mbit/s 快速以太网和 1 000 Mbit/s 千兆位的以太网，以及正在发展的万兆以太网（10 Gigabit Ethernet）。

（2）采用网络分段：缆段细化的方法。例如：可以将一个大型局域网络划分成多个子网，并用网桥、交换机或路由器等进行互联。通过网桥、交换机和路由器等可以隔离子网之间的通信量，以及减少每个子网冲突域内部的结点数，从而使网络性能得到改善。

（3）将"共享式局域网"变换为"交换式局域网"：替换核心设备，改变技术。例如：使用 100 Mbit/s 交换机替代 100 Mbit/s 集线器，从而将 100BASE-T 快速共享式以太网变换为快速交换式以太网。这种技术以组网灵活、方便，网络流通量大，网络传输冲突少，造价低，以及充分保护原有的投资等特点，而成为当今高速局域网的主流技术。

（4）采用更先进的技术：随着网络和信息技术的发展，新的技术层出不穷。例如：采用 ATM 交换技术的局域网，网络响应时间能够降至 20 ms～30 ms，因此，它更适合于交互式多媒体信息处理的应用场合。又如，在交换式以太网中，采用 VLAN 和 IP 子网划分技术。

随着多媒体、信息、电子商务技术，以及网络用户的迅速发展，如今的网络需要更高的速度。常见高速局域网的标准和主要参数见表 3-1。

3.3.3　共享式高速以太网

目前，典型的高速局域网标准有 100 Mbit/s、1 Gbit/s、10 Gbit/s 以太网和 FDDI 系列的高速局域网。它们的主干网的数据传输速率都大于或等于 100 Mbit/s。在众多高速网络技术中，应用最多的还是以太网技术，其最大优点就在于它的不断发展，以及兼容和扩展能力。当用户提出新的要求时，都可以找到增强型的现有标准，或者是新的以太网标准。

1．100BASE 快速以太网的结构

100BASE-TX 快速以太网的结构、组网技术都与图 3-1 所示的 10BASE-T 类似，只是在快速以太网中，其中心控制设备为 100 Mb/s 的共享式集线器。根据所使用的传输介质的不同，已经制定了以下 3 个标准。

（1）100BASE-TX：使用两对 5 类 UTP 或 STP 双绞线（网线最大长度 100 m）。

（2）100BASE-T4：使用 4 对 3～5 类 UTP 双绞线（网线最大长度 100 m）。

（3）100BASE-FX：使用 S/ M MF 型光纤（网线最大长度 400 m～2 000 m）。

其中，UTP 为非屏蔽双绞线；STP 为屏蔽双绞线；S/ M MF 为单模或多模式光纤。

上述标准与 IEEE 802.3（10BASE-T）的协议和数据帧结构基本相同，仅仅是速度上的升级。快速以太网采用物理的星型拓扑结构，以及逻辑的总线拓扑结构。100 Mbit/s 的双绞线以太网的组网方式与 10 Mbit/s 的基本相同。其相同之处归纳如下：

（1）采用相同的介质访问控制方式，即 CSMA/CD 协议。

（2）采用相同的数据传输的帧格式。

（3）相同的组网方法。

（4）同样的低成本、易扩展性能。

2. 千兆位以太网

使用 1 Gbit/s 技术组建网络时，与原有 10 Mbit/s 或 100 Mbit/s 网络的相同之处如下：

（1）相同的组网方法。

（2）半双工通信时，采用的介质访问控制方式与传统以太网类似，即 CSMA/CD 协议。

（3）同样的低成本、易扩展性能。

千兆位以太网遵循 IEEE 802.3z 标准，该标准的重点是发展以光纤为传输介质的高速网络。该标准规定使用单模光纤的传输距离高达 3 000 m；采用多模光纤的连接距离为 550 m；此外，还可以采用 5 类及超 5 类的 UTP 连接各个网络设备，但是两个采用 UTP 的网络设备的最大距离仅为 25 m。目前，人们常采用千兆位以太网组建校园或企业的主干网络，其应用方式参见图 3-5，只是将其中的交换机均换为相应速率的集线器。

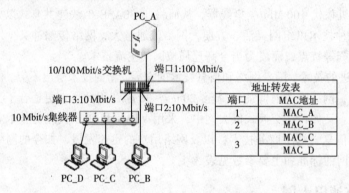

图 3-5　交换式与共享式以太网组网的结构及 MAC 地址转发表

3. 共享式高速以太网中使用的主要网络产品

组建高速以太网时的拓扑结构、连接与工作方式与低速以太网大同小异，但所选的网络产品应当与要求的网络速率相符，例如，1 000 Mbit/s 以太网的核心设备、介质、网卡都应当满足千兆要求。

（1）高速共享集线器。应使用 1 000 Mbit/s 集线器，由于是共享式网络，因此，只能用半双工模式，主要用于连接下级集线器、服务器、桌面计算机和共享打印机等。

（2）高速以太网卡。常见的 100/1 000 Mbit/s（全双工）网卡，其主要作用是将服务器接入网络。网卡的主要类型为 32/64 位 PCI 总线类型，网卡应具有智能处理器。例如，在交换式以太网中使用全双工千兆网卡，最大可以提供 2 Gbit/s 的传输速度，从而真正解决服务器的网络传输带宽的瓶颈问题。网卡选择时，还需注意：第一，符合所设计的千兆位以太网的标准；第二，支持 VLAN（虚拟局域网）功能，这样可以方便集中化的管理，控制网络风暴，增加安全性；第三，应当具有即插即用和全双工等功能。

（3）高速以太网标准规定的传输介质。

① 光纤：千兆位以太网的首选传输介质，适用于长距离传输。

② 铜缆：只在短距离的交换机之间进行连接时，才使用高性能铜质屏蔽双绞线。

③ UTP：5 类、6 类或超 5 类线是专门为高速双绞线以太网设计的，与之配合的设备和技术都已经相当成熟。

④ 其他配件：无论使用何种传输介质，都应当注意插座、配线架、线缆等的配套问题，且应尽量选用相同厂商的系列产品。

4. 高速（千兆）以太网的应用领域

（1）多媒体通信：如 Web 通信、电视会议、高清晰度图像和声影像等信息的传输。

（2）视频应用：如数字电视、高清晰度电视和视频点播等。

（3）电子商务：如虚拟现实、电子购物和电子商场等。

（4）教育和考试：如远程教学、可视化计算、CAD/CAM、数字图像处理等。

（5）数据仓库。

3.3.4　交换式以太网

交换式以太网是在 10/100/1000 Mbit/s 共享式双绞线以太网基础上发展起来的一种高速网络，其组网技术与共享式以太网类似，但是，其关键的核心设备使用的是以太网的交换机（switch），而不是"集线器"。低速交换机常常用于连接桌面计算机，而高速交换机通常作为局域网内部的核心或骨干交换机来连接局域网内部的不同网段。

共享式网络的特点是"共享介质"，即平分可用带宽，例如：某共享式以太网络上的数据传输速率是 100 Mbit/s，当 10 个结点同时使用时，每个结点可以使用的最大传输速率就只有 10 Mbit/s。如果用户数量和通信量超过一定数量时，将会造成碰撞，使得冲突增加。因此，共享式网络在连网计算机的数目较少的时候，有较好的响应和性能；而在负荷较大时，将导致网络中计算机得到的带宽急剧减少，网络的传输速率和质量将迅速下降。而使用交换技术替代共享局域网，则可以很好地解决上述问题。在实际应用中，为了改善和提高共享网络的性能，常常通过使用交换机的方法来增加网络中冲突域的个数，减小冲突域的范围，使得原有的共享网络得以进行分段。例如，当前的 1000BASE-T 千兆以太网，将其 1 000 Mbit/s 集线器替换为 1 000 Mbit/s 交换机，可以极大地改善网络的性能。

下面将介绍一些交换式以太网的典型方案，读者可以参照进行自己的应用方案。

1. 利用 10 /100 Mbit/s 交换机与原有的 10BASE-T 以太网用户组网

目前小型单位的组网常选择图 3-5 所示的方式。由于网络服务器的传输数据量大，工作频繁，因此，网络交换机和网络服务器之间的传输线路成为网络传输性能的瓶颈，是设计时应考虑的重点因素。为此，上层交换机可选择带有 1 到 2 个 100 Mbit/s 端口的交换机。

（1）将有高传输速率要求的服务器接入交换机的 100 Mbit/s 专用端口，以保证服务器的专用的 100 Mbit/s 传输速率需求。

（2）使用 10 Mbit/s 共享端口连接共享式集线器，从而保留了原有 10BASE-T 网络上的所有低速结点和设备。

（3）尽可能多地将一些有固定带宽要求的高性能工作站，及其他计算机接入交换机的 10 Mbit/s 专有端口，以满足这类结点对专有传输速率的需求。

2. 利用 10 /100 Mbit/s 和 10 Mbit/s 交换机组建单位网络

本方案是图 3-5 所示方案的改良和扩展。设计要点如下：

（1）将使用 100 Mbit/s 全双工网卡的网络服务器连入上层交换机的 100 Mbit/s 端口。

（2）将其中的集线器改换为 10 Mbit/s 交换机。

（3）尽可能多地将有固定带宽要求的高性能工作站接入交换机而不是集线器。

总之，这个方案满足了各方面的需要，解决了网络瓶颈，提高了网络传输性能，保护了原有的投资，降低了工程造价。因此，是向中小型企事业单位推荐的网络结构。

3. 利用带有部分 100 Mbit/s 端口的交换机与原有的快速以太网用户组网

此方案与图 3-5 类似，只是将所有的 100 Mbit/s 集线器更换为 100 Mbit/s 交换机。目前的企业网对各个服务器和工作站的要求各不相同，对于一些 CPU 处理能力不是很强的 PC 来说，只需要 10 Mbit/s 的传输速率；而另一些 CPU 的处理能力较强，或者数据传输量较大的计算机则要求较高的传输速率，如各种网络服务器和视频工作站等。应根据不同的需求，分别选择不同的交换机以及端口类型组成所需要的网络。此方案具有的特点如下：

（1）交换机上的 100 Mbit/s 专用端口仍然用于连接有高性能要求的服务器网卡，以保证服务器的 100 Mbit/s 传输速率的需求。

（2）使用 100 Mbit/s 共享端口连接原有的 100 Mbit/s 共享式集线器，从而保留快速以太网上的所有结点和设备。

（3）将一些有固定带宽要求的高性能工作站接入扩展的 10 Mbit/s 桌面交换机的专有端口，以满足这类结点对专有传输速率的需求。总之，这个方案满足了各方面的需要，解决了网络瓶颈，提高了网络传输性能，保护了原有的投资。

4. 利用 100/1 000 Mbit/s 和多个 100BASE-T 交换机组网

对于那些网络上所有用户的计算机结点都需要专用的 100 Mbit/s 传输速率的场合，网络中的信息传输量比较大，传送的信息往往是大容量的图像和声音等多媒体数据。此时应该选用一个 100/1 000 Mbit/s 三层交换机，以及多个 100BASE-T 交换机级联成两层交换式网络，参见图 3-6。由于交换机比共享式集线器的价格贵很多，所以此方案的造价较高。

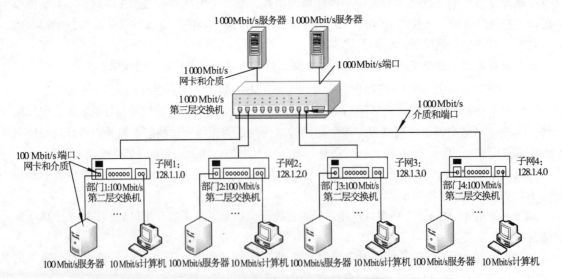

图 3-6　千兆交换式以太网的应用结构

5. 千兆交换式以太网组网方案

交换式以太网是当前的主流技术，千兆交换式以太网的应用结构如图 3-6 所示，其组网技术同共享式以太网。在实际应用时，如果新建网络，建议全部采用交换机组建成交换式以太网。否则，可以将已有的 10 Mbit/s 和 100 Mbit/s 共享式或交换式以太网集成到新的 1 000 Mbit/s 以太网内；这样不仅可以保护原有投资、节约资金；还使得网络的大部分技术人员不用重新培训，就可以维护和管理新建的网络。

（1）企业采用速率为 1 000 Mbit/s 交换式以太网作为主干网。

（2）部门采用速率为 100 Mbit/s 交换式双绞线以太网。

（3）桌面采用速率为 10 Mbit/s 交换式双绞线以太网。

> **注　意**
>
> 交换机不加说明时，通常指工作在 OSI 第二层的传统交换机，它只能够识别第二层数据帧中的 MAC 地址，不能识别 IP 地址；而第三层交换机则工作在 OSI 模型的第三层，它可以识别第三层数据分组中的 IP 地址。第二层设备常用来隔离多个冲突域；而第三层设备则用来隔离广播域，如隔离不同 IP 子网之间的广播信息。另外，第二层交换机主要用做部门或桌面交换机，用户计算机通过它们接入局域网，其价格很便宜；第三层交换机常用做网络中的主干交换机，用于连接服务器和网络设备，其价格昂贵。

总之，用户应根据实际情况，兼顾到原有网络及不同用户的需求和各个工作组的数据流通量灵活组网。公司或企业的办公场所往往设在高层建筑上，通常在每层设计一个 IP 子网，每个子网可以由多个工作组（实际工作部门）组成，而每个工作组又由多个服务器和客户机组成。各个局部的子网通过主干网交换机连接起来，各个远程子网之间，则可以通过路由器连接到主服务器。

3.4　组建无线网络

计算机网络就是将分布在不同物理位置的自主计算机、网络设备等有机地连接在一起，并由网络软件支持和管理的可以相互通信和资源共享的计算机复合系统。计算机局域网通常采用的传输介质是光纤、双绞线或同轴电缆等有线介质。但是，有线网络信道的不足之处有：初始的综合布线工程及运行期的改线工程量大，线路易损坏，网络中的各结点不便于移动。为了弥补有线网络的上述不足，扩展有线网络的应用领域，近几年来无线网络迅速崛起，并得以迅猛发展。

3.4.1　如何组建无线网络

组建无线网有以下几个基本环节，其中的软件设置参见后续章节。

（1）确认无线网的拓扑结构，以及是否需要与有线网络连接，例如，有中心拓扑，需要使用有线网资源。

（2）根据选择画出网络系统结构图，列出所需设备的清单。

（3）根据系统结构准备好硬件，如 AP、无线路由器、无线网卡、有线网连接电缆等。

（4）连接系统硬件各个环节，安装好无线网卡。

（5）软件设置：设置好无线接入设备，建立无线网络，如 WXW。

（6）软件设置：在各计算机上，确认无线网卡的信号强度，并将其加入无线网络。

3.4.2　准备知识

在无线网络迅猛发展的今天，无线局域网已成为许多 SOHO 家庭网络的首选。此外，在局域网的会议室，在展览会的展厅都会见到 WLAN 的踪影。但无线网络的出现绝非要取代有线网络，而只是要弥补有线网络的不足，拓宽应用领域。

1. 什么是无线局域网

（1）名称：无线局域网的英文全称是 wireless local area network，简称为 WLAN。

（2）定义：无线局域网是指以无线信道做传输介质的计算机局域网。

（3）无线传输介质：如前所述，无线传输介质常用的类型如下：

① 无线电波：短波、超短波、微波。

② 光波：红外线、激光。

2. 无线局域网的标准

IEEE 制定的 802.11 系列标准是无线局域网的标准。目前，在选择产品时，应注意选择以下几种常用的标准，而不要选择已经过时的 IEEE 802.11a 的设备。该标准的目的是通过同时使用多个信道实现 100 Mbit/s 的最大吞吐率，具体使用那个频段还没有最后确定。

（1）IEEE 802.11b 无线局域网标准，使用的频段为 2.4 GHz，带宽最高可达 11 Mbit/s；

（2）IEEE 802.11g 无线局域网标准，使用的频段为 2.4 GHz，带宽最高可达 54 Mbit/s；

（3）IEEE 802.11g+无线局域网标准，带宽最高可达 108 Mbit/s。

3.4.3　无线网络的设备与应用

无线局域网应用时的产品和设备有无线网卡、无线接入点（AP）、无线网桥、无线路由器和无线网关；其中使用最多的是无线网卡、无线接入点（AP）和无线路由器。

1. 无线网卡

无线网卡是计算机和无线网络的接口，它是数据链路层的设备，负责完成数据的封装、差错控制和执行 CSMA/CA，每个移动（无线）结点都需要安装无线网卡。

无线网卡按照总线的接口类型可分为 PCI 无线网卡、USB 无线网卡和 PCMCIA 无线网卡（包括 CF 接口）等。台式计算机 PCI 无线网卡参见图 3-7，USB 接口的无线网卡外形如图 3-8 所示。基于 USB 设备具有的无需手动安装驱动，即插即用的优点；无论是台式计算机还是笔记本式计算机，在需要临时连接无线网络时，推荐使用 USB 接口的无线网卡。

图 3-7　TP-Link 台式计算机无线网卡　　　　图 3-8　USB 接口的无线网卡

2．无线接入点（access point，AP）

AP 的外形如图 3-9 所示，其功能可以理解为无线集线器。它具有两方面的功能：

（1）AP 作为接收器和发射器来连接各个无线结点，例如，连接计算机。

（2）AP 的 LAN 接口可以连接有线网络的交换机或路由器，使得 WLAN 中的成员可以享受有线网络中的资源，以及 Internet 的服务。

（3）从产品上看，许多品牌的 AP 接入点还可以提供很多其他服务，如 DHCP、打印服务器等。

总之，在 AP 信号允许的覆盖范围内，安装了无线网卡的台式计算机或笔记本式计算机都能够通过 AP 接入无线或有线网络，从而实现资源共享或交互信息。

3．无线网桥

无线网桥与有线网桥类似，都是数据链路层的设备，都可以用来划分冲突域。与一般有线网桥不同的是无线网桥支持无线连接，因此，省去了布线的繁琐。

无线网桥可以提供点对点、一点对多点的连接方式，它与功率放大器、定向天线配合即可将传输距离扩展到几十千米的范围。无线网桥一般安装在建筑物的顶部，通常安装于室外。安装时，通常要使用两个或两个以上的无线网桥进行互连。而前面所说的 AP 则可以单独使用。因此，当需要连接相距数千米的两个或两个以上的局域网时，由于借助于广域网技术租用线路的成本太高，自己布线却又可能遇到不可逾越的建筑物、河流等，则借助于无线网桥等设备即可廉价、快速地实现多个远程建筑物之间的无线连接和资源共享。

无线网桥用于将两个或多个位于不同建筑物内的独立局域网互联为一个网络，可用于 Internet、数据传输、多媒体、图像和声音等多种网络的应用。它可以实现点对点、一点对多点的网络结构，并可以取代 T1/E1、 DSL 等有线网络。其具有性能高、成本低的优势。

4．无线路由器

目前的无线路由器通常是指带有无线接入点 AP 功能的路由器，其主要应用是用户上网和无线局域网的连接。因此，市场上常见的小型无线路由器实质上就是具有 AP 与宽带路由器两种功能的产品。除了 AP 组建 WLAN 的功能外，借助于内置的路由器功能，无线网络中的用户还可以实现共享接入 Internet。市场上的无线路由器一般都支持专线 xDSL/Cable、动态 xDSL 和 PPTP 等几种接入方式，此外，它还具有 DHCP 服务、NAT 防火墙及 MAC 地址过滤等一些常见的网络管理功能。较好的无线路由器还可以提供多种安全和保密特性，如双重防火墙 (SPI+NAT)、多路 VPN（虚拟专用网），以及下一代无线加密 WPA 等。无线路由器在小型局域网（如家庭或小办公室）中接入 Internet 时的产品如图 3-10 所示，其应用结构如图 3-11 所示。

图 3-9　AP 接入点正面和反面

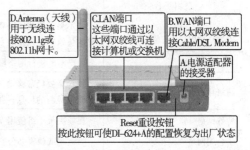

图 3-10　D-Link DI-624+A 型无线路由器

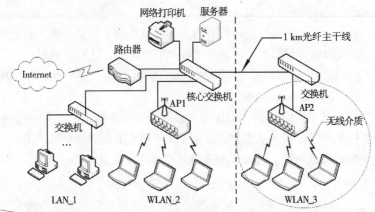

图 3-11　多个 AP 有中心无线网络与有线网络的联合应用结构图

在无线网络飞速发展的今天，无线设备的品种和功能也是日新月异；然而，作为网络设备，无论怎么发展，每种产品都有自己独有的特点与使用场合，现将其归纳于表 3-2 中。

表 3-2　无线网络设备的功能、应用范围与特点

名称 功能	无线接入点 AP	无线网桥	无线路由器
传输距离	覆盖多个信息点区域	两个或多个局域网之间的无线连接	接入 Internet 与覆盖多个信息点
应用范围	30 m～50 m	< 50 km	30 m～500 m
无线连接的对象	AP 客户端的无线网卡	楼宇之间的无线传输与小区电信级带宽的接入	家庭、办公室信息点的无线覆盖及接入 Internet
工作在 OSI 模型的 X 层	物理层	数据链路层	网络层

5. 无线局域网的应用

由于无线局域网的通信范围不受环境条件的限制，因此，网络的传输范围得以拓宽，其最大传输范围可高达几十千米。在有线局域网中两个结点间的最大距离通常被限制在几百米之内，即使采用单模光纤也只能达到 3 km。而在无线局域网中两个站点间的距离目前可达到 50 km。因此，无线局域网可以将分布距离在数千米范围内建筑物中的网络集成为同一个局域网。在实际应用中，无线网络可具有的功能、适用场合及优点归纳为表 3-3。

表 3-3　无线网络的适用场合和优点

适用场合	优　点
不易接线的区域	在不易接线或接线费用较高的区域中提供网络服务，例如，有文物价值的建筑物，有石棉的建筑物，以及教室
灵活的工作组	需要不断进行网络配置的工作组，WLAN 能够降低成本
网络化的会议室	用户需要经常移动，如从一个会议室移动到另一个会议室时，需要随时进行网络连接，以获得最新的信息，并且可在决策时相互交流
特殊网络	现场决策小组使用 WLAN 能够快速安装、兼容系统软件，并提高工作效率
子公司网络	为远程或销售办公室提供易于安装、使用和维护的网络，如展馆
部门范围的网络移动	漫游功能使企业可以建立易于使用的无线网络，可覆盖所有部门

【示例】某学校图书馆阅览室提供的有线网络与无线网络有机结合的方案如图 3-11 所示。

示例分析：为了解决 AP 接入点覆盖范围的有线连接不够灵活与方便的问题，该校设计了图 3-11 所示的方案。该方案使用了多个 AP 接入点组成了多中心无线网络，并与有线网络有机地联合起来。这样，前来阅读的教师和学生在多个阅览室中，可以随时通过自己携带的笔记本式计算机或阅览室的计算机访问有线网络的资源及 Internet。这种设计使得有线网络变得更加灵活方便。在有线网络基础上新增的器件：

（1）无线网卡：在各个 MT（移动终端，指移动计算机）上都要安装一个无线网卡。

（2）无线接入点 AP：相当于有线网络中的集线器，它一方面负责连接周边的无线站点 MT（移动终端），形成星型网络结构；另一方面负责与有线网络的连接，因此，要考虑其与有线网络连接的接口。

习　题

1. 什么是局域网？它具有哪些主要特点？它由哪些主要部分组成？

2. 什么是 CSMA/CD？写出使用 CSMA/CD 的共享式以太网的工作原理？

3. 高速以太网的产品标准有哪几种？100BASE-FX 使用什么传输介质？

4. 什么是逻辑拓扑结构和物理拓扑结构？

5. 什么是直通双绞线？什么是交叉双绞线？试举例说明在以太网中的应用场合。

6. 试为一个使用 24 口集线器的 100BASE-TX 网络增加冲突域，写出改善的方案。

7. 集线器的堆叠与级联有什么区别？

8. 如何进行两台交换机或集线器的级联？级联的数目有无限制？

9. 共享式局域网与交换式局域网最主要的区别是什么？

10. 什么是高速局域网？提高共享式以太网性能的主要思路和方法有哪些？

11. 在组建交换式以太网时，应当如何进行网络结构的设计？如何保证网络的性能？

12. 某个公司目前的网络结构如图 3-12 所示，采用了具有中央集线器的以太网，由于网络结点的不断扩充，各种网络应用日益增加，网络性能不断下降，因此，该网络急需升级和扩充，试问：

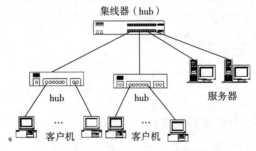

图 3-12　第 11 题的网络结构图

（1）为什么该网络的性能会随着网络结点的扩充而下降？分析一下技术原因。

（2）如果要将该网络升级为 100 Mbit/s 交换式以太网，应该如何解决？画出拓扑结构图，并列出需要更换的网络设备。

（3）如果在该网络中，所有客户机与服务器之间的通信非常频繁，为了克服出入服务器通信量的"瓶颈"，该如何处理？

13. 试为图 3-12 所示的局域网中的 2 间 30 m² 的会议厅各增加一个 WLAN，每个会议厅最多可以有 15 个笔记本式计算机，这些计算机使用自身携带的无线网卡登录局域网，并且可以通过有线局域网中的路由器接入到 Internet。

（1）画出有线网络与无线网络的结构示意连接图。

（2）说明两个无线会议厅需要增加的部件，列出清单，写出每个部件的作用。

（3）计算出一次性投资。

实 训 项 目

实训环境与条件

（1）网络硬件环境：

① 每组 2 台交换机（集线器）和 4 台计算机。

② 2 台具有有线网卡的计算机，2 台具有无线网卡的计算机。

③ 每组至少有一个 AP 接入点，或具有 AP 功能的无线路由器。

（2）网络软件环境：

① 安装了 Windows XP/7 的主机。

② AP 或带有 AP 的路由器设备内置的程序。

③ 本章实验中的"××"为学号，如 01、02、…、36 等。

实训 1　组建 10/100 Mbit/s 共享式或交换式级联有线以太网

（1）实训目标：

① 掌握共享式以太网的组网技术。

② 掌握网卡的安装应用。

（2）实训内容：

① 使用直通线（标准线）连接各台计算机与集线器。

② 使用交叉线连接两台集线器的普通 RJ-45 接口。

③ 为每台计算机配置 IP 地址，如 192.168.××.11～192.168.××.14。

④ 用 ping 命令测试各个主机间的连通性。

实训 2　组建 WLAN

（1）实训目标：

① 掌握无线与有线局域网的组网技术。

② 掌握无线网卡的安装应用。

（2）实训内容：

① 按照图 3-11 右侧结构连接有线和无线网络。

② 在 AP 上建立起无线网络，如 WLXX。

③ 为无线和有线网卡的计算机配置 IP 地址，如 192.168.××.11～192.168.××.14。

④ 将安装无线网卡的计算机加入 AP 上建立起来的无线网络，如 WLXX。

⑤ 用 ping 命令测试各个主机间的连通性。

第 **4** 章

接入 Internet

学习目标

- 了解接入 Internet 的基本概念和需要解决的关键问题。
- 了解网络接入技术的基本知识。
- 掌握常用的通信服务、接入线路的类型及服务运营商。
- 掌握小型网络通过 ICS 服务器接入 Internet 的技术。
- 了解局域网用户通过硬件路由器接入 Internet 的技术。
- 掌握小型网络通过有线路由器接入 Internet 的技术。
- 掌握组建无线工作组网络，以及通过无线路由器接入 Internet 的技术。

4.1　接入 Internet 的技术方案

随着网络的迅速普及，几乎所有计算机和局域网都要与 Internet 连接。因此，在网站的建设与实现过程中，自然会包括 Internet 的接入技术。

4.1.1　如何考虑 Internet 的接入方案

在设计一个网络接入 Internet 的方案时，应当从哪些方面着手考虑？这是每一个接入、使用 Internet 的用户都要解决的问题。

（1）带宽或速率的要求，可以指定上行和下行方向不同速率的带宽或速率。

（2）投资和运行费用是否符合本单位，准则是不追高、合理、适宜。

（3）可靠性高，必要时设计双重接入通道，例如，使用路由器的一个主通道（高带宽）接入 Internet，使用路由器的一个备用接口（低带宽）辅助接入 Internet，这样当主通道出现故障时，还可以使用备用通道与外界连接。

（4）根据局域网的带宽与资金的需求，选择一个 ISP（Internet 服务运营商）。

（5）结合运营商选择接入的传输介质、服务类型、永久（按需）连接。

4.1.2　准备知识

1．网络接入技术

网络接入技术是指一个局域网与 Internet 相互连接的技术，或者是两个远程 LAN 与 LAN 间相互连接的技术。这里所指的"接入"是指用户利用电话线或数据专线等方式，将个人或单位的计算机系统与 Internet 连接，进而使用其中的资源；或者是使用电话线或数据专线连接两个或多个局域网，实现远程访问或通信。注意，有时网络接入常常专指"宽带接入"技术。综上所述，网络接入技术的实质就是网络互联技术。

2．ISP 和 ICP

无论是个人用户还是局域网用户，上网前必须先选择 Internet 的接入和信息服务商。首先，应根据实际情况，从可能选择的上网方式中进行选择。为此，应当深入了解所选 ISP 的一次性投入所需的费用与需要使用的设备；此外，还应了解维持运行的收费数量等。

（1）ISP（Internet service provider）：代表 Internet 网络服务商。不同 ISP 提供的服务不同，收取的费用也不相同。

（2）ICP（Internet content provider）：代表 Internet 信息服务商。

（3）ISP 和 ICP 的区别与联系。

ISP 是为用户提供 Internet 连接服务的组织或单位，而 ICP 提供的是信息访问的服务。ICP 需要在 ISP 连接之后才能进行，因此，ISP 是 ICP 的物质基础。没有 ISP 提供的连接 Internet 的途径，就无从使用 ICP 提供的 Internet 上的信息服务。

3．接入线路的类型

（1）铜线接入。铜线接入一般是指使用普通电话铜线作为传输介质接入 Internet。常用技术如下：

① 普通电话线：通过 PSTN 电话线和 Modem 接入。其最大传输速率为 56 kbit/s。

② ADSL 线路：通过 ADSL 电话线路接入。在单对 ADSL 电话线路上，可以向用户同时提供语音电话和数据的服务；其下行方向的传输速率为 32 kbit/s～8.192 Mbit/s，上行方向的传输速率为 32 kbit/s～1.088 Mbit/s。

（2）电视线路接入。电视线路接入是指通过有线电视的线路和同轴电缆调制解调器（cable modem）的接入方式，其最大的下行方向传输速率为 30 Mbit/s，上行方向传输速率为 10 Mbit/s。目前，中国存在大约 8 000 万个有线电视用户，因此，这种接入技术被认为是信息高速公路中的优选方案之一。

（3）光纤接入。光纤接入是指通过光纤接入 Internet。光纤是目前带宽最宽的传输介质，因此，被广泛地应用在局域网主干网的接入线路。常见的是光纤到园区（社区），双绞线入户；其通过光纤接入的带宽根据其租用的带宽而定，如北京地区的可租用的光纤带宽为 2 Mbit/s～100 Mbit/s，其他参数，如与网站密切相关的 IP 地址数，参见表 4-1。

表 4-1　北京宽带接入的参考价格、带宽和 IP

独享带宽（Mbit/s）	2	10	20	30	50	100	200
参考价格（万元/年）	1.8	3.0	5.0	8.0	10.0	20.0	45.0
IP（个）	8	16	32	32	32	64	128

（4）同轴电缆和光纤混合（HFC）接入。这是有线电视公司开发的一种基于 CATV 的光纤与同轴电缆的混合网络。HFC 是一种集电视、电话和数据服务于一体的宽带综合业务接入网。

（5）无线接入。无线传输介质常用的类型：短波、超短波、微波等无线电波，红外线、激光等光波。因此，无线接入技术是指以无线信号为传输介质接入 Internet。局域网接入的价格应根据租用带宽的大小而定，例如，北京地区微波接入的价格与表 4-1 所示的光纤接入价格一样。

个人用户的接入价格需根据选用的 ISP 而定，例如，选择移动、联通的套餐或根据使用的流量计算。无线用户通常会通过计算机（含无线网卡）或 GPRS 功能的手机的无线信号（介质）接入 Internet，例如，通过手机的移动的 GPRS 服务接入时可以按照流量或套餐计时计费。

例如：北京地区 CDMA 无线上网服务可以分包月、半年与包年三大类，其中包年费用为 1 080 元，可以享受 13 个自然月北京地区无时间限制上网时长，内含 5 小时外地漫游上网服务，但是，还需要加 20 元卡号费用，超过的额外漫游上网费用 0.3 元/min。带宽大约是 2 Mbit/s～3 Mbit/s。

4. 广域网提供的通信服务类型

在进行局域网接入 Internet 或进行远程网络的互联时，首先必须选择广域网的通信类型；之后，根据所选择的服务类型确定连接设备与线路。常用的广域网服务类型如下：

（1）PSTN（public switched telephone network，公用电话交换网）：提供通过电话网的计算机通信服务，采用拨号呼叫方式，使用公用电话网进行远程通信时数据传输速率较低，最高速率为 56 kbit/s。它是以时间和距离计费的，因此，费用较高。在公用数据网出现之前，它是远程数据通信的唯一传输途径。

（2）ChinaPAC（X.25）（中国公用分组交换网）：提供数据报和虚电路两类服务，可提供比普通电话线高的信道容量和可靠性。它是最常用的一种广域网资源，目前已连接了县以上的城市和地区。城市间的最高传输速率为 64 kbit/s～256 kbit/s，而用户的数据传输速率为 2.4 kbit/s、4.8 kbit/s 和 9.6 kbit/s。

（3）ISDN（integrated service digital neTwork，综合业务数字网）：俗称"一线通"，它采用数字传输和数字交换技术，将电话、传真、数据、图像等多种业务综合在一个统一的数字网络中进行传输和处理，可以为用户提供电话、传真、可视图文及数据通信等经济有效的数字化综合服务。

① ISDN 的基本速率接口（BRI）：向用户提供 2 个 B 通道，一个 D 通道。其中一个 B 通道的数据传输速率为 64 kbit/s，用来传递数据；D 通道一般用来传递控制信号，其传输速率为 16 kbit/s。因此，普通的 ISDN 线路提供的最高数据传输速率为 128 kbit/s，当 D 通道也用来传递数据时，BRI 的最高传输速率可达 144 kbit/s。

② ISDN 的基群速率接口（PRI）：在不同地区和国家内的 PRI 提供的总传输速率有所不同，例如，在北美和日本的 PRI 提供 23B+D 的数据通信服务，其最高的数据传输速率为 1.544 Mbit/s；而欧洲、中国与澳大利亚等地区，向用户提供 30B+D 的数据通信服务，最高的数据传输速率则为 2.048 Mbit/s。目前，对于集团客户来说，这也是电信部门所能提供的具有较高速率、较高带宽的一种通信服务，具有较好的性能价格比。

（4）DDN（digital data network，数字数据网）：ChinaDDN 特指中国数字数据网。DDN 的主干网的传输媒介有光纤、数字微波、卫星信道等。而用户端的传输介质多采用普通电缆和双绞线。DDN 利用数字信道传输数据信号，这与传统的模拟信道相比有着本质的区别。利用 DDN 传输数据时，具有质量高、速度快、网络时延小等一系列优点，特别适合于计算机主机之间、局域网之间、计算机主机与远程终端之间的大容量、多媒体、中高速通信的传输，DDN 可以说是我国的中高速信息通道。

DDN 通常可以向用户提供专线电路、帧中继、语音、传真及虚拟专用网等业务服务，工作方式均为同步。目前，DDN 网络的干线传输速率为 2.048 Mbit/s～33 Mbit/s，最高可达 150 Mbit/s。向用户提供的数据通信业务分为低速（50kbit/s～19.2 kbit/s）和高速两种，例如，北京用户可以根据通信速率的需要在 $N×64$ kbit/s（N=1～32）之间进行选择，当然速度越快租用费用也就越高。DDN 专线的基本月租费，从 2 000 元～20 000 元人民币不等，因此，个人和中小企业一般很少采用。

DDN 作为一种特殊的接入方式有着它自身的优势和特点，也有着它特定的目标群体，它是集团客户和对传输质量要求较高、信息量较大的客户的最佳选择。

（5）帧中继（frame relay，FM）：帧中继是一种网络与数据终端设备（DTE）接口标准。目前，帧中继的主要应用之一是局域网互联，或者是接入 Internet。帧中继的主要特点是使用光纤作为传输介质，因此，误码率极低，能实现近似无差错传输，减少了进行差错校验的开销，提高了网络的吞吐量。帧中继是一种宽带分组交换，使用多路复用技术后，其传输速率高达 44.6 Mbit/s。但是，帧中继不适合于传输诸如话音、电视等实时信息，它仅限于传输数据。总之，使用帧中继接入或互联时，具有低网络时延、低设备费用、高带宽利用率等优点。

（6）VSAT（very small aperture satellite，超小口径卫星终端）：即各个地球站终端通过静止的通信卫星，与主站一起构成卫星通信网。卫星通信网的用户需要在单位或驻地建立起 VSAT 站（终端），以便通过卫星进行数据通信。VSAT 适用于通信线路架设困难的场合，它容易受气候的影响，也不易在城市应用，其费用较高。

5. 接入技术的性能比较

局域网用户可以利用运营商提供的 PSTN、ISDN、ADSL、FR 与 DDN 等通信服务接入 Internet。现将它们使用的连接方式、性能等特点比较如下，参见表 4-2。

表 4-2　PSTN、ISDN 与 DDN 专线上网比较表

比 较 项 目	PSTN	ISDN	ADSL	DDN 专线
连接方式	拨号	拨号	拨号	专线
速率（bit/s）	低于 56 k	64 k 或 128 k	1 M～8 M	9.6 k~2 M
承载信号	模拟信号	数字信号	模拟信号	数字信号
传输质量	低	很高	很高	高
支持多任务	弱	强	强	弱
支持多媒体	弱	强	强	弱
一次性投入	低	较低	较高	高
使用费用	低	较高	较高	高
使用灵活性	按需连接	按需连接	按需连接	永久连接

6. 中国著名的六大基础运营商

对于局域网用户，除了需要考虑传输线路、广域网服务类型，还需要选择服务运营商；而对于个人用户，则只需考虑传输线路和运营商。例如，选择电话线后，还要考虑是选择中国电信的 ADSL，还是选择中国铁通的 ADSL。中国最著名的六大基础运营商及网站如下：

（1）中国电信集团公司（中国电信，http://www.chinatelecom.com.cn）。它是按国家电信体制改革方案组建的特大型国有通信运营企业。主要经营国内、国际各类固定电信网络设施，包括

本地无线环路，基于电信网络的语音、数据、图像及多媒体通信与信息服务。可以提供各种广域网服务，如拨号上网、ADSL、DDN、ISDN 等基本服务。

（2）中国网络通信集团公司（中国网通，http://www.chinanetcom.com.cn）。它是由中央管理的特大型国有通信运营公司。主要经营国内、国际各类固定电信网络与设施，包含本地无线环路，基于电信网络的语音、数据、图像及多媒体通信与信息服务。它可以提供接入 Internet 的常见基本服务，如拨号上网、ADSL 等。

（3）中国联通（http://www.chinaunicom.com.cn）。中国联通是国内唯一一家同时在纽约、香港、上海三地上市的电信运营企业，也是中国国内唯一的全业务运营商。它同时运营 GSM、CDMA、固网，因此，可以提供上述网络运行的各种上网服务，例如，提供 GPRS 及 CDMA 无线上网服务。

（4）铁道通信信息有限责任公司（中国铁通或铁通公司，http://www.crc.net.cn）。它是经国务院批准的国有大型电信运营企业，也是国有独资基础的电信运营企业。目前，铁通公司已开展固定网的本地电话、国内国际长途电话、IP 电话、数据传送、互联网、视讯业务等除公众移动服务以外的各项基础和增值电信业务。它也可以提供常见的接入 Internet 的基本服务，如拨号上网、ADSL 等。

（5）中国移动通信集团公司（中国移动通信或中国移动，http://www.chinamobile.com）。它是根据国家关于电信体制改革的部署和要求，在原中国电信移动通信资产总体剥离的基础上组建的国有重要骨干企业，由中央直接管理。中国移动通信主要经营移动语音、数据、IP 电话和多媒体业务，并具有计算机互联网国际联网单位经营权和国际出入口业务经营权。除提供基本语音业务外，还提供传真、数据、IP 电话等多种增值业务。目前，主要运营 GSM 网络，从接入 Internet 角度看，主要提供 GPRS 及 EDGE 无线上网等服务。

（6）中国卫通（http://www.chinasatcom.com）。中国卫通是卫星通信的运营商。它是中央管理的六大基础电信运营企业之一，下设 31 个省级分公司。中国卫通主要经营通信、广播及其他领域的卫星空间段业务、卫星移动通信业务、互联网业务、VSAT 通信业务，以及基于卫星传输技术的话音、数据、多媒体通信业务服务。例如，提供 GPRS 无线业务。

"中国卫通"主营服务大都是基于卫星通信的，由于通信费用比较昂贵，因此，目前在局域网接入时，主要选择上述的前 5 个运营商。为此，将上述的前五大运营商称为"中国五大基础运营商"。运营商具体的服务与收费情况，可以链接到运营商网站进行查询。

7. 局域网用户接入 Internet 的技术方式

在选择了线路、服务和运营商后，还应选择接入方式。

（1）个人用户：在选择了运营商，即 ISP 后，运营商会提供接入设备和服务，例如，选择了网通的 ADSL 电话线上网后，网通公司会派专门技术人员上门安装接入 modem。

（2）局域网用户：接入 Internet 的技术方式通常有两类，即局域网接入方式和计算机接入方式。前者使用路由器（交换机）接入 Internet（专用网络），后者则使用计算机（代理/ICS/NAT 服务器）及单机接入设备（modem 或数据终端设备）共享接入 Internet。

4.1.3　小型局域网用户接入 Internet 的方案与设备

非常小的网络可以通过共享 modem 及相应的线路接入 Internet，例如，可以使用普通 modem、ADSL modem、ISDN modem、Cable modem 等设备，通过 PSTN（公用电话交换网）的普通电话线、ADSL 电话线路、ISDN 电话线路、电视线路等接入 Internet。

1. 接入设备——modem

modem 即调制解调器，此处的 modem 为广义 modem，即可以指普通 modem、ADSL modem、ISDN modem、Cable modem 等通信设备。modem 的主要作用是传递和变换计算机与线路之间的信号，例如，普通 modem 是计算机的数字信号与电话线的语音信号之间进行转换的设备。

modem 的形式主要有两种，一种插在计算机内，也叫内置 modem，另一种连接在计算机的外部，也叫外置 modem，通常是通过计算机的串口或 USB 口连接的独立设备。

（1）线路。线路是网络通信的媒体，用来传递 modem 输出或输入的信号，如电话线、双绞线或同轴电缆等。

（2）ISP 的账号和密码。根据个人的需要，选择了 ISP 之后，就会得到一个 ISP 的账号和密码，以及拨入时使用的电话号码。例如，选择了网通的 ADSL 接入服务，即可获得相应的账号和密码。

2. 小型网络共享接入 Internet 的设计方案

局域网通过 modem 共享接入 Internet 时的软件和硬件条件以及连接方式如下所述：

（1）硬件条件。局域网需要的所有设备，如集线器或交换机、modem、电话线、双接口的代理服务器（如连接 LAN 的网卡和连接 WAN 的 modem）、客户机（含网卡）及网线（如直通双绞线）等。

（2）软件条件。

① 服务器端：接有 modem 的计算机充当网络中的"代理"（即接入 Internet 的代理）服务器。作为服务器的计算机，除了需要安装操作系统以外，还需要安装各种"代理"软件，例如，安装和设置 WinGate、SyGate、WinRoute、ICS 或 NAT（Windows Server 2008 内置），以便代理局域网内的其他计算机用户访问 Internet。

② 客户端或单机用户：作为使用代理服务的客户机，只需要安装微软桌面操作系统，之后，利用其内置的连网、协议和通信软件的功能即可实现访问 Internet 的目的。

（3）Internet 的连接设计。局域网使用 modem 连入 Internet 时，通常使用如图 4-1 所示的连接方式。

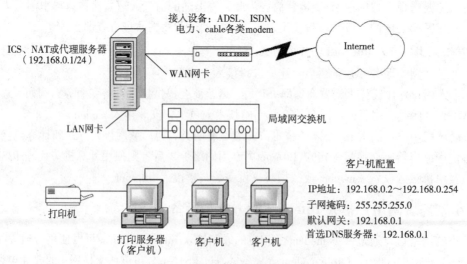

图 4-1　用调制解调器连接 Internet

① 服务器：作为代理局域网用户接入 Internet 的计算机，一方面通过 modem、接入线路与 ISP 的广域网线路进行连接；另一方面，通过局域网网卡连入局域网，如接入交换机（集线器）。另外，还要安装代理或共享软件，如设置 Windows XP/7 的 ICS 功能；或安装 Windows Server 2008 中的 NAT 服务功能，使其成为一个 ICS 或 NAT 服务器。

② 客户机：通过自身的网卡连接到局域网中的互联设备，如交换机（集线器）。每台计算机通过其安装的操作系统，以及 TCP/IP 协议即可实现接入和访问 Internet 的目的。例如，使用 Windows XP/7 及其内置的网络功能即可轻松访问 Internet。

3. 通过 modem 接入 Internet 的应用特点

（1）优点：所需设备简单，实现容易，投资和维持费用低廉；速度可以选择，例如，ADSL 可以在 1 Mbit/s ～ 8 Mbit/s 选择。

（2）缺点：传输信号质量低，性能一般，可靠性不太高。

（3）适用场合：这种方式只适用于数据通信量较小的局域网，或个人计算机接入 Internet 时采用。

4.1.4 大中型局域网接入 Internet 的方案与设备

对于大中型单位的用户来说，通常使用硬件路由器与 Internet 进行连接。

1. 接入设备——路由器

接入设备为路由器。通常会根据所选择的 WAN 和 LAN 类型选择路由器。例如，带有 RJ-45 接口，以及具有拨号功能，可以与 4 Mbit/s 的 ADSL 连接的有线路由器，并含有与 ISP 连接的设备和线路（ADSL modem 和 ADSL 电话线）。

2. 中型网络通过路由器接入 Internet 的设计方案

所有计算机安装微软操作系统，并安装有 TCP/IP 协议。局域网通过路由器接入 Internet 时的软件和硬件条件，以及连接方式如下所述：

（1）硬件条件。局域网设备包括集线器或交换机、路由器（LAN 和 WAN 连接端口）、计算机（含网卡）及网线（如直通双绞线）等。所有计算机通过其网卡连接到局域网中的互联设备，如交换机（集线器）。

（2）软件条件。每台计算机应安装操作系统，如 Windows XP/7；通过 TCP/IP 协议的设置，即操作系统内置的网络服务功能，即可实现接入和访问 Internet 的目的。

路由器在这里充当代理服务器的作用，因此，利用路由器内置的软件，即可设置 WAN 口和 LAN 口的参数，以及与 ISP 连接的用户名和密码。局域网中的所有计算机经过设置，都可以通过路由器接入 Internet。计算机的设置内容：网卡的 TCP/IP 协议的 IP 地址、子网掩码、DNS 地址和默认网关地址（即路由器的 IP 地址）等参数。

（3）Internet 的连接设计。局域网用户采用"集线器（交换机）+路由器"接入 Internet 时，其接入的硬件结构如图 4-2 所示。首先，确认租用电信部门的公用网服务类型、线路，例如，采用 4 Mbit/s 的 ADSL、电话线路；其次，确定接入设备，例如，路由器接入，应注意 WAN 和 LAN 接口的匹配；例如，广域网（WAN）的类型为 ADSL，速度为 4 Mbit/s；当局域网采用 100 Mbit/s 以太网时，路由器的 LAN 接口应当是支持 RJ-45 的 100 Mbit/s 端口。

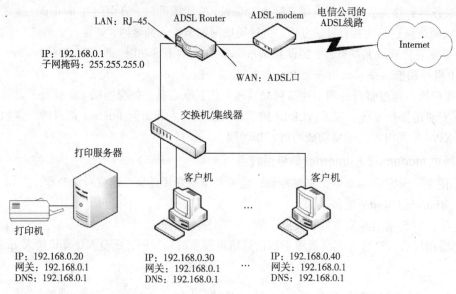

图 4-2 通过路由器连接 Internet

3. 路由器接入的费用构成

包括"一次性投资"与"运行和维持"费用两部分。例如，对于采用图 4-2 所示的局域网，其一次性投资包括图中的路由器及其他硬件费用;维持费用为租用广域网服务的费用,如 4 Mbit/s 的 ADSL 线路的年费。

4. 通过中型路由器接入 Internet 的应用特点

（1）优点：所需设备简单，实现容易，投资和维持费用中等，速度可以选择，例如，ADSL 可以在 1 Mbit/s～8Mbit/s 之间选择，传输信号质量较好。

（2）缺点：需要专业人员及技术，性能中等，可靠性中等。

（3）适用场合：这种方式适用于数据通信量中等的局域网接入 Internet 时采用。

4.2 小型局域网通过 ICS 接入 Internet

提到共享上网，人们很容易想到使用代理服务器或者是路由器。实际上对小型局域网用户来说，最方便和廉价的选择就是使用 Windows 系统内置的 ICS 共享上网功能。

4.2.1 如何通过 ICS 服务接入 Internet

家庭或办公室的小型网络通过 ICS 服务接入以太网只需以下几步：

（1）组建工作组网络：确保计算机之间能够连通。

（2）ICS 服务器：

① 设置接入 Internet 的连接：使得 ICS 服务器本机能够正常上网。

② 共享接入连接：在 ICS 服务器上共享接入 Internet 的连接。

（3）在 192.168.0.2～192.168.0.254 之间配置 ICS 客户机的 IP 地址，默认网关和首选 DNS 服务器的地址均为 192.168.0.1。

（4）实现对 Internet 的访问。

4.2.2　准备知识

现将通过小型局域网用户通过 ICS 服务器接入 Internet 时涉及的基本概念介绍如下：

1．ICS 的功能

ICS（Internet connection sharing, Internet 连接共享）是 Windows 系统为家庭网络或小型 Intranet 网络提供的一种 Internet 连接共享服务。ICS 的实质是一种网络地址转换器。

所谓的 NAT（网络地址转换）服务是指在通过 Internet 传输数据包的过程中，可以自动转换其中的 IP 地址以及 TCP/UCP 端口等有关的地址信息。有了网络地址转换器的服务，被分配了私有 IP 地址的家庭网络或办公网络中的主机才可以直接访问 Internet。因为通过网络地址转换服务，得以将局域网内的私有地址转换成 ISP 分配的公有 IP 地址，从而实现对 Internet 的访问。为此，从广义上讲，ICS 也是一种 NAT（网络地址转换）技术。Windows 中的 ICS 服务实际上是 NAT 服务的简化版。

2．用途

当公司网络只有一个公用 IP 地址时，启用 ICS 功能的主机可以让其他使用私有 IP 地址的主机通过它的转换服务接入 Internet。

3．通过 ICS 服务器接入 Internet 的硬件连接方案

通过 ICS 接入 Internet 的硬件连接方案如图 4-1 所示。在网络中，我们将连接 Internet 接入线路的计算机称为 ICS 服务器；而将使用 ICS 服务的其他计算机称为 ICS 客户机。ICS 服务器为网络中所有的 ICS 客户机提供网络地址（IP 地址和端口号）的自动转换服务。

（1）ICS 服务器的连接。与路由器类似的是：ICS 服务器既要与 WAN 连接，也要与 LAN 连接；因此，该计算机应当有与这两种网络连接的接口，如 modem 或网卡。接入时连接的要点如下：

① 与 WAN 的连接：

● 与单机连接一样，即通过接入设备广义（ADSL、Cable、电力、ISDN）modem 接入所选择的 ISP，进而接入 Internet。例如，通过网卡连接到 ADSL modem，进而使用网通的 ADSL 电话线路接入 Internet。

● 通过网卡连接某个专用网络，进而接入 Internet，例如，经过校园网接入 Internet。

② 与 LAN 的连接：大部分计算机都是通过有线（网线）网卡来连接内部网络。

总之，在一个内部网络中，无论哪台计算机通过接入设备实现了与 Internet 的连接，则这台计算机都可以成为 ICS 服务器，并将其接入 Internet 的连接共享给其他计算机（客户机），即可实现代理局域网内其他用户接入 Internet 的目标。

（2）ICS 客户机的连接。ICS 客户机只需与局域网进行连接，因此，通常只有一个连接，即"网卡"。为此，只需使用网线将网卡连接到局域网中的交换机（switch）或集线器上即可。

4.2.3　通过 ICS 服务器和 ADSL 线路接入 Internet

通过 ICS 拨号接入 Internet 的技术，包括 ICS 服务器端（即与拨号接入设备直接相连的计算机）和 ICS 客户端（即使用 ICS 共享的其他计算机）两个方面。

1．确认工作组网络已建立

小型共享型接入 Internet 的前提条件是工作组网络工作正常。因此，应当可以在"网上邻居"窗口中看到所有成员的计算机图标。

2. ICS 服务器的设置

在 ICS 服务器中的设置主要包括：接入 Internet 的拨号连接设置和局域网设置两个方面。前者将提供 Internet 的连接，或者将确保与局域网其他用户正常连通。

（1）确认 LAN 与 WAN 连接正常。LAN 连接是指通过网线与局域网设备交换机（集线器）连接的网卡；WAN 连接是指与 ISP 接入设备的连接，如与 ADSL modem 连接网卡所对应的连接，参见图 4-3 中的 WAN 连接与 LAN 连接。

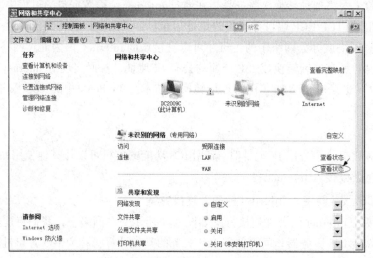

图 4-3　"网络和共享中心"窗口

① 在 ICS 服务器上，以管理员（administrator）的身份登录到 Windows 系统。

② 在设置之前，应当确认网卡的硬件驱动已经正常安装。对于即插即用型网卡通常不用安装，只需确认网卡工作正常。依次选择"开始"|"控制面板"选项，在打开的"控制面板"窗口中双击"网络和共享中心"图标。

③ 在打开的图 4-3 所示的"网络和共享中心"窗口中，分别选择要确认的连接（网卡），例如，选中"WAN"，单击"查看状态"链接。

④ 打开图 4-4 所示的"WAN 属性"对话框，单击"配置"按钮，在打开的"网络适配器"窗口，可以查看该网卡的工作是否正常。最后，单击"确定"按钮，返回图 4-4 所示对话框。

⑤ 同理，打开"LAN 属性"对话框，确认 LAN 网卡的工作状态正常。

（2）设置 WAN 网卡。在安装了 Windows Server 2008 的 ICS 服务器计算机上：

① 在"WAN 属性"对话框中，选中"Internet 协议版本 4（TCP/IPv4）"复选框，单击"属性"按钮，打开图 4-5 所示的"Internet 协议版本 4（TCP/IPv4）属性"对话框。

② 在图 4-5 所示的对话框中，选中"自动获得 IP 地址"和"自动获得 DNS 服务器地址"两个单选按钮后，单击"确定"按钮，完成 WAN 连接的设置。对于申请到静态 IP 地址的单位，则应输入申请到的 IP 地址、子网掩码、默认网关、DNS 服务器等信息。

（3）建立接入的拨号连接。在 WAN 网卡已设好的条件下，建立 ADSL 虚拟拨号连接的操作步骤如下：

① 依次选择"开始"|"控制面板"选项，在打开的"控制面板"窗口中双击"网络和共享中心"图标，打开图 4-3 所示窗口。

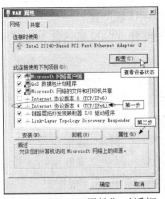
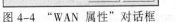

图 4-4 "WAN 属性"对话框　　图 4-5 "Internet 协议版本 4（TCP/IPv4）属性"对话框

② 在图 4-3 所示的"网络和共享中心"窗口中，单击左侧窗格中的"设置连接或网络"链接，打开图 4-6 所示窗口。

③ 在图 4-6 所示的"设置连接或网络"窗口中，单击"连接到 Internet"链接，单击"下一步"按钮，打开图 4-7 所示窗口。

④ 在图 4-7 所示的"连接到 Internet"窗口中，单击"宽带（PPPoE）（R）"链接。

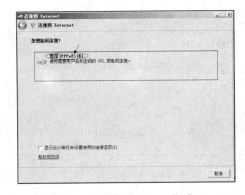

图 4-6 "设置连接或网络"窗口　　　　图 4-7 "连接到 Internet"窗口

⑤ 在图 4-8 所示的"键入您的 Internet 服务提供商（ISP）提供的信息"文本框区域中首先输入登录 ISP 需要的信息，如用户名、密码等；然后单击"连接"按钮，打开图 4-9 所示界面。

⑥ 在图 4-9 所示的"您已连接到 Internet"选项区域，单击"立即浏览 Internet"链接，打开 IE 浏览器，可以浏览 Web 网站。单击"关闭"按钮，结束建立虚拟拨号的任务。

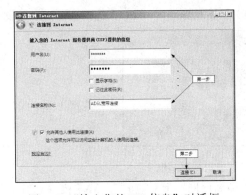

图 4-8 "输入您的 ISP 信息"对话框　　　图 4-9 "您已经连接到 Internet"对话框

⑦ 依次选择"开始|"控制面板"选项，在打开的"控制面板"窗口中双击"网络连接"图标，在打开的图 4-10 所示的"网络连接"窗口中，可看到所建立的拨号连接，以及已经安装好的 LAN 和 WAN 网卡。

（4）将接入连接共享给 LAN 连接。

① 在图 4-10 所示的"网络连接"窗口中，选中要共享的连接，如 ADSL 宽带连接，右击，在弹出的快捷菜单中，选择"属性"选项，打开图 4-11 所示对话框。

② 在图 4-11 所示的"ADSL 宽带连接 属性"对话框中，选择"共享"选项卡，选中"允许其他网络用户通过此计算机的 Internet 连接来连接"复选框，再在"家庭网络连接"下拉列表框中，选择与局域网相连的连接，如 LAN；最后，单击"确定"按钮，根据提示完成操作。

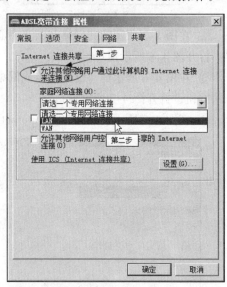

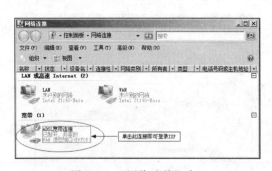

图 4-10　"网络连接"窗口　　　　　　图 4-11　"ADSL 宽带连接 属性"对话框

> **注　意**
>
> 　　如果 ICS 服务器接入 Internet 的设备是网卡，而不是 ADSL modem，则要共享的连接就是接入网卡的连接。总之，共享的是能够接入 Internet 的连接。

③ 在图 4-12 所示的"网络连接"提示对话框中，系统提示和询问"Internet 连接共享被启用时，您的 LAN 适配器将被设置成使用 IP 地址 192.168.0.1…"，单击"是"按钮，接受设置。

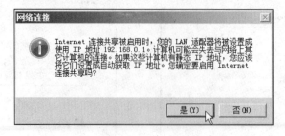

图 4-12　"网络连接"的提示对话框

④ 打开图 4-10 所示的"网络连接"窗口，选中局域网网卡对应的"LAN"连接，右击，在弹出的快捷菜单中选择"属性"选项。

⑤ 在打开的"LAN 属性"对话框中选中"Internet 协议版本 4（TCP/IPv4）"复选框，单击"属性"按钮，打开图 4-13 所示的 ICS 服务器端"Internet 协议版本 4（TCP/IPv4）属性"对话框，可看到 IP 地址已被自动设置：

- IP 地址：192.168.0.1。
- 子网掩码：255.255.255.0。
- 首选 DNS 服务器：192.168.0.1。

⑥ 在图 4-13 所示的对话框中，单击"确定"按钮，完成 ICS 服务器端的所有设置。

3. ICS 客户机（Windows XP）的设置

（1）在 ICS 客户机上，以管理员（Administrator）的身份登录到 Windows XP 系统中，确定计算机已经加入网络，如工作组 WG10。

（2）依次选择"开始" | "控制面板"选项，在弹出的"控制面板"窗口中双击"网络连接"图标。

（3）在打开的 ICS 客户机的"网络连接"窗口中，选中局域网网卡所对应的"本地连接"选项，右击，在弹出的快捷菜单中选择"属性"选项。

（4）在打开的"本地连接 属性"对话框中，选中"Internet 协议（TCP/IP）"复选框后，单击"属性"按钮，打开图 4-14 所示对话框。

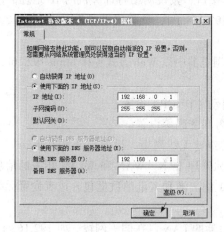

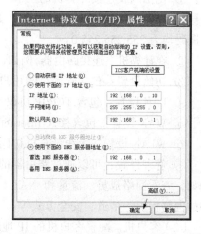

图 4-13　"Internet 协议版本 4（TCP/IPv4）属性"对话框　　图 4-14　"Internet 协议（TCP/IP）属性"对话框

（5）在图 4-14 所示的"Internet 协议（TCP/IP） 属性"对话框中，输入分配给该客户机的"IP 地址，如 192.168.0.10，子网掩码 255.255.255.0，以及默认网关和首选 DNS 服务器（192.168.0.1），单击"确定"按钮，完成 ICS 客户端的设置。设置时，应注意每台 ICS 客户机的 IP 地址不同，而子网掩码、默认网关和首选 DNS 服务器相同。

注　意

如果网络中安装了 DHCP 服务器，则应先在 DHCP 服务器中修改 IP 地址范围、默认网关等信息；再到图 4-14 所示的对话框中，选择"自动获得 IP 地址"和"自动获得 DNS 服务器地址"单选按钮。

---

4. ICS 客户机（Windows XP）访问 Internet

将局域网内的所有 ICS 客户机依次设置好之后，应先将 ICS 服务器接入 Internet，即可打开客户机的浏览器，浏览网络上的信息。

5.　实现 Internet 共享中要注意的问题

（1）登录身份。无论是在 ICS 的服务器还是 ICS 的客户机端，配置 Internet 连接共享时，必须以管理员账户的身份登录，例如：Administrator 或 Administrators 组成员账户登录。

（2）TCP/IP 协议的配置。无论是拨号接入还是宽带网接入 Internet，所配置的 ICS 服务器的本地局域网卡的 IP 地址一定是 192.168.0.1，子网掩码是 255.255.255.0，默认网关地址空白。

ICS 客户机 IP 地址的配置范围是 192.168.0.2～192.168.0.254，子网掩码是 255.255.255.0，默认网关和首选 DNS 服务器都为 192.168.0.1。

4.3　局域网通过路由器接入 Internet

4.3.1　如何通过路由器接入 Internet

通过路由器接入 Internet 分为路由器（服务器）和计算机（客户机）两个方面。通过小型路由器接入 Internet 的设置和管理只有以下几步：

（1）路由器（服务器）。

① 使用网线连接计算机的网卡和路由器的 LAN 接口，按说明书将计算机的 IP 地址的网络编号设置的与路由器默认的值一致，如路由器使用 192.168.1.1，计算机设置为 192.168.1.2，子网掩码均为 255.255.255.0。

② 在计算机上连接路由器，例如，在计算机的 IE 浏览器中以 Web 方式连接 http://192.168.1.1。

③ 初始设置：包含管理员的用户名和密码等。

④ LAN 设置：包含 TCP/IP 协议参数的手工或自动（DHCP）设置。

⑤ WAN 设置：包含接入 Internet 的 ISP 的用户名和密码等设置。

⑥ WLAN 设置：无线计算机访问 Internet 时，要组建无线网络、设置安全方式等。

⑦ 管理设置：可以通过路由器的管理软件查看和管理 LAN、WAN 和 WLAN 相关的信息，例如，查看网络成员、流量和 NAT（网络地址转换）的出港和入港的数据包，或者设置无线网络的网络标识、信道、安全方式等。

（2）客户机。配置客户机的 IP 地址时，应与路由器的 LAN 口在同一网段，如 192.168.1.2～192.168.1.254 之间，默认网关和首选 DNS 服务器的地址均为路由器 LAN 口地址，如 192.168.1.1。

4.3.2　准备知识

1.　通过路由器接入时的结构图

通过小型路由器与 ADSL 线路接入 Internet 的系统结构与设置参数参考图 4-2。由于计算机的设置与 ICS 接入时相同，因此，下面仅介绍路由器（服务器）上的设置。

2.　网络设备的配置方法

无论是路由器还是交换机都没有显示器和键盘，因此，若要对这些设备进行配置，必须先通过计算机或终端与该设备建立连接；成功登录设备后，才能进行设置。例如：华为、思科、D-Link 系列的交换机和路由器都提供了以下几种配置方法：

（1）通过 Console 口进行本地配置管理。

（2）通过 Telnet 进行本地的或远程的配置管理。

（3）本地设置后，通过浏览器以 Web 方式进行配置和管理。

（4）登录成功后，使用系统配置或维护命令进行配置。

网络管理员应当能够根据当时的条件正确地选择管理方法。网络设备的不同配置方法适用于不同场合，通常可以分为两个主类：

（1）本地配置。顾名思义，本地配置是指在与网络设备直接连接的计算机中进行配置。首次设置时，应先将计算机与网络设备的 Console 口进行连接；然后，在仿真终端（计算机）上，通过 Console 端口对网络设备进行初始设置。本地设置是管理员对交换机或路由器等网络设备进行配置、管理的最基本和最常用的方法，也是管理员应当熟练掌握的基本技能。

（2）远程配置。远程配置是指通过网络对网络设备进行设置。远程配置又分为 Web 方式和 Telnet 方式。只有在初始化设置之后，才能使用 Telnet 方式或 Web 等方式，从远程登录到网络设备上进行设置。远程设置的条件是网络设备已经设置了 IP 地址等信息。

3. 小型路由器的产品与应用结构

前面所说的是指对专业网络设备的操作，对于家庭和小办公室使用的小型网络设备就没有那么复杂，但是设置思路是类似的。下面仅以 D-Link DI-624+A 型路由器为例，介绍一下小型路由器的产品与应用。小型有线和无线路由器的产品外观参见图 4-15。

无线路由器在小型局域网（如家庭或小办公室）接入 Internet 时的产品如图 4-15 所示，其应用结构如图 4-16 所示。这种路由器通常都有若干 LAN 口，以及至少一个 WAN，因此是组建小型有线和无线网络的首选设备。这种小型路由器是一个集有线和无线交换机以及路由器两种功能的复合设备，因此，它既可以用于有线或无线局域网的连接，也可以代理有线网络和无线网络中的计算机接入 Internet，其应用时的连接结构如图 4-16 所示。

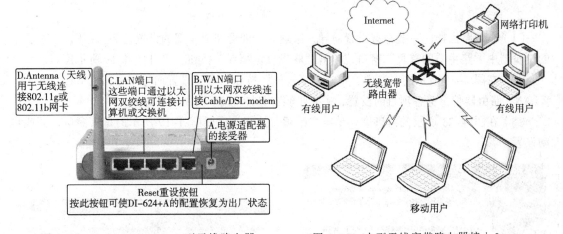

图 4-15　D-Link DI-624+A 型无线路由器　　　图 4-16　小型无线宽带路由器接入 Internet

4.3.3　有线用户通过路由器接入 Internet

1. 初始连接与设置

（1）按照图 4-16 或图 4-2 连接好各计算机和网络设备，为了实现初始 Web 方式的配置，至少要连接一台通过网线连接的计算机。

（2）在硬件连接的基础上，按照图 4-2 所示的参数设置好各主机的 TCP/IP 参数，注意路由器的 LAN 口的参数，本例的 IP 地址为 192.168.0.1，子网掩码是 255.255.255.0。为此，其网络编号为 192.168.0，因此，所有计算机的网络编号、子网掩码、首选 DNS 服务器、默认网关处的设置都是相同的；而每台计算机的主机号都应当不同，路由器占据了"1"，其他主机只能使用 2～254，即 IP 地址设置在 192.168.0.2～192.168.0.254。

（3）在任何一台有线连接的计算机上，打开浏览器，输入 http://192.168.0.1，与路由器以 Web 方式进行连接。正常连接时显示图 4-17 所示的"登录"窗口，输入路由器的管理员账户名和密码后，单击"确定"按钮，打开图 4-18 所示窗口。

图 4-17　浏览器中宽带路由器的"登录"窗口

2. 自动设置

（1）小型路由器内一般都有设置向导，跟随向导即可完成全部的设置任务。在图 4-18 所示的浏览器中"路由器的首页"窗口，单击"联机设定精灵"按钮，打开图 4-19 所示窗口。

（2）在图 4-19 所示的窗口中，单击"下一步"按钮，跟随设置向导即可完成 LAN、WAN、WLAN、路由器信息等各项目的设置，主要步骤参见图 4-19～图 4-23。

（3）在图 4-23 所示的窗口中，单击"继续"按钮，返回图 4-19 所示的首页窗口，完成自动设置。

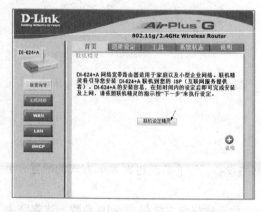

图 4-18　浏览器中"路由器的首页"窗口

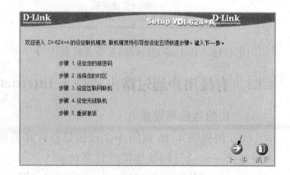

图 4-19　浏览器中"联机精灵向导"窗口

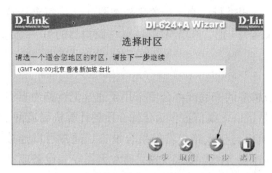

图 4-20　路由器的"选择时区"窗口

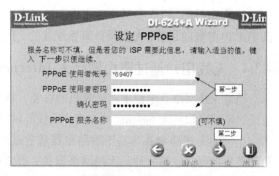

图 4-21　路由器的"设定 ADSL 连接"窗口

图 4-22　路由器的"设定无线通讯联机"窗口

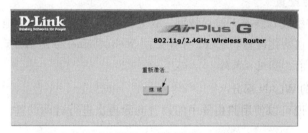

图 4-23　路由器的"重新激活–继续"窗口

3．手动设置

首次设置后，如果需要修改参数，则可以在图 4-24 所示窗口的左侧窗格中的目录中选中要设置的目录，即可进行手动设置，例如，单击 LAN 按钮，设置或查看路由器的 IP 地址。

图 4-24　路由器首页的 LAN 设置窗口

4．设置与接入检测

设置成功后，可以关闭图 4-19 所示窗口。在任何一台计算机中，使用浏览器访问一个网站，如 http://www.sina.com，如果能够打开该网站，则说明局域网与接入 Internet 均已经成功。

如果不成功，则应参照第 5 章中组建工作组的步骤进行检测。应着重检查图 4-2 中每台计算机 TCP/IP 参数的设置，尤其是计算机配置的"默认网关"值，应当与图 4-24 中路由器的 IP 一致。

4.3.4　无线用户通过路由器接入 Internet

随着无线网络及笔记本式计算机的普及，越来越多的家庭或办公室采用了通过无线路由器组建无线局域网和接入 Internet 的方式。无线局域网是指以无线信道作为传输介质的计算机局域网。

小型的无线路由器与真正的路由器通常是交换机与接入路由器的组合设备。通常可以连接两种类型的网络，第一种是无线网络设备，第二种连接 ADSL 接入线路。通常无需安装设备驱动程序，也不必对每个端口进行设置；其接入部分需要进行设置，一般是基于浏览器的 Web 方式。下面以 TP-LINK TL-WR941N 无线路由器为例，介绍组建无线工作组网络，以及通过无线路由器和 ADSL 线路接入 Internet 的方法。

1．硬件连接

通过 TP-LINK TL-WR941N 无线路由器实现小型局域网的 ADSL 接入时的硬件连接示意图如图 4-16 所示。每台计算机应当连接有无线网卡。

2．路由器的初始配置

无线路由器允许组成有线或无线局域网。初始配置时，需要通过本地计算机以有线的方式连接到路由器上进行初始化设置。之后，才能使用 Web、Telnet 等网络方式进行配置。无线路由器的初始设置步骤同前，参见 4.3.3。

3．配置路由器的 WLAN 部分

在首次设置后，既可以使用路由器中的设置向导再次进行自动设置，也可以手动进行专项设置，如设置 WLAN。

（1）设置步骤。

① 在计算机的浏览器中输入 http://192.168.0.1，打开图 4-17 所示的路由器"登录"窗口，完成登录过程，参见 4.3.3。

② 在图 4-18 所示窗口的左侧窗格单击"无线网络"按钮，打开图 4-25 所示窗口。

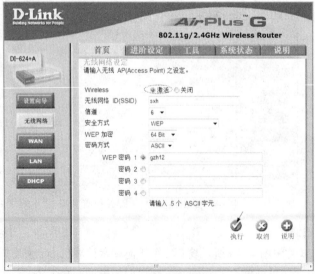

图 4-25　浏览器中的"路由器-无线网络"设置窗口

③ 在图 4-25 所示的路由器的无线网络设置窗口的操作如下：

● 确认无线网络的标识，如 sxh。

● 设置信道，即无线路由器使用的无线信号频段，如 6。

● 输入安全有关的信息，如安全方式 WEP，加密方式 64 位，以及 5 位 ASCII 密码"gzh12"，该密码是计算机登录无线网络 sxh 的密码。

● 设置之后，单击"执行"按钮，进入重新激活状态，打开图 4-23 所示窗口。

④ 在图 4-23 所示的设置向导窗口中，单击"继续"按钮，返回图 4-25 所示窗口。关闭浏览器，完成路由器的有关设置，以及有关无线网络的管理操作。

（2）设置参数。

① 无线网络 ID（SSID）：为自己定义的服务组的识别码，即无线局域网络的专用名称。客户机的网卡能够识别附近的所有无线网络。SSID 出厂时的默认值为 default。在图 4-25 所示窗口中用户可以变更其名称；当然，也可以建立一个新的无线网络。

② 信道：又称"频段（Channel）"，可以设定的信道范围为 1～11。信道代表无线信号传输数据的传送通道。由于无线宽带路由器允许在多个不同信道上运行，而位于邻近范围内的多个无线网络设备只有在不同的信道上传递信号才有效，否则会产生信号之间的干扰。因此，在网络上，如果安装有多个无线路由器及无线访问点 AP，则每个设备使用的信道应当错开。802.11g、802.11b 无线标准都有 11 条信道，但只有 3 条是非重叠信道（即信道 1、信道 6、信道 11）。如果 WLAN 中只有一个设备，则建议使用中间的频段号，即默认值 6。如果在 WLAN 网络中还存在着其他干扰设备（如来自于本区域内的蓝牙、微波炉、移动电话发射塔或其他 AP），则可以将信道设置为其他值。

③ 安全方式：用于设定无线网络的使用权认证。认证（authentication）的目的是确认加入对象的身份合法性，以免与身份不明的对象沟通，泄露了重要的机密。在后面实现 WLAN 时，双方在进行通信之前，必须先经过认证的程序。

④ 无线路由器支持的认证（加密）方式有多种：无、WEP（Wired Equivalent Protocol）、WPA-PSK（预先共享金钥）和 802.1x 的利用凭证方式的认证方式。用户可以根据自身的安全需要进行选择和设置。对于新用户，推荐先使用"无安全"方式；调通之后，设置为使用 WEP 方式，从不太复杂的加密方式开始尝试。

4．无线工作组网络

与有线网络类似，无线用户也要先加入无线工作组，再通过无线路由器接入 Internet。

（1）计算机无线网卡的设置。在无线网络中，主机的无线网卡是最重要的通信部件。因此，在组建无线局域网之前，应当确认无线网卡已经正常安装和设置，并可以识别周边的无线网络。

① 在 Windows XP 主机中，依次选择"开始"|"连接到"|"显示所有连接"选项，在弹出的图 4-26 所示的窗口中，右击"无线网络连接"图标，在弹出的快捷菜单中选择"属性"选项，打开图 4-27 所示对话框。注意，如果图 4-26 中显示了"无线网络连接"图标，则表示已成功安装了无线网卡；如果没有此连接，或此连接显示异常，则应首先检查解决无线网卡的问题。

② 在图 4-27 所示的"无线网络连接 属性"对话框中，选中要设置的网络组件，例如，选中"Internet 协议 (TCP/IP)"复选框，单击"属性"按钮，打开图 4-28 所示对话框。

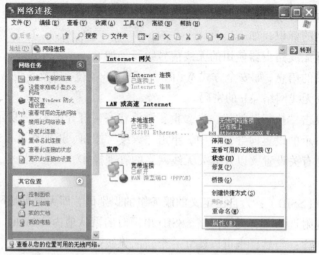

图 4-26 Windows XP 的"网络连接"窗口

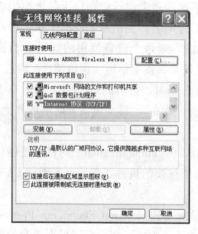

图 4-27 "无线网络连接 属性"对话框

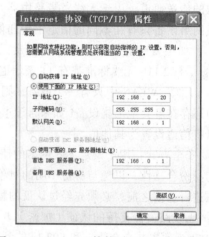

图 4-28 "Internet 协议（TCP/IP）属性"对话框

③ 在图 4-28 所示的对话框中，将 IP 地址设为 192.168.0.20，子网掩码设为 255.255.255.0，默认网关和首选 DNS 服务器地址均设置为路由器的 IP 地址 192.168.0.1。之后，依次单击各对话框的"确定"按钮。

（2）设置常规信息。

① 在桌面上，右击"我的电脑"图标，在弹出的快捷菜单中选择"属性"选项；或者依次选择"开始"|"控制面板"选项，在弹出的"控制面板"窗口中双击"系统"图标。

② 在弹出的"系统属性"对话框中选择"计算机名"选项卡；单击"更改"按钮。

③ 在弹出的"计算机名称更改"对话框中输入计算机名，如 HSXP；输入工作组名称，如 WG10；单击"确定"按钮，在弹出的"计算机名更改"对话框中，单击"确定"按钮。

④ 完成工作组常规信息的设置后，系统会提示重新启动计算机，按照提示重新启动计算机后，所设置的信息才能生效。

（3）加入路由器定义的无线网络。

① 打开图 4-26 所示的"网络连接"窗口，右击"无线网络连接"图标，在弹出的快捷菜单中选择"查看可用的无线连接"选项，打开图 4-29 所示对话框。

② 在图 4-29 所示的"无线网络连接"对话框中，选中在路由器中所示窗口创建的无线网络标识，如 sxh；单击"连接"按钮，打开图 4-30 所示对话框。注意，如果在图 4-25 所示的路由器无线网络设置窗口中，"安全方式"设置为"无"，则不会弹出图 4-30 所示的对话框。

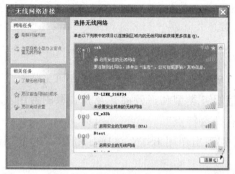

图 4-29 "无线网络连接（未连接）"对话框 图 4-30 "无线网络连接"对话框

③ 在图 4-30 所示的"无线网络连接"对话框中，输入所选无线网络的"网络密钥"，例如，图 4-25 中规定的"gzh12"；之后，单击"连接"按钮，当加入的无线网络变为"已连接上"状态时，说明该计算机已正常加入了无线网络，参见图 4-31 所示对话框。

（4）确认无线计算机可以正常访问 Internet。在 Windows XP 计算机中，打开浏览器，输入网址 http://www.sina.com，如果能够浏览该网站，则说明通过无线网络和 ADSL 线路接入 Internet 已经成功；否则，需要重新检查无线网络的设置，默认网关地址是无线路由器 LAN 接口的地址，如 192.168.0.1。

（5）组建无线工作组网络。

① 进入路由器的首页窗口，在左侧窗格的目录树中单击"无线网络"按钮，执行（3）的步骤加入选中的无线网络，如 sxh；当显示为图 4-31 所示窗口时，表示已经成功连接。

② 双击计算机桌面上的"网上邻居"图标。

③ 在打开的窗口中，依次选择"整个网络"|Microsoft Windows Network 选项，在打开的"网上邻居"窗口中，双击选定的工作组，如 WG10，打开图 4-32 所示的 Wg10 窗口，就能够见到本工作组中的其他计算机成员。

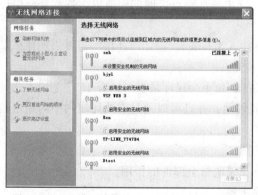

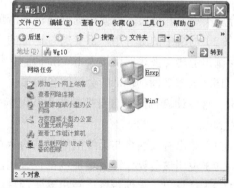

图 4-31 "无线网络连接（已连接上）"对话框 图 4-32 WinXP 的无线网络"Wg10（工作组）"窗口

④ 在本机共享一个文件夹，设置访问权限，例如，给 everyone 组"只读"的权限。

⑤ 登录无线工作组网络中的另外一台计算机，如果能够访问刚才共享的文件夹，则说明无线工作组网络组建成功。

习　题

1. 什么是网络接入技术？

2. 什么是 ISP 和 ICP？

3. 接入线路有哪些类型？

4. 广域网提供的通信服务类型有哪些？

5. 写出中国著名的六大基础运营商。运营商与广域网提供的通信服务类型有何关联？

6. 写出所在地区个人用户可选的接入线路、通信服务类型和运营商，及其收取的费用？

7. 网络接入系统中常用的硬件设备有哪些？各有什么特点？

8. LAN 接入 Internet 时的首选设备有哪几种？分别画出使用 PSTN、ADSL 和 DDN 时的用户端网络系统结构图。

9. ADSL 的工作原理是什么？使用 ADSL 上网的特点有哪些？优势是什么？

10. 写出局域网通过 ADSL 线路和 ICS 服务器与 Internet 连接的主要设置流程。

11. 写出局域网通过 ADSL 线路和有线（无线）路由器与 Internet 连接的流程。

12. 经过调查写出本地区局域网通过光纤接入 Internet 的价格、带宽等性能参数。

13. 如何通过 2 Mbit/s 的 ADSL 线路实现小型局域网与 Internet 的连接？画出系统结构图，说明设备选择时的注意事项，以及一次投资和年运行的维持费用。

14. 一个位于某工业园区的小型单位的 100BASE-T 交换式局域网与 Internet 有两个连接（一个是与园区局域网的本地连接，一个是通过 ADSL 电话线的拨号连接）。

要求：使用 ICS 服务器将这两个连接共享给该局域网的所有用户。

（1）为该网络进行设计，并画出连接示意图。

（2）说明所设计方案的特色和主要性能指标。

（3）写出投资部件的清单（含费用明细）和年维持费用的组成。

15. 某个单位的三个部门根据自己特定的需要，计划建一个 100 Mbit/s 交换式 Intranet。

要求：

（1）画出交换式网络的系统结构图。在图中，标出最远结点之间的距离值，各部分使用传输介质类型；并列出需要使用的网络设备清单；

（2）网络中的所有用户都要通过连接的交换机接入 Internet，应如何连接？需要添加什么设备？画出上述交换式网络接入 Internet 后的系统结构图。

16. 试为 2 间 30 m² 的会议厅各增加一个 WLAN，每个会议厅最多可以有 15 个笔记本式计算机，这些计算机使用自身携带的无线网卡登录局域网，并且可以通过有线局域网中的路由器接入到 Internet。

（1）画出有线网络与无线网络的结构示意连接图。

（2）说明该会议厅需要增加的部件，列出清单，说明每个部件的作用。

（3）计算出一次性投资，写出系统调试的主要步骤。

实 训 项 目

实训环境与条件

（1）网络环境，每台计算机应安装了网卡，并已经通过网络设备互联。

（2）接入环境及账户，例如，具有接入 Internet 的账户和密码。

（3）安装有 Windows XP 的计算机。

（4）安装有 Windows 2008/2003 服务器版的计算机，这台接入计算机应当是双网卡，以便充当 ICS 或代理服务器。

（5）硬件路由器及其 WAN 口的 ISP 用户名和密码，如 ADSL 路由器、电话线，以及网通的 ADSL 用户名与密码。

注：本章实验的所有参数与学生学号挂钩，例如计算机名为 PC＊＊，计算机本机 IP 地址为 192.168.0.＊＊，子网掩码为 255.255.255.0，其中的＊＊代表学号，如 01、02、…。

实训 1　单机接入 Internet

（1）实训目标：在准备充当 ICS（或代理）服务器的计算机上，设置接入设备，如网卡（或 modem），并接入 Internet。

（2）实训内容：

① 安装和诊断接入设备，例如，安装网卡（或 modem）的驱动程序。

② 在充当接入服务器的计算机中，安装设置接入设备，如网卡或 modem。

③ 测试充当服务器的计算机是否可以正常上网，例如，浏览信息或发送邮件。

实训 2　局域网用户通过 ICS 服务器的 ADSL 拨号连接共享上网

（1）实训目标：建立 ADSL 拨号连接，掌握局域网用户通过所建立的"拨号连接"共享接入 Internet 的步骤。

（2）实训内容：

① 打开"网络连接"窗口，启动"新建连接向导"窗口，建立 ADSL 连接。

② ICS 服务器端：硬件安装（接入设备和局域网网卡）和软件配置方法。

ICS 客户机端：硬件安装（局域网网卡）和软件配置方法。

实训 3　有线路由器接入 Internet

（1）实训目标：

① 学习网络设备的基本配置。

② 掌握网络互联设备的配置流程。

③ 掌握局域网中的计算机通过交换机与有线路由器访问 Internet 的设置。

（2）实训内容：

① 完成交换机和路由器的初始配置和上电及引导任务。

② 设置好有线路由器的 LAN 和 WAN 端口的参数，例如，LAN 口地址为 192.168.＊＊.1。

③ 交换机配置设备名称 S＊＊，并配置 IP 地址，如 192.168.＊＊.10；设置好 DNS 服务器地址

及默认网关地址，如 192.168.＊＊.1。（注："＊＊"为学号，如 01，02，…，30，31，下同。）

④ 设置好局域网中各计算机的 TCP/IP 参数，如 192.168.＊＊.（2～254）。

⑤ 从该计算机中的浏览器，如 IE，访问 Internet 的新浪网站。

实训 4 无线路由器接入 Internet

（1）实训目标：

① 学习网络设备的基本配置。

② 掌握无线路由器的配置流程。

③ 掌握 WLAN 工作组网络的组建技术。

④ 掌握小型局域网中的计算机通过无线路由器访问 Internet 的技术。

（2）实训内容：

① 完成无线路由器的初始配置任务。

② 使用无线路由器的安装向导，逐步完成如下的设置任务：

● 设置好无线路由器的 LAN 及 WAN 端口的参数，例如，LAN 口地址为 192.168.＊＊.1；WAN 端口为 ADSL 拨号连接。

● 设置无线网络，无线网络标识为 WL＊＊，信道为 6，安全方式为无。

● 设置局域网中各计算机的 TCP/IP 参数，例如，IP 地址为 192.168.＊＊.（2～254），子网掩码为 255.255.255.0，默认网关和首选 DNS 服务器均为 192.168.＊＊.1。

③ 在计算机上搜索可连接的无线网络，将计算机加入自己建立的 WL＊＊。

④ 查看网上邻居，应当有所有的计算机图标，进行两台计算机之间的文件共享。

⑤ 从至少两台计算机的浏览器，如 IE 中，访问 Internet 的新浪网站。

第❺章

网络系统的基本管理

学习目标

- 了解网络系统的组织与管理方式。
- 了解网络计算模式的基本知识。
- 了解 Windows Server 2008 操作系统的类型及产品特点。
- 掌握安装网络操作系统的方法。
- 掌握组建工作组网络的基本知识与管理技术。
- 掌握工作组中用户与共享文件夹的管理技术。
- 掌握 DNS 服务子系统管理技术。

5.1 网络系统的组织

确定网络计算模式及其对应的网络组织结构应当是组建和运行网站的起始工作，因为只有设计和组织良好的网络系统，加上必要的网络管理，才可能使得网站的系统处于一个良性运行的状态。

5.1.1 怎样组织与管理网络系统

当局域网或网站系统的硬件已准备就绪，对于拥有不同数量计算机的一个或大或小的网络，为了使网络安全运行，并能够进行有效地组织、管理应用系统的开发与运营。推荐按照下面的基本工作流程进行：

（1）确定计算模式：应根据网络规模的大小及服务的需求进行选择。

（2）确定网络的硬件：根据选定的网络计算模式考虑是否要购买和设置专用服务器。

（3）选择操作系统：根据计算机在网络中的身份来确定安装 NOS 或 OS。对等网中的每台计算机都安装 OS，如 Windows XP/7。

（4）实现网络的组织模型：根据计算模式来实现微软网络的组织模型，如工作组。

（5）实现网络对象的基本管理方式：例如，在工作组中实现账户、资源的分散管理。

（6）确定和实现安全保障策略：例如，对共享资源实行按照规定权限进行访问。

（7）建立各种必需的服务系统：例如，信息网站需要 DNS 服务子系统的支持。

5.1.2　准备知识

在实现一个可运营的网络系统时，首先，选择网络计算模式；其次，选择操作系统；第三，确定网络系统的管理与组织方式。常见的网络计算模式及微软网络计算机的组织方式如下：

1．网络计算模式

在组建微软网络和各种服务系统时，通常有以下几种计算模式：

（1）对等网模式。对等网模式又称 Peer-to-Peer 模式。在小型局域网中，常使用 Windows XP/7 桌面操作系统组成小型对等模式的工作组网络。在这种网络中，各个计算机结点的地位平等，采用分布式管理方式。由各台计算机上的管理员分别管理各自的资源和用户账户，因此，其管理的方式为基于本机的分散式的管理方式。

（2）客户/服务器模式。客户/服务器模式又称 C/S（client/server，客户/服务器）模式。这种网络的规模一般较对等网大。在这种网络中，各计算机结点的地位是不平等的，因此又被称为"主–从式"管理。在这种网络中，通常由服务器和网络管理员采用集中式管理方式，因此，这种模式常常用在大中型网络中。在服务器端使用 Windows Server 2008 版本，而在客户端可以使用 Windows 桌面操作系统的任何一个版本，例如 Windows 7 或 Windows XP。另外，TCP/IP 网络中，DHCP、DNS、Web、FTP、打印等系统也都采用了这种模式。

2．微软运营网络系统的组织结构

微软网络系统的组织方式是指：采用微软操作系统组成网络系统时，网络中计算机的组织与管理形式。不同网络系统的组织模型分别对应着不同的管理方式，以及不同的目录数据库和目录服务。

（1）工作组——对等式网络。在微软网络中，"工作组"网络使用"对等网"模式进行工作。工作组网络的特点是地位平等、规模较小、资源和账户的管理分散，其成员的数目一般不超过 10 台计算机。

（2）域——C/S 网络。在微软网络中，"域"网络使用 C/S 模式进行工作。在域网络中，由管理员统一管理全域的用户账户、服务、各种对象和安全数据。这种域组织方式的网络采用了基于全域目录数据库的统一、集中管理方式。

3．典型网络的实现方案

网络的规划、组织、实现与管理技术是本章的工作目标。为了更好地理解工作目标，下面将以运行两个典型网络为工作目标进行的任务分解如下：

（1）小型网络的解决方案。

① 硬件：由于是不超过 10 台计算机的小型公司的办公网络，硬件采用了 10BASE-T 交换式星型的网络拓扑结构，可参考 3.2 节或 3.3 节相关内容。

② 计算模式：由于用户的需求是有一定安全保障的资源共享型网络，因此，选择"对等式"计算模式。

③ 组织方式：使用微软网络的组织方式是"工作组"网络。例如，工作组名字定为"WG20"。

④ 操作系统：由于现有计算机大都使用了微软的操作系统，因此，选择微软的 Windows XP/7 或任何一款 Windows 操作系统。

⑤ 对象管理：在工作组网络的每一台计算机上为网络中的所有用户建立账户，对每一台计

算机开放（共享）的资源设置访问控制权限。

⑥ 安全保障：分散的安全保障策略对开放的（共享）的资源实施访问控制。

（2）大中型网络的解决方案。

① 硬件：由于是超过 50 台计算机的中型学校的信息网络。硬件可以采用 100/1000BASE 的交换式以太网，参见图 3-1 和图 3-6。

② 计算模式：由于用户的需求是集中控制网络用户、资源或其他对象的网络，因此，选择 C/S 计算模式。

③ 组织方式：使用微软网络，确定 C/S 的网络组织方式为"域"网络。

④ 操作系统：选择大多数用户习惯的微软操作系统。域控制器（server，服务器）上安装微软的 Windows 2003/2008 服务器版；客户机（client）上安装 Windows XP/7。

⑤ 对象管理：在集中控制的主控服务器的活动目录中，建立和管理集中控制管理的各种对象，例如，为所有网络的用户和组建立账户和组，为各个部门建立组织单位，发布共享文件夹资源对象和打印机对象等。

⑥ 安全保障：建立集中的安全策略环节。

受篇幅所限，会在本章以下各节实现工作组网络，以及其他重要的网络服务子系统。工作组网络中的网络组件、对象管理、共享资源的安全使用是其他高级网络管理的基础。

5.2 安装网络操作系统

网络操作系统是网络和网站系统运营和管理的起点，也是各种网络服务的基石。

5.2.1 怎样安装操作系统

在确定了微软网络的组织结构之后，就要确定在每台计算机上安装何种类型的操作系统。微软网络有多种操作系统的版本，这些操作系统可以分为网络操作系统（NOS）和桌面操作系统（OS）两种。不同操作系统的功能不同，安装过程却是类似的。安装操作系统的流程如下：

（1）确定要安装的操作系统：例如，工作组网络中的一般计算机安装 Windows XP/7，在工作组中充当服务器的计算机安装 Windows Server 2008。

（2）确定文件系统格式：安装过程中必须选择磁盘的文件系统格式，如 NTFS。

（3）规划硬盘空间：对于安装 NOS 的计算机，其系统磁盘的空间应较大，如 80 GB。

（4）选择安装方式：单台计算机可采用光盘安装，大量相同计算机可以采用硬盘克隆安装或者硬盘保护卡安装。

5.2.2 准备知识

对于中小型的 Intranet "域"网络来说，由于还需要 DNS、SQL Server、应用服务器等的支持；因此，在作为服务器的计算机上可以安装 Windows Server 2003/2008 网络操作系统；而在一般计算机上，则只需安装 Windows XP/7 桌面操作系统。因此，在组建微软网络前，应对微软操作系统家族产品有所了解。其中的主要产品如下：

1．微软公司的专业版产品

大多数家庭计算机或工作站的计算机都安装的是普通操作系统，如 Windows XP/Vista/7 等桌面操作系统产品。这些产品适于安装在商业计算机或笔记本式计算机上。在以服务器为中心的域网络中，主要用做客户计算机的操作系统平台。

2．微软公司的服务器版产品

Windows Server 2008 中文版是当前流行的网络操作系统中的一种，特别适用于构建各种规模的企业级和商业网络；它也是多用途网络操作系统，可以提供文件服务器、邮件服务器、打印服务器、应用程序服务器、Web 服务器和通信服务器等功能。Windows Server 2008 共有 8 个版本。下面仅介绍 4 种常见产品，安装这些产品的硬件条件参见表 5-1。

（1）Windows Server 2008 Standard（标准版）。Windows Server 2008 全功能标准版，包含 5 个客户端访问许可。该版特别适用于构建中小规模的企业级和商业网络。它是全功能、多用途的网络操作系统，可以提供文件服务器、打印服务器、应用程序服务器、Web 服务器和通信服务器等各种功能。

（2）Windows Server 2008 Enterprise（企业版）。Windows Server 2008 全功能企业版含 25 个客户端访问许可。该版本既适用于上述场合，也可以用于电子商务和行业应用下的网络操作系统。它可以支持更多的 CPU 的 SMP（对称多处理器技术）、内存、群集功能，以及 64 位的计算平台。群集功能可以允许两台 Windows Server 2008 以群集的形式连接在一起，这样其中的任何一台服务器出现故障时，另一台就可以立即替代原有计算机的服务。Windows Server 2008 全功能企业版与全功能标准版相比，对硬件的支持更高，因此，可用于更大规模、更复杂的网络管理，例如，适合于用户数量较多，所需功能更多的大型企事业单位或公司。

表 5-1　要安装 Windows Server 2008 的主机的基本条件

项　　目	最 小 配 置	推 荐 配 置
硬盘	10 GB	30 GB 以上
内存	512 MB	2 GB 以上
CPU	1 GHz（32 位版）	2 GHz 以上
DVD 光驱	1 个	
高速网卡	1 块	2 块以上

（3）Windows Server 2008 Datacenter（数据中心版）。Windows Server 2008 全功能数据中心版是微软迄今为止开发的功能最强大的网络操作系统。它是向更高端企业市场发起进攻的一个新的品种，它是一个 64 位的产品，除了具有 Windows Server 2008 全功能企业版的所有功能之外，还支持更多 CPU 的 SMP 功能和更大的内存，以及更多结点的集群服务。由于该版本增加了大量数据的优化处理功能，因此，它特别适用于处理大量数据的服务器使用，例如，适合安装了重要数据库的企事业单位或公司。

（4）Windows Server 2008 for Itanium-based Systems（Itanium 安腾系统版）。

该版本主要支持具有安腾系列 CPU 的各类专用服务器。安腾 CPU 处理器是英特尔公司的产品家族的第一位 64 位的成员，安腾 CPU 的架构与传统的 X86 CPU 完全不同，其设计时没有考虑用于当前的 Windows 系统的应用，而是定位于各类专用服务器使用的 RISC CPU。

3．Windows Server 2008 产品的新功能

Windows Server 2008 中文版是一种在网络环境下工作的多功能、多任务的网络操作系统。其除了具有 Windows Server2003 的特点之外，又新增了许多功能。除了 Windows Server 2003 所具有的主要功能外，其主要特点是增加了 Hyper-V 虚拟功能：这是微软操作系统的最新的虚拟化系统，也是 Windows Server 2008 操作系统最具特点的新功能之一；运行虚拟服务器具有增加服务器的利用率，降低能耗和费用，降低硬件成本，以及提高可靠性和减少停机时间等优点。然而，Hyper-V 能只能运行在 64 位的主机上，使其具有高达 1M 内存的处理能力，因此，只要资源允许，通过它可以运行无限数量的虚拟主机。

4．选择操作系统

（1）工作组网络：对于工作组中的计算机，可以选择安装任何一款微软操作系统。因此，通常会利用已安装的操作系统，例如，安装 Windows XP/7。

（2）C/S 或 B/S 网络：对于网络中的服务器，如充当域控制器、DNS、DHCP、Web、FTP 等服务器角色的计算机，可以选择安装上述的任何一款服务器版操作系统；而对于普通的客户计算机，则可以安装任何一款微软操作系统，例如，安装 Windows XP/7。

5.2.3　安装 Windows Server 2008

在安装 Windows Server 2008 之前，需要进行的准备工作有：准备安装中需要的基本信息，选择安装环境，检查硬件的需求和兼容性，选择文件系统，分配计算机的角色等。

1．安装方式与工具的选择

对于单机安装，无论是微软服务器版，还是专业版，安装的操作步骤都是类似的。因此，仅以 Windows Server 2008 的安装操作为例，介绍安装过程中的重要步骤：

（1）工具：可以自动启动安装的 Windows Server 2008 安装光盘。

（2）适用场合：在安装少量的计算机时，可采用从光盘直接安装的方法，例如：网络服务器就可以采用光盘安装的方法。

（3）文件系统格式：目前大都选择 NTFS 格式。

2．安装全功能标准版（Windows Server 2008 Standard）

（1）设置光盘为引导分区。

① 启动计算机，必须先进入计算机的 BIOS 设置菜单，参见图 5-1。

② 在图 5-1 所示的计算机主板的 BIOS 设置菜单中，先将计算机的"1st Boot Device（第一引导驱动器）"设置为"CDROM"。之后，保存 BIOS 的设置后退出。例如，按【F10】键后，弹出中间的对话框，单击"OK"按钮。保存并退出（Save and Exit）BIOS 的设置窗口。

注　意

不同计算机主板的 BIOS 菜单窗口、命令，以及进入的命令都会有所区别；设置窗口通常有英文提示，例如，按【F1】键为 Help（帮助），按【Esc】键为 Exit（退出）等。

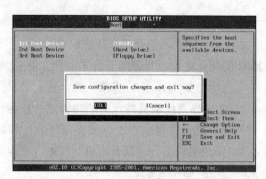

图 5-1 BIOS 中"引导盘"设置窗口

（2）安装的第 1 阶段。

① 将 Windows Server 2008 光盘放入光驱内重启计算机，从 DVD-ROM 引导系统。

② 当屏幕上出现"Windows is loading files…"文字时，表示安装程序已正常启动，正在加载安装文件。

③ 当出现图 5-2 所示窗口时，首先，下载要安装的语言，如中文（简体）；然后，进行其他项目的选择后，单击"下一步"按钮，打开图 5-3 所示窗口。

④ 在图 5-3 所示的窗口中，单击"现在安装"按钮，打开图 5-4 所示对话框。

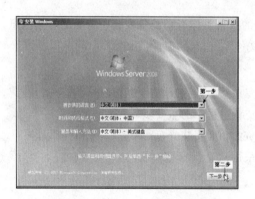

图 5-2 "安装 Windows"窗口

图 5-3 "现在安装"窗口

⑤ 在图 5-4 所示的"输入产品密钥进行激活"对话框中，输入产品密钥后，单击"下一步"按钮，打开图 5-5 所示对话框。

图 5-4 "输入产品密钥进行激活"对话框

图 5-5 "选择要安装的操作系统"对话框

⑥ 在图 5-5 所示的"选择要安装的操作系统"对话框中，选择要安装的操作系统版本后，单击"下一步"按钮，打开图 5-6 所示对话框。

⑦ 在图 5-6 所示的"请阅读许可条款"对话框中，选中"我接受许可条款"复选框后，单击"下一步"按钮，打开图 5-7 所示对话框，继续安装。

图 5-6　"请阅读许可条款"对话框　　　　图 5-7　"安装类型选择"对话框

⑧ 在图 5-7 所示的"安装类型选择"对话框中，双击"自定义（高级）"图标后，打开图 5-8 所示的对话框。

⑨ 在图 5-8 所示的"选择 Windows 的安装位置"对话框中，选择安装的磁盘分区和位置，例如，选中"磁盘 0 分区 1"选项之后，单击"下一步"按钮，继续安装过程，直至出现图 5-9 所示对话框。

图 5-8　"选择 Windows 的安装位置"对话框　　　图 5-9　"正在安装 Windows"对话框

⑩ 完成安装步骤后，安装程序会自动复制一些系统文件，并重新启动系统。

⑪ 在重新启动计算机后，出现图 5-10 所示的界面，单击"确定"按钮，打开图 5-11 所示界面。

⑫ 在图 5-11 所示的"管理员密码更改"对话框中输入合格的密码，当出现"...密码不符合要求"的提示对话框时，用户应当重新输入符合要求的密码，直至合格。例如，输入的密码为"aaa111+++"后，按【Enter】键，之后，将打开图 5-12 所示对话框。

● 在 Windows Server 2008 服务器中，服务器的管理员密码要求十分苛刻。其要求密码的组合必须是由"字母"、"数字"和"非字母非数字"的字符组成，另外，密码足够长。

● 请千万不要遗失 Administrator 管理员账户的密码，它是管理 Windows Server 2008 服务器的起点和钥匙。

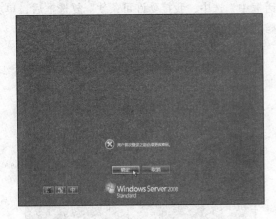

图 5-10　"重启后，要求更改密码"对话框　　　　图 5-11　"管理员密码更改"对话框

（3）Windows Server 2008 安装后的"登录测试"。

① 如果计算机内只安装了一个操作系统，则系统启动后，会直接打开图 5-12 所示界面。

图 5-12　Windows 2008 的"登录验证"对话框

② 在图 5-12 所示的"Windows Server 2008 Standard"界面，输入管理员账户名"Administrator"及其密码后，按【Enter】键，登录 Windows Server 2008 本机进行验证。成功后，进入 Windows Server 2008 桌面。

至此，已经完成了 Windows Server 2008 标准版的基本安装过程。此后，应当检查显示卡、声卡和网卡等硬件设备的工作是否正常，不正常时，应安装和配置相应的驱动程序，直至各硬件设备的工作都正常为止。

5.3　实现工作组网络系统

小型局域网或网站的内部经常采用微软的"工作组"的组织结构。工作组中所有的计算机都安装类似的操作系统，如微软各版本的操作系统。在工作组网络中，每台计算机的地位是平等的，不设专用的服务器，每台计算机的管理员都有绝对的自主权。

5.3.1 怎样建立和管理工作组

管理和使用小型工作组网络的所有任务可以分解为以下 3 个基本环节进行：

（1）设置网络组件或网络功能。

（2）设置常规信息加入到"工作组"网络。

（3）在每台计算机上分散管理本机中的用户账户和组账户。

（4）在每台计算机上分散管理和使用共享资源，如共享文件夹。

5.3.2 准备知识

在工作组网络中，每台计算机的地位是平等的，不设专用的服务器，每台计算机的管理员都有绝对的自主权。工作组网络的组成及管理特点如下：

1．工作组的组成和定义

工作组（workgroup）是一组由网络连接而成的计算机群组，工作组中的各台计算机上的用户都可以将本地的资源共享给他人访问。在微软网络中，将计算机组织成"工作组"的方式，实际上就是人们所说的"对等网"，其硬件结构如图 5-13 所示。"工作组"网络的管理模式与按 C/S 工作的"域"网络的集中式管理方式截然不同，其特点是资源和账户的管理都是基于本机的。由每台计算机的管理员分别管理分散在各个计算机上的账户和资源。

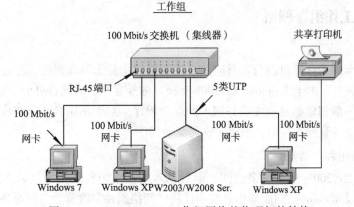

图 5-13 100BASE-TX 工作组网络的物理拓扑结构

2．工作组网络的适用场合

工作组网络适用于小型办公室、实验室、游戏厅和家庭等小规模网络，微软操作系统对工作组成员要求是"不超过 10 台计算机"。因此，对于以资源共享为主要目的小型办公室来说，工作组网是最好的选择。

实际上很多单位工作组网络中计算机的数目都超过了 10 台，这是因为"10 台"是指在工作组网络中，每一台计算机允许同时连接的数目。因此，只要同时连接到一台计算机的数目没有超过 10，也能够工作；超过 10 台后，虽然能够工作，但网络的安全、维护和管理将变得十分困难。

3．工作组网络常用的操作系统

微软操作系统大都支持对等式模式的"工作组"网络，因此，很多单位都采用了桌面操作系统中内置的网络功能直接组建"工作组"网络。如 Windows XP/ 7。

4．工作组网络的工作特点

（1）优点。

① 结点地位平等，使用容易，且工作站上的资源可直接共享，并自行管理。

② 无需购置专用软件，利用现有流行软件中的内置网络功能，可以容易地组建起对等网。

③ 建立、安装与维护都很方便。

④ 价格低廉、大众化。

⑤ 无需专门的服务器和专门的网络管理员。

（2）缺点。

① 本地目录数据库分散管理。

② 账户和资源由分散在各个计算机中的本地管理员进行管理。

③ 无集中管理，安全性能较差。

④ 文件管理分散，因此数据和资源分散，数据的保密性差。

⑤ 需要对用户进行培训，否则经常会出现网络问题。

⑥ 工作组成员的数目一般受操作系统版本所限，例如，微软操作系统不多于 10 台。

总之，工作组网络在拓扑结构、硬件等与后边将介绍的 C/S 网络模式的差别不大，其主要区别在于计算机网络的组织模式。因此，其硬件系统可以使用各种标准，例如，10BASE-T、100BASE-TX 和 1000BASE-T 或 FDDI 等标准来架构工作组网络的硬件系统。

5.3.3 设置"工作组"网络

1．安装网卡

将选用的网卡插入计算机内与其对应的总线插槽内（对于有线网络，应连接好网线），安装好网卡的驱动程序。由于 Windows XP/2008 有极好的兼容性，因此，对于常见的 PCI（即插即用）网卡来说，一般都能够自动安装好网卡的驱动程序。对于不能自动安装或安装后有问题的网卡，应当在"设备管理器"中，手动安装其驱动程序。

2．设置网络组件（功能）

在 Windows XP/2003 中有许多组件，但最基本的网络组件就是协议、客户和服务。而在 Windows 7/Vista 及 Windows 2008 操作系统中已将"网络组件"改称为"网络功能"。在微软操作系统中，网络组件（功能）是针对各种连接的，如网卡的"本地连接"，其中网络客户、服务和协议均已默认添加。客户和服务无需配置，而协议需要进行配置。

（1）Windows XP 中添加和配置网络协议。

① 在 Windows XP 主机中，依次选择"开始"|"连接到"|"显示所有连接"选项，在打开的窗口中，右击"本地连接"图标，在弹出的快捷菜单中选择"属性"选项，打开图 5-14 所示对话框。

② 在图 5-14 所示的"本地连接 属性"对话框中，选中要设置的网络组件，例如，选中"Internet 协议 (TCP/IP)"复选框，单击"属性"按钮，打开如图 5-15 所示对话框。现在的网络大都是 TCP/IP 网络，因此无需安装其他协议，如果需要只需单击"安装"按钮，在打开的对话框进行安装。

③ 在图 5-15 所示的对话框中，将 IP 地址设为 192.168.137.25，子网掩码设为 255.255.255.0。之后，依次单击"确定"按钮，依次关闭图 5-15 和图 5-14 所示对话框。

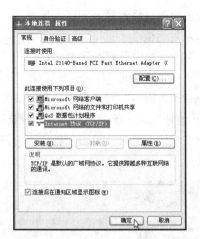 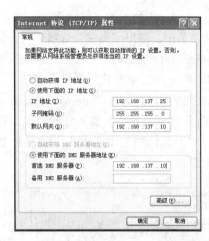

图 5-14　"本地连接 属性"对话框　　　图 5-15　"Internet 协议（TCP/IP）属性"对话框

> **说　明**
>
> 　　第一，在同一个子网内，所有计算机配置的子网掩码和网络编号的值都应相同，而每个计算机的主机编号则应不同。在工作组网络中，每台计算机的子网掩码都设置为 255.255.255.0，网络编号部分都为 192.168.137；而这台计算机所对应的主机编号部分为 25，配置其他计算机时，这个编号部分应该不同。
>
> 　　第二，大部分的协议都不用配置。如果是连入 Internet 也不需要配置 TCP/IP 协议。但是，对于使用静态 IP 地址的网络来说，则需要管理员手工配置固定的 IP 地址与子网掩码等参数。手工配置时，应注意在同一个子网内，所有计算机配置的"子网掩码"和"网络编号"的值都应该相同，而每台计算机配置的"主机编号"都应当不同。

（2）Windows Server 2008 中添加和配置网络协议。

①　依次选择"开始"｜"所有程序"｜"管理工具"｜"服务器管理器"选项，打开图 5-16 所示窗口。

②　在图 5-16 所示的"服务器管理器"窗口中，首先，在右侧窗格"本地连接"中已经显示了 IPv4 的配置信息；然后，需要更改时，选中"查看网络连接"选项，打开图 5-17 所示窗口。

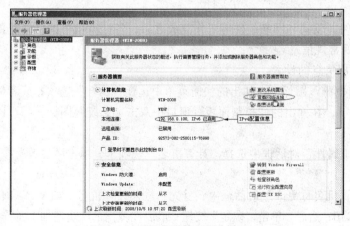 

图 5-16　"服务器管理器"窗口　　　　　　图 5-17　"网络连接"窗口

③ 在图 5-17 所示的"网络连接"窗口中，右击选中的网络连接，如"本地连接"；在弹出的快捷菜单中，选中"属性"选项，打开图 5-18 所示对话框。

④ 在图 5-18 所示的"本地连接 属性"对话框中，第一，选中需要配置的协议，如"Internet 协议版本 4"；第二，单击"属性"按钮，打开图 5-19 所示对话框。

⑤ 在图 5-19 所示的"Internet 协议版本 4（TCP/IPv4）属性"对话框中，选择"使用下面的 IP 地址"单选按钮后，输入分配给本计算机的"IP 地址"、"子网掩码"、"首选 DNS 服务器"，如 192.168.137.10、255.255.255.0 和 192.168.137.10。之后，单击"确定"按钮，完成协议的配置。

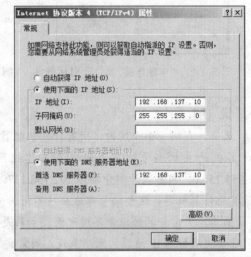

图 5-18　"本地连接 属性"对话框　　图 5-19　"Internet 协议版本 4（TCP/IPv4）属性"对话框

（3）添加和配置网络客户。系统默认的网络客户是"Microsoft 网络客户"，选择了此选项的用户就可以访问 Microsoft 网络的各种软硬件资源。当然，用户也可以根据实际需要选择其他的网络客户。

（4）添加基本网络服务。系统一般已经默认安装了最基本的网络服务，即"Microsoft 网络的文件和打印机共享"选项；如果尚未安装，在图 5-14 或图 5-18 所示对话框中，单击"安装"按钮，选择添加此选项。至此，网络组件（功能）的配置完成。

3. 设置网络的常规信息

在工作组网络的硬件、软件、驱动和网络组件等工作完成之后，各计算机中的网络配置部分的工作就是设置工作组网络的常规信息。

（1）Windows XP 计算机常规信息的设置。

① 在桌面上，右击"我的电脑"图标，在弹出的快捷菜单中选择"属性"选项；或者依次选择"开始"|"控制面板"选项，在弹出的"控制面板"窗口中双击"系统"图标，都可以打开图 5-20 所示对话框。

② 在图 5-20 所示的"系统属性"对话框中选择"计算机名"选项卡，单击"更改"按钮，打开图 5-21 所示对话框。

③ 在图 5-21 所示的"计算机名称更改"对话框中，首先，输入计算机名，如 WINXP10；其次，输入工作组名称，如 WG10；然后，单击"确定"按钮；最后在弹出的"欢迎加入工作组"

对话框中，单击"确定"按钮。

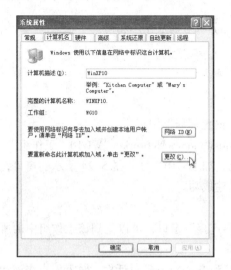

图 5-20　XP 中的"系统属性"对话框

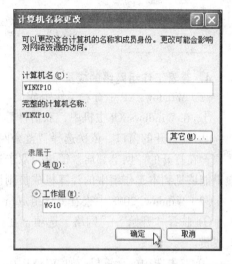

图 5-21　XP 中的"计算机名称更改"对话框

④ 完成工作组常规信息的设置后，系统会提示重新启动计算机；按照提示重新启动计算机后，所设置的信息才能生效。

（2）Windows Server 2008 计算机常规信息的设置

① 选择"开始"丨"所有程序"丨"管理工具"丨"服务器管理器"选项。

② 在图 5-16 所示的"服务器管理器"窗口，选中"服务器管理器"图标；在右侧窗格将显示有关计算机的各种信息，选择"更改系统属性"选项，打开图 5-22 所示对话框。

③ 在图 5-22 所示的"系统属性"对话框中，单击"更改"按钮。

④ 在弹出的图 5-23 所示的"计算机名/域更改"对话框，第一，在"计算机名"文本框中，输入计算机的名称，如 SR08；第二，在"隶属于"文本区域，可以添加或更改计算机要加入的区域，如工作组"WG10"；第三，更改完成后，单击"确定"按钮。

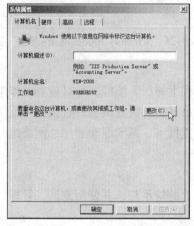

图 5-22　"系统属性-计算机名"选项卡

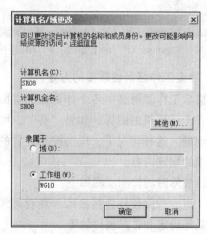

图 5-23　"计算机名/域更改"对话框

⑤ 当弹出"计算机名/域更改-欢迎"对话框时，表示更改成功。在弹出的重新启动提示框，单击"确定"按钮，则计算机重新启动。至此，完成工作组建立的任务。

注 意

同一工作组中的"工作组"名称应当一致，而计算机名则应互不相同。

4．查看工作组网络的成员

（1）Windows XP 中查看工作组成员。

① 在 Windows XP 主机中，双击计算机桌面上的"网上邻居"图标。

② 在打开的窗口，依次选择"整个网络"|Microsoft Windows Network|"WG10（工作组）"选项；在打开的"网上邻居"窗口，双击选定的工作组，如 WG10，打开图 5-24 所示的窗口，如果能够见到本工作组中的计算机成员则说明工作组组建成功。

（2）Windows 2008 中查看工作组成员。

① 选择"开始"|"网络"选项，在打开的"网络-连接"窗口，可以见到该工作组中的所有成员。

② 双击选中的计算机，如 WinXP10，将弹出"连接到 WINXP10"对话框，输入用户在该计算机的"用户名"和"密码"，单击"确定"按钮，即可访问该工作组成员中的共享资源，参见图 5-25。

图 5-24　Windows XP"网上邻居- WG10-连接"窗口　　图 5-25　Windows 2008"网络-连接"窗口

5．检查工作组网络故障的方法

在微软工作组网络中各个计算机的桌面上，双击"网上邻居"图标，可以检查工作组是否包括了各个计算机的图标，如果"有"，则表示工作组已经正确组建成功；否则，可能说明工作组有问题。这种情况下，应当按照设置的步骤依次检查网卡、网卡驱动程序、网络组件和协议等各项的配置内容。

网络故障时的检测步骤如下：

（1）应先排除硬件连接故障：观看集线器和交换机上的指示灯，并使用测试、管理的专用软件工具等确定和排除硬件故障。

（2）检查网卡：即网卡驱动程序的安装是否正确。

（3）检查协议是否安装正确：例如，在 DOS 的"命令提示符"窗口，使用 ping 命令来检测 TCP/IP 协议的安装，测试网络的连通性。命令的具体含义和操作如下：

① ping 127.0.0.1。依次选择"开始"|"运行"命令，在打开的"运行"窗口的文本框中，输入"cmd 或 command"命令后，单击"确定"按钮。在打开的"命令提示符"窗口，输入"ping 127.0.0.1"，按【Enter】键；正常时的响应窗口中的"丢包率"应当是 0%。

● 命令格式：ping 127.0.0.1。

● 作用：用来验证网卡是否可以正常加载、运行 TCP/IP 协议。

● 结果分析：正常时将显示类似于图 5-26 的结果；如果显示的信息是"目标主机无法访问"时，则表示该网卡不能正常运行 TCP/IP 协议，"丢包率"显示为 100%。

● 故障处理：重新安装网卡驱动、设置 TCP/IP 协议，如果还有问题则应更换网卡。

② ping 本机 IP 地址。例如，在图 5-26 所示的窗口，输入"ping 192.168.0.100"（ping 本机 IP 地址）。

● 命令格式： ping 本机 IP 地址。

● 作用：验证网络上本主机使用的 IP 地址是否与其他计算机使用的 IP 地址发生冲突。

● 结果分析：在图 5-26 所示的命令执行结果中，显示为"…时间 <1ms　TTL=128."，Lost 丢包率为 0%，表示本机的 IP 地址已经正确入网；如果显示的信息是"目标主机无法访问"时，则表示所设置的 IP 地址、子网掩码等有问题。

● 故障处理：如果 IP 地址冲突，则应当更改 IP 地址参数，重新进行设置和检测。

③ ping 同网段其他主机 IP 地址。例如，在图 5-27 所示窗口，输入"ping 192.168.0.23（本网段已正常入网的其他主机的 IP 地址）"。

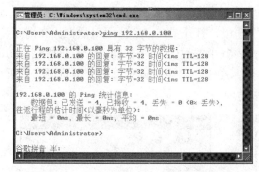
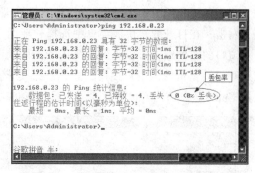

图 5-26 "ping 本机 IP"成功时的响应　　　图 5-27 "ping 其他主机 IP"成功时的响应

● 命令格式：ping "本网段已正常入网的其他主机的 IP 地址"。

● 作用：检查网络连通性好坏。

● 结果分析：正常时的响应窗口如图 5-27 所示，即显示为"…时间 <1ms　TTL=128."，丢包率为 0%等信息；如果显示的是"目标主机无法访问"，则表示本机不能通过网络与该主机连接。

● 故障处理：应当分别检查集线器（交换机）、网卡、网线、协议及所配置的 IP 地址是否与其他主机位于同一网段等，并进行相应的更改。

5.3.4　管理计算机中的账户

在工作组网络中是由每台计算机的管理员分散管理本计算机的账户与资源的。

1. 用户账号和密码

计算机或网络的用户必须先拥有用户账号（user account）和密码（password），才能在计算机或网络上登录。Windows 具有很强的安全保护能力，以确保只有系统的合法用户，才能在系统中登录，而这种登录的权利是事先授予的。

2．用户名、组名、密码和计算机的命名规则

（1）用户名：在微软的网络中，用户名必须唯一。Windows 网络中用户名最多可以包含多个大写或小写的字符，但不能包含下列字符：

$$"/\backslash[\ ]:;\rightarrow=,+*?<>$$

（2）组名：在工作组中，"组名"是指"本地组"的名称，该名称不能与被管理计算机上的其他组名或用户名相同。组名最多可以包含 256 个大写或小写字符，但是，不能含下列字符：

$$"/\backslash[\ ]:;\rightarrow=,+*?<>$$

（3）密码：在 Windows 中"密码"和"确认密码"文本框中键入不超过 127 个字符的密码。

（4）计算机名：计算机名称用于识别网络上的计算机。连接到网络中的每台计算机都有唯一的名称。计算机名称不能和其他计算机或 Windows 的域名相同。当两台计算机名称相同时，就会导致计算机通信冲突的出现。计算机名称最多为 15 个字符，但是，不能包含有空格或下述专用字符：

$$;:"<>*+=\backslash\rightarrow?,$$

3．建立本地用户账户

（1）在 Windows XP 中，使用 Administrator 账户登录后，依次选择"开始"丨"管理工具"丨"计算机管理"命令。

（2）在打开的图 5-28 所示的"计算机管理"窗口，依次选中"本地用户和组"丨"用户"选项，右击，在打开的；快捷菜单中选择"新用户"选项，打开图 5-29 所示对话框。在图 5-28 所示窗口的右侧窗格可以见到系统内置的两个账户，其中的"Guest（来宾）"账户供临时访问该计算机及其资源的用户使用，默认状态是未启用。在工作组中，该计算机上的资源，既可以通过 Guest 账户访问，也可以通过自己建立的账户访问。

图 5-28 "计算机管理"窗口

图 5-29 "新用户"对话框

（3）打开图 5-29 所示的"新用户"对话框，输入"用户名"和"密码"等信息后，单击"创建"按钮，返回图 5-28 所示窗口。

4．建立本地组账户

在管理工作组网络时，赋予资源的访问权限时，通常使用"组账户"进行管理。例如，网络 01 班有 35 名同学，其用户账户分别为 wl0101、wl0102、…、wl0135，应当为他们建立一个包含所有成员的组账户"wl01",这样为该组分配资源访问权限后,该组的所有成员都会具有相同的权限。

(1)在图 5-30 所示的"计算机管理"窗口的右侧窗格中显示了系统内置的组,并描述了这些本地组的用途,选中"本地用户和组"选项,在其展开列表中右击"组"选项,从弹出的快捷菜单中,选中"新建组"选项,打开图 5-31 所示对话框。

图 5-30　"计算机管理"窗口

图 5-31　"新建组"对话框

(2)在图 5-31 所示的"新建组"对话框,成员选项区域应当是空白的,单击"添加…"按钮。

(3)在打开的"选择用户"对话框,单击"高级..."按钮。

(4)在随后打开的"选择用户-对象"对话框,单击"立即查找"按钮,查找的结果被列入"搜索结果"对话框,选中要添加的所有成员账户,如 wl0101 和 wl0135。之后,依次单击"确定"按钮,直至返回图 5-31 所示对话框;单击"创建"按钮,返回图 5-30 所示窗口,该窗口将显示新建的组名称,如 wl01。至此完成"组"的创建及添加成员的工作。

5.3.5　管理与使用共享文件

在网络中,资源共享是网络组建的基本目的,因此,文件资源的共享与访问是工作组网络中的基本操作。文件夹资源的共享分为"共享"和"访问"两个主要操作。

1.共享和共享文件夹

(1)共享:指定的资源共享后,其他用户才能从网络上访问到它。因此,一个文件夹只有被共享后,用户才能够通过网络连接该文件夹,进而访问该文件夹中的文件。

(2)共享文件夹:是指网络上其他用户可以使用的、非本计算机上的文件夹。

(3)权限:用来控制资源的访问对象及访问的权限或方式。权限由对象的所有者分配。

(4)共享资源:是指可以由多个其他设备或程序使用的任何设备、数据或程序。对于 Windows 来说,共享资源指所有可用于网络用户访问的资源,如文件夹、文件、打印机和命名管道等。共享资源也可以专指服务器上网络用户可以使用的资源。

2.在 Windows XP 中开放共享

设置共享是指开放自己的共享资源,操作时一般包括设置"共享名称"和"共享权限"两项。在 Windows XP 中默认的是简单文件共享,因此,与一般 Windows 2000/2003 的操作略有区别。在 Windows XP 中的操作步骤如下:

（1）改变简单共享属性。

① 右击"开始"按钮，从弹出的快捷菜单中选择"资源管理器"选项。

② 在打开的"「开始」菜单"窗口，依次选择菜单命令"工具"｜"文件夹"命令，在打开的对话框中选择"查看"选项卡，打开图 5-32 所示对话框。

③ 在图 5-32 所示的对话框中，选择"高级设置"列表框中的"使用简单文件共享（推荐）"复选框，使其中的"√"不显示，单击"确定"按钮。

（2）设置共享。Windows XP 在更改文件夹简单共享的属性后，在"资源管理器"中开放共享资源的步骤与其他 Windows 版本之间的差别不大，下面仅以 Windows XP 中的操作为例。

① 在资源管理器窗口，右击要共享的文件夹，如 backup，从弹出的快捷菜单中，选择"共享和安全"选项，打开图 5-33 所示对话框。

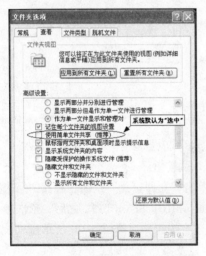

图 5-32　"文件夹选项"对话框

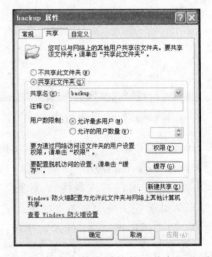

图 5-33　共享文件夹属性的"共享"选项卡

② 在图 5-33 所示的"backup 属性"对话框的"共享"选项卡中，首先，输入共享名，如 backup；然后，单击"权限"按钮，打开图 5-34 所示对话框。

③ 在图 5-34 所示的"backup 的权限"对话框"共享权限"选项卡中，可以设置此文件夹允许访问的权限，默认的是 everyone 组的"读取"权限。例如，将此文件夹设置为允许 w001 组所有用户进行更改，只需单击"添加"按钮，打开图 5-35 所示对话框。

图 5-34　共享文件夹的"共享权限"选项卡

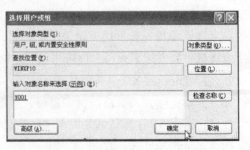

图 5-35　"选择用户或组"对话框

④ 在图 5-35 所示的"选择用户或组"对话框的"输入对象名称来选择"文本框中，首先，输入 wl01 后，单击"确定"按钮；然后，在返回图 5-34 所示对话框后，选中新添加的组或用户，并设置访问权限为"更改"；最后，单击"确定"按钮，完成用户或组访问权限的设置。

3．使用共享资源的方法

开放用于共享的资源后，网络中的其他计算机上的用户就可以使用资源计算机上的共享资源了。使用共享资源的方法有许多中，下面仅介绍如下两种：

（1）直接使用。

① 使用方法：在 Windows 计算机的"网上邻居"窗口，可以直接浏览工作组中各计算机已开放的共享资源。但是，在使用资源计算机时，访问共享资源的计算机用户会被要求输入资源计算机上具有资源访问许可的"用户账号"和"密码"，输入并通过验证之后，就可以根据所具有的权限来使用已共享的资源了，参见图 5-24，访问 WG10 工作组中的 Windows 7 计算机及其中的共享资源。

② 适应场合：直接使用"共享资源"的方法只适用于未隐藏的，如，共享名为"backup"共享资源，但是不适应共享名为"SOFT$"或"C$"方式的隐藏共享。

（2）映射使用的格式和应用场合。

① UNC（universal naming covention，通用命名标准）：其定义格式为

$$\text{\\计算机名称 \共享名}$$

● UNC 名称符合应当符合"\\servername\sharename"语法；其中 servername 是要访问计算机（服务器）的名称，而 sharename 是该计算机共享资源的名称。

● 目录或文件的 UNC 名称：也可以把目录路径包括在共享名称之后，通过使用下列语法"\\servername\sharename\directory\filename"（ \\计算机名称\共享名\目录\文件名）来调用。

② 映射使用：指通过 UNC 路径将远程共享资源映射为本地的网络驱动器。

③ 适应场合：映射驱动器使用共享资源的方法既能够用于未隐藏的普通共享资源，也适用于共享名为"SOFT$"方式的隐藏共享资源，以及系统默认的"C$、D$"等特殊的隐藏管理共享。

（3）映射网络驱动器。

① 在图 5-36 所示的资源管理器窗口中，依次选择"工具" | "映射网络驱动器"选项。

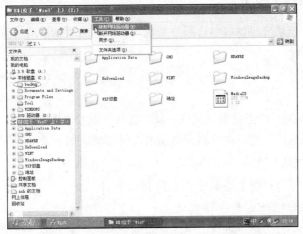

图 5-36　Windows XP 资源管理器中映射的网络驱动器 Z:

②　打开图 5-37 所示的"映射网络驱动器"对话框，首先，单击"浏览"按钮，在打开的对话框中，可以直接浏览网络上计算机中的共享资源；其次，也可以直接输入符合 UNC 方式的共享资源，如\\Win7\E$；然后，在弹出的"连接到"对话框（参见图 5-24）输入该计算机中有效的用户名和密码；最后，单击"确定"按钮，通过验证后，完成映射网络驱动器的操作。

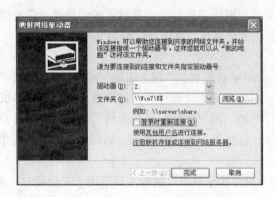

图 5-37　Windows XP 的"映射网络驱动器"对话框

③　在图 5-36 所示的资源管理器窗口中，单击映射的网络驱动器"Z:"，即可访问到远程计算机中 E:盘中的所有资源。管理员通过这种方法即可访问到该计算机中的管理共享"C$、D$、..."不可见的各种隐藏共享资源。

映射网络驱动器实际就是为远程的共享资源映射一个便于本地使用的盘符。当用户使用所映射的盘时，实际上就是使用了网络上的远程共享资源；而使用映射盘的方法与使用本地盘类似，这样就屏蔽了用户使用网络资源和本地资源之间的差别。

5.4　实现 DNS 服务子系统

DNS 服务器和 Web 服务器是 B/S 结构网络的必选服务器。这是因为在 Internet（因特网）、Intranet（内联网）和 Extranet（外联网）中都使用了 Internet 技术。这样，人们才能以习惯的"主机域名"方式来访问各种资源和对象。

5.4.1　如何实现 DNS 服务

在实现各种服务子系统时，都包含服务器端和客户机端两方面的设置与操作。

1．DNS 服务器端

（1）应先设置好静态 IP 地址、子网掩码、首选 DNS 服务器（本机 IP）等参数。

（2）安装 DNS 服务器。

（3）添加与管理 DNS 的正向查找区域、反向查找区域和资源记录。

（4）在"命令提示符"窗口进行服务器端的本机测试，如 ping www.glm10.com.cn。

2．客户机（工作站）端

（1）在 Windows 等客户机上需配置 TCP/IP 协议的 IP 地址、子网掩码、默认网关和首选 DNS 服务器（应设为使用的 DNS 服务器 IP 地址）。

（2）在"命令提示符"窗口进行与服务器相似的测试，如 ping www.glm10.com.cn。

5.4.2 准备知识

与 DNS 系统相关的域名、域名系统、域树的空间结构等是 DNS 系统管理的基础。

1. DNS 的名称

DNS 的英文全称是 domain name system，中文名称是"域名系统"。

2. DNS 的产生及作用

在 TCP/IP 网络中，IP 地址唯一定位了资源所在的计算机，因此，通过主机的 IP 地址，才能找到主机，实现彼此的通信。由于 IP 地址枯燥难记，人们习惯使用那些容易记忆的主机名称。因而，人们发明了 DNS 服务器，解决了容易记忆的主机域名与 IP 地址的自动翻译工作。当前，在 Internet、Intranet、Extranet 中，都安装或配置了 DNS 服务器。这样，当用户在应用程序中输入主机域名后，例如：在浏览器输入"http://www.sina.com"，DNS 服务器就会自动将其解析为该主机的 IP 地址。

3. 域名和域名系统的组成

（1）域名（domain name，DN）。DN 又被称为主机识别符或主机名。由于数字型的 IP 地址很难记忆，人们在使用 Internet 技术的网络中使用了直观明了、字符串组成、有规律、容易记忆的名字来代表主机。由此可见，"域名"是一种更为高级的地址形式。例如： www.sina.com 或 www.sxh.com 都是域名。

（2）DNS 系统的组成与功能。域名系统由分布在世界各地的 DNS 服务器组成，担负着将形象的主机域名称自动翻译为数字型 IP 地址的工作。

4. 域名的空间结构

DNS 是一种组织成域层次结构的计算机和网络服务的命名系统。

（1）FQDN——完全合格的 DNS 名称。FQDN 即"完全合格域名"又称"完整域名"。它由不超过 255 个英文字符组成。在 DNS 的域名中的每一层名字都不得超过 63 个字符，而且在其所在层必须唯一。这样才能保证整个域名在世界范围内不会重复。

（2）DNS 名称的树状组织结构。在 Internet 或 Intranet 上整个 DNS 的系统数据库类似于计算机文件系统的结构。整个数据库仿佛一棵倒立的树，见图 5-38。该树状结构表示整个域名空间。DNS 域名称空间的五级分别是：根域、顶级域、二级域、子域和主机（资源）名称。图 5-38 所示"域树"的顶部为"根域"，树中的每一个结点只能代表整个 DNS 数据库中的某一部分，即域名系统中的某个区域；每一个域结点还可以进一步划分出"子域"或"结点"；但最后一级的叶结点是不能再创建其他结点的。每一个结点都有一个域名，用于定义它在域名数据库中的位置。在域名系统中，FQDN 是从叶结点的域名依次向上，直到根的所有标记组成的串，标记之间由"."分隔开。例如，域树中的"www.sohu.com"就是搜狐网站 WWW 主机的完整域名。

① 根域（root）：位于图 5-38 所示的域树结构的顶部。根域由多个组织机构进行管理，其中最著名的是"Internet 网络信息中心"，即 Inter NIC。它负责整个域名空间和域名登录的授权管理，它由分布在各地的分支机构组成，例如，在中国负责域名管理的机构为 CNNIC。

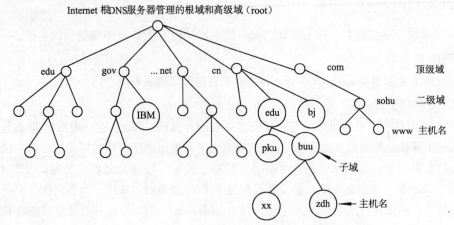

图 5-38　Internet 的 DNS 层次型域名称空间树状结构示意图

② 顶级域（一级域）：位于根域下面的域名被称为顶级域名，如 com。该层由多个组织机构组成，包含有多台 DNS 服务器，并进行分别管理。负责一级域名管理的著名机构是 IAHC，即 Internet 国际特别委员会，它在全世界七个大区，选择了不超过 28 个的注册中心来接受表 5-2 所示的通用型第一级域名的注册申请工作。

● 组织模式：按组织管理层次结构划分所产生的组织型域名，由 3 个字母组成。

● 地理模式：按国别或地区地理区域划分所产生的地理型域名，这类域名是世界各国或地区的名

称，并且规定由 2 个字母组成，例如，CN（cn）表示中国，HK 表示中国香港。

表 5-2　Internet 顶级（第一级）域名的代码及含义

序号	域名代码	适用机构	序号	域名代码	适用机构
1	ac	学术单位	9	info	信息服务机构
2	com	公司、商业机构	10	name	个人域名
3	edu	学术与教育机构	11	pro	专业人员（医生、律师）
4	gov	政府部门	12	areo	航空公司、机场
5	mil	军事机构	13	coop	商业合作组织
6	net	网络服务机构	14	museum	博物馆及文化遗产组织
7	org	协会等非赢利机构	15	<国家或地区代码>	CN、JP、AU、NZ…
8	biz	商业组织			

③ 二级域：顶级域名下面细化为多个二级域。它由分布在各地的 Inter NIC 子机构负责管理。二级域名由长度不定的字符组成，但名字必须唯一。因此，在 Internet 中，使用二级域之前，必须向 Inter NIC 的子机构注册。例如，用户需要使用顶级域名 cn 下面的二级域名时，就应当向中国的域名管理机构 CNNIC 提出申请，如 cn 下面的二级域可以是 edu、com、bj、hb 等。由此可见，第二级域名的名字空间的划分是基于"组名"（group name）的，它在各个网点内，又分出了若干个"管理组"（administrative group）。例如，edu.cn 是中国的教育机构向 CNNIC 申请到的。

④ 子域：三级以下的域名都被称为子域，通常由已登记注册的二级域名的单位来创建和指

派。该单位可以在申请到的组名下面添加子域（subdomain），子域下面还可以划分任意多个低层子域，例如，edu.cn 中的 tsinghua、buu，因此，这些子域的名称被称为"本地名"，如 buu.edu.cn 是由 edu.cn 指派的。

⑤ 主机或资源名称： DNS 树中的主机名是域树中的叶结点（叶结点是指不能再创建其他结点的结点）。它用来标识特定主机或资源的名称，在 DNS 服务器中它用于定位主机的 IP 地址。

5. DNS 系统的工作

（1）DNS 客户机：用户通过客户机的程序，如 IE 浏览器中输入 http://www.sohu.com，提出服务请求；该请求会被提交给客户机指定的首选 DNS 服务器。之后，DNS 服务器会将请求的结果 www.sohu.com 主机对应的 IP 地址返回给浏览器。

（2）DNS 服务器：接受 DNS 客户机提出的查询请求，并返回查询结果。

6. DNS 服务器应具有的基本功能

为了完成 DNS 客户机提出的查询请求工作，DNS 服务器必须具有以下基本功能：

（1）具有保存了"主机"（即网络上的计算机）对应 IP 地址的数据库，即管理一个或多个区域（zone）的数据。

（2）可以接受 DNS 客户机提出的"主机名称"对应 IP 地址的查询请求。

（3）查询所请求的数据，若不在本服务器中，能够自动向其他"DNS 服务器"查询。

（4）向 DNS 客户机提供其"主机名称"对应的 IP 地址的查询结果。

7. 地址解析的类型与方向

Internet 利用地址解析的方法将用户使用的域名方式的地址解析为最终的物理地址，中间经历了两层地址的解析工作。

（1）FQDN 与 IP 地址之间的解析方向。DNS 系统的域名解析包括正向解析和逆向解析两个不同方向的解析。

① 正向解析：从主机域名到 IP 地址的解析。

② 逆向解析：从 IP 地址到主机域名的过程。

例如，正向解析将用户习惯使用的域名，如 www.sina.com，解析为其对应的 IP 地址；反向解析将新浪网站的 IP 地址解析为主机域名。

DNS 系统中的正向区域存储正向解析需要的数据，而反向区域中存储逆向解析需要的数据。无论是 DNS 服务器，还是客户机，以及服务器中的区域只有经过管理员配置后，才能完成 FQDN（完全合格域名）到 IP 之间的解析任务。

（2）IP 地址与物理地址之间的解析方向。在 TCP/IP 网络中，IP 地址统一了各自为政的物理地址；这种统一仅表现在自 IP 层以上使用了统一形式的 IP 地址;然而，这种统一并非取消了设备实际的物理地址，而是将其隐藏了起来。因此，在使用 Internet 技术的网络中必然存在着两种地址，即 IP 地址和各种物理地址。若想把这两种地址统一起来，就必须建立两者之间的映射关系。

① 正向地址解析：从 IP 地址到物理地址（如 MAC 地址）之间的解析。在 TCP/IP 网络中，由正向地址解析（ARP）协议自动完成正向地址的解析任务。

② 逆向地址解析：从物理地址（如 MAC 地址）到 IP 地址的解析。在 TCP/IP 网络中，由逆向地址解析协议（RARP）协议自动完成逆向地址的解析任务。

（3）两级地址解析的条件。

① 物理地址与 IP 地址间的解析：只要设置了 TCP/IP 协议，系统就可以自动实现 IP 地址与物理地址之间的转换工作。

② IP 地址与主机域名间的解析：只有当 TCP/IP 协议与 DNS 系统均设置完成后，计算机名字的查找过程方自动进行。

5.4.3　安装与设置 DNS 服务器

在安装之前，应当确认网络上是否安装了 DNS 服务器。

1. DNS 服务器的基本设置

（1）登录本机。在 DNS 服务器上，由于安装 DNS 服务器的用户必须是 Administrators、Domain Admins 组的成员，因此，应以上述组内的成员用户账户的身份登录 DNS 服务器，例如，使用 Administrator 账户登录 DNS 本机。

（2）Windows Server 2008 主机中的设置。

① 网卡：在图 5-15 所示的本地连接的协议设置对话框，确认 DNS 服务器使用的 IP 地址、子网掩码、默认网关和首选 DNS 服务器已经设置完成。如果只有一个 DNS 服务器，则"首选 DNS 服务器"地址应当与 IP 地址相同。

② 常规信息：设置好 DNS 服务器的计算机名和工作组名，如 SR08 和 WG10。

2. 通过"服务器管理器"安装 DNS 服务器

（1）依次选择"开始"｜"所有程序"｜"管理工具"｜"服务器管理器"选项，打开图 5-39 所示窗口。

（2）在图 5-39 所示的"服务器管理器"窗口的右侧窗格中，双击"添加角色"选项。

（3）在打开的"开始之前"对话框中，单击"下一步"按钮，打开图 5-40 所示对话框。

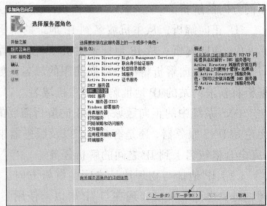

图 5-39　"服务器管理器"窗口　　　　图 5-40　"选择服务器角色"对话框

（4）在图 5-40 所示的"选择服务器角色"对话框，选中要安装的服务器，如"DNS 服务器"。之后，单击"下一步"按钮。

（5）在弹出的图 5-41 所示的"确认安装选择"对话框，单击"下一步"按钮。

（6）在弹出的图 5-42 所示的"安装结果"对话框，单击"关闭"按钮。

（7）完成 DNS 服务的添加工作后，"服务器管理器"和"管理工具"中都会增加"DNS"选项。管理员通过这两种工具平台都可以完成对 DNS 服务器的设置和管理工作。

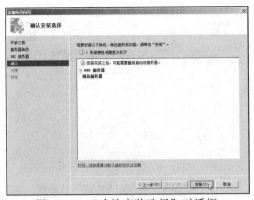

图 5-41 "确认安装选择"对话框   图 5-42 "安装结果"对话框

3. 启用 DNS 服务器的控制台

启用独立的 DNS 服务器管理工具：依次选择"开始" | "所有程序" | "管理工具" | DNS 选项，即打开图 5-43 所示的独立管理工具 DNS 控制台。

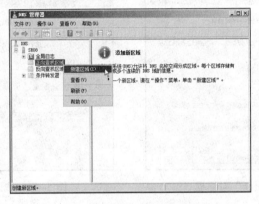

图 5-43 独立管理工具 DNS 控制台

4. 创建正向查找的主要区域

一次创建 DNS 区域"glm10.com.cn"的操作步骤如下：

（1）在图 5-43 所示的"DNS 管理器"窗口左侧窗格中，右击"正向查找区域"选项，在打开的快捷菜单中选择"新建区域"选项。

（2）打开"欢迎使用新建区域向导"对话框，单击"下一步"按钮。在图 5-44 所示的"区域类型"对话框，选中"主要区域"单选按钮，单击"下一步"按钮。图中各选项的说明如下：

● 主要区域：保存了资源记录数据库的授权备份。在主要区域中，可以进行记录的创建、读写或修改。域中的主 DNS 服务器负责维护域中的主要区域数据库。

● 辅助区域：标准辅助区域中维护的是区域数据库的只读备份，其中的资源记录是从标准主要区域中通过 DNS 区域传输复制过来的，因此，其数据是不能修改的。

● 存根区域：存根（stub）区域也是区域数据库的备份，不过存根区域中只包含区域中已授权 DNS 服务器的资源记录。

（3）打开图 5-45 所示的"区域名称"对话框，一次性输入区域名称，如"glm10.com.cn"，单击"下一步"按钮。

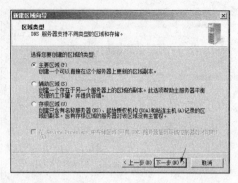

图 5-44　新建区域"区域类型"对话框

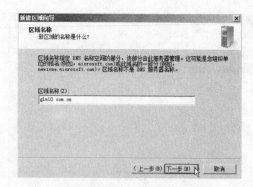

图 5-45　"区域名称"对话框

（4）打开图 5-46 所示的"动态更新"对话框，选择确定动态更新的方式，例如，选择"允许非安全和安全动态更新"单选按钮。之后，单击"下一步"按钮。

（5）打开图 5-47 所示的"区域文件"对话框，单击"下一步"按钮。

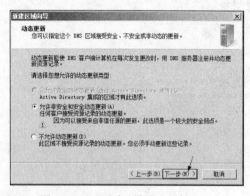

图 5-46　"动态更新"对话框

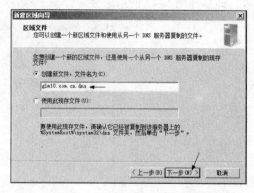

图 5-47　"区域文件"对话框

（6）在打开的"正在完成新建区域向导"对话框中，单击"完成"按钮，完成"新建正向查找区域"的任务。

（7）完成正向区域的创建后，在图 5-48 所示的 DNS 控制台，可以见到刚刚创建的正向查找区域"glm10.com.cn"。

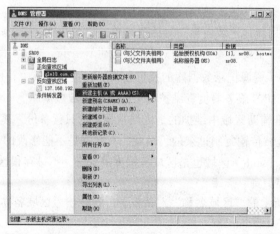

图 5-48　已创建正向和反向查找区域的 DNS 控制台

5．创建反向查找的主要区域

创建"正向查找区域"后，应先建立"反向查找区域"，再建立"主机（A）"记录。这样，在反向查找区域中与主机记录对应的指针记录就会自动生成。

在工作组的服务器管理器的 DNS 中，创建"反向查找区域"的操作步骤如下：

（1）在图 5-43 所示的窗口，选中"反向查找区域"选项后，单击右侧窗格中的"更多操作"按钮，在弹出的菜单中选择"新建区域"选项。

（2）打开"欢迎使用新建区域向导"对话框，单击"下一步"按钮。

（3）在打开的"区域类型"对话框中，选中"主要区域"的单选按钮，单击"下一步"按钮。

（4）打开图 5-49 所示的"反向查找区域名称"对话框中，选中"IPv4 反向查找区域"单选按钮后，单击"下一步"按钮。

（5）打开图 5-50 所示的"反向查找区域名称"对话框，输入 DNS 服务器的 IP 地址中的网络标识码，如 192.168.137，单击"下一步"按钮。

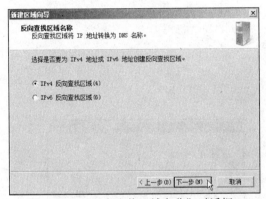 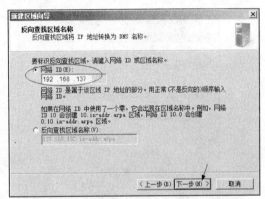

图 5-49　"反向查找区域名称"对话框　　　　图 5-50　"反向查找区域名称"对话框

（6）打开图 5-51 所示的反向区域的"区域文件"对话框，单击"下一步"按钮。

（7）在打开的"动态更新"对话框，选择更新方式后，单击"下一步"按钮。

（8）打开图 5-52 所示的"正在完成新建区域向导"对话框，单击"上一步"按钮，可以返回前一个对话框修改；单击"完成"按钮，完成"新建反向查找区域"的任务。

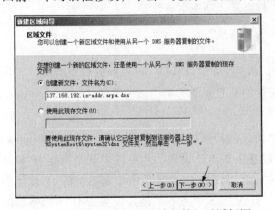 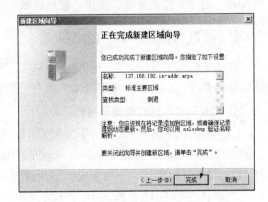

图 5-51 反向区域的"区域文件"对话框图　　　图 5-52　"正在完成新建区域向导"对话框

（9）完成反向查找区域的创建任务后，打开图 5-48 所示的 DNS 控制台，可以见到刚创建的反向查找区域 "137.168.192.in-addr.arpa"。

6．创建资源记录

在正向和反向搜索区域建立后，为了实现虚拟主机技术，并实现主机域名的访问，还要建立一些数据记录，为了使用主机域名，如，www.glm10.com.cn 进行访问。在所有域创建后，需要在每个域中创建被称为叶结点的 "主机记录"。所谓的叶结点就是域树中的终结点。其操作步骤如下：

（1）在图 5-48 所示的窗口中，选中需要添加记录的区域，如 glm10.com.cn；之后，在右侧窗格单击 "更多操作" 按钮，从菜单中选择 "新建主机" 选项。

（2）打开图 5-53 所示的 "新建主机" 对话框，首先，输入主机名称，如 www；其次，输入 DNS 服务器的 IP 地址，如 192.168.137.10；然后，如果已建立了反向区域，则选中 "创建相关的指针（PTR）记录" 复选框；最后，单击 "添加主机" 按钮。

（3）打开图 5-54 所示的 DNS 对话框，单击 "确定" 按钮。

图 5-53　DNS "新建主机" 对话框

·图 5-54　DNS 对话框

（4）重复步骤（1）～（3），依次完成需要创建的 ftp、mail、print 等其他主机记录。

7．有关 DNS 服务器的其他设置

至此，一个最简单的 DNS 服务器已经组建完成。一个实用的 DNS 服务器的其他设置还有：转发器、启动文件的设置，创建 "辅助区域"、根提示、动态更新等。

5.4.4　设置与检测 DNS 客户机

在 C/S 模式中，DNS 客户机就是指那些使用 DNS 服务的计算机。从系统软件平台看，有可能安装的是 Windows 的服务器版本，也有可能安装的是专业版（工作站）软件。

1．DNS 客户机的类型与操作

（1）静态 DNS 客户：管理员手工配置 TCP/IP 协议的计算机。对于静态客户，无论是 Windows 2000/XP/2003/Vista，还是 Windows Server 2008 的各个版本，设置的主要内容就是指定 IP 和首选 DNS 服务器的地址。一般来说，只要设置 TCP/IP 协议的 DNS 选项卡（选项）的 IP 地址即可，例如，在图 5-15 和图 5-19 中，将其中的 "首选 DNS 服务器" 地址设置为 DNS 服务器的 IP 地址。

（2）动态 DNS 客户：是指使用 DHCP 服务的计算机。动态客户应当在 DHCP 控制台中，指

定"域名称和 DNS 服务器",以便自动获得 IP 地址、子网掩码、默认网关（IP 路由器）、DNS、WINS 等相关信息。

2．DNS 客户机的检测

为了确保使用 Internet 技术的信息网络中的客户机可以正常工作，在 DNS 服务器与客户机的设置完成之后，应当进行域名测试，以确认 DNS 服务系统的工作正常。

（1）依次选择"开始"｜"运行"命令，在打开的"运行"窗口的文本框中，输入"cmd 或 command"命令后，单击"确定"按钮，打开图 5-55 所示窗口。

（2）在打开的"命令提示符"窗口可以进行主机的配置及 DNS 服务器工作测试。

① ipconfig：TCP/IP 配置命令，使用 ipconfig/all 可以查看主机所有的配置信息。

② ping：连通性测试命令。输入"ping www.glm10.com.cn"，按【Enter】键，成功时响应窗口的"丢包率"应当是 0%，参见图 5-55。成功则说明本主机与 DNS 服务器的连通性和 DNS 服务器的工作都没有问题。

图 5-55　命令提示符的配置与连通性测试窗口

习　题

1．Windows 2008 操作系统软件共有几种类型？每种类型常用的版本是什么？

2．在微软网络的组织中使用哪两种计算模式？名称是什么？

3．什么是"工作组"的网络组织方式？这种方式的特点如何？适用在什么场合？

4．在微软域网络中，如果需要更改计算机的硬件设置，应当以什么身份登录？

5．什么是资源的安全互访？在工作组模式下，如何实现？实现时的设置内容有哪些？

6．使用共享资源的方法有几种？其中，映射使用共享资源的方法适合于什么场合？

7．什么是层次型的命名机制？DNS 的命名机制是层次型的，还是非层次型的？

8．试结合 www.yahoo.com.cn 说明其主机域名的空间结构有哪些级别。

9．试说明同一计算机的 FQDN、IP 地址和物理地址的相同、不同及关联。

10．从 FQDN 的名称到主机的物理地址的解析包括哪几级解析？

11．DNS 服务器的正向查找区域和反向查找区域各完成什么解析功能？

12．什么是 DNS？DNS 服务器应具有的基本功能是什么？

13. 如何安装 DNS 服务器？配置时分为哪些主要步骤？

14. 如何启用"服务器管理器–DNS"控制窗口？

15. 如何手工配置 DNS 的 Windows 客户机？需要设置的内容有哪些？

实 训 项 目

实训环境与条件

（1）网络环境。

（2）具有网络操作系统的光盘或安装软件，例如，准备 Windows Server 2008 的安装光盘。

（3）安装了 Windows XP 专业版或 Windows 的独立服务器的计算机 2 台以上，充当访问 DNS 和 Web 服务器的客户机。

实训 1　网络的基本设置

（1）实训目标：

① 掌握网卡驱动程序的安装和参数修改技术。

② 明确网络中的基本组件，掌握网络基本组件的安装步骤。

③ 实训中设置参数的**为学号，取值范围：1～254。

（2）实训内容。在微软计算机中，完成以下内容：

① 添加网卡驱动程序：记录该网卡使用的 IRQ 和 I/O 地址。

② 安装和配置网络组件：网络中最基本的组件就是网络的协议、客户和服务。

③ 添加的协议：TCP/IP 协议，前者无需配置，后者配置为静态 IP，例如：IP 为 200.200.200.**、子网掩码为 255.255.255.0。

④ 添加网络客户，例如：安装了 Microsoft 网络客户端。

⑤ 添加基本网络服务，例如：安装了 Microsoft 网络的文件和打印机共享。

实训 2　组建工作组网络

（1）实训目标：掌握在微软中组建对等网（工作组网络）所需的主要步骤。

（2）实训内容：

① 网络常规信息配置：包括计算机名称（H**）、工作组（WG10）名称等的配置。

② 创建本地用户和组：在本机建立 2 个账户"u1、u2"和一个本地组"g1"（含 u1 和 u2）。

③ 开发共享资源与设置访问控制权限：共享资源与访问控制权限的设置，实现网络资源的安全互访。应当包括开放共享资源（共享、添加用户和设置用户的访问权限）。例如，在本机中，建立一个共享目录"D:\software"，将其设置为共享，添加"g1"组，并赋予其"更改"权限，删除 everyone 组的默认权限。

④ 使用已开放的共享资源：首先，非本机（工作组中的其他计算机）登录；然后，依次选择"开始" | "网上邻居"命令，在打开的对话框中，浏览定位到具有共享目录"D:\software"的计算机上；最后，通过两种方法使用共享资源（直接使用和网络映射法），验证访问的权限是否满足"更改"的设置。

实训 3　建立工作组中的 DNS 服务子系统

（1）实训目标：安装和设置 DNS 服务器，以实现使用 www. Wl**.net.cn 名称访问 Intranet 的目的。

（2）实训内容：

① DNS 服务器计算机的名称为 DNS**，加入工作组 WG10；设置该机的 TCP/IP 协议的 IP 地址、子网掩码、首选 DNS 服务器为 192.168. **.**、255.255.255.0、192.168. **.**。

② DNS 服务器端：启用 DNS 服务，添加主机记录。

● 创建正向查找区域：wl**.net.cn。

● 创建反向查找区域：192.168. **。

● 在创建的正向查找区域：创建主机记录 www.wl**.net.cn。

DNS 客户机端：使用 ipconfig/all 和 ping 命令测试建立的主机域名是否可用。

第6章 Intranet 中网站的建设与管理

学习目标

- 了解 Intranet 中信息网站管理的基本概念。
- 了解 Internet 信息服务器的功能和控制台的使用方法。
- 掌握 Web 网站和虚拟目录的建立和管理方法。
- 掌握发布用户主页程序的方法。
- 掌握各种客户机对 Web 站点的访问技术。

6.1 网站建设基础

在 Intranet 中,网站的建设和管理是一个重要的环节。它不但关系到信息网络能否正常运转,还关系到网站投入运行后的运营、更新与维护。

6.1.1 常见网站的类型

我们每天会访问或使用到信息网站,在创建和开发网站时必须考虑网站的类型。不同的网站对网站的功能、性能、安全性等有着完全不同的需求。

1. 信息发布型网站

信息发布型网站是指宣传性的网站,这类网站通常只对外发布信息。该类型的网站中,通常会有一些介绍性的图文说明、实体展示,以及宣传性的图文等内容。这类网站通常不能带来直接的经济效益,主要用于信息的发布与交流。

信息发布类网站的建设和维护相对较简单,有广泛的代表性。常见的有:政府机构、大学、研究机构、学校、企业,以及一些非盈利组织的网站。

2. 电子商务型网站

电子商务型网站是以商业为目的的网站。这种类型的网站通常比较复杂,访问量大、安全性要求较高,更新很快。

常见的商务型网站有：B2B（企业对企业，如阿里巴巴、慧聪网、商机网等）、B2C（企业对消费者，如网上书店、京东商城、当当网、凡客诚品、1 号店、卓越亚马逊等）、C2C（消费者对消费者，如淘宝网、拍拍网、易趣网等）。

电子商务网站通常会在发布型网站发布信息的基础上，增加产品的在线订单、电子支付、安全认证、商务管理系统等属于商业特有的运作功能。

6.1.2　网站的规划与设计

在建设前，网站通常经过规划（概要设计）与设计（详细设计）两个主要步骤。

1．网站规划

网站的规划是建设前不可缺失的步骤。网站的前期规划主要包含以下几个方面：

（1）对网站的市场前景进行分析。

（2）确定网站的建设目的和功能，例如，一个学校的网站与一个商务网站的建设目的和功能显然是截然不同的。

（3）应根据网站的实际需要，对网站建设中采用的技术、包含的内容、规划的费用，以及建设后期的测试与维护等做出合理地规划。

2．网站设计

网站的设计包括：网站的类型选择、内容或功能、界面设计等几个方面。例如，某网上商城的内容或功能部分计划分为以下两个主要部分：

（1）面向用户：这部分内容应当包括，网络用户的在线注册、购物、提交订单、安全支付等操作。

（2）面向商城管理人员：这部分内容应当包括，产品的添加、删除、查询，订单管理，操作员的管理，注册用户管理，及售后服务管理等。

6.1.3　网站的建设与管理流程

在 Intranet 中，为了使用域名访问资源，应当先添加和设置好 DNS 服务器，再创建信息网站（即 Web 服务器）。应用前面各章的技术，搭建好网站需要的网络硬件系统；之后的建设与管理，应当分为服务器和客户机两个部分。

1．网站服务器端

（1）设计和编制网站需要的静态网页（如.html）或动态网页（如.asp）。

（2）对于在公网上发布的网站，需要到指定结构申请 IP 地址和域名。

（3）对于在 Intranet 上发布的网站，根据需要建立 DNS 服务器的区域及相应的主机记录。

（4）设置好静态 IP 地址、子网掩码和首选 DNS 服务器等参数。

（5）安装信息网站服务选项。

（6）创建网站、虚拟目录。

（7）发布静态或动态网页到网站或虚拟目录指定的物理目录，并进行本机浏览测试。

（8）实现同一主机上的多个站点的运行。

2．网站客户机端

（1）配置好 TCP/IP 协议的 IP 地址、子网掩码、首选 DNS 地址等参数。

（2）进行客户机浏览器的访问测试。

6.1.4　网站技术基础

许多单位和个人都需要建立自己的网站，并通过 Web 服务器向 Internet、Intranet 和 Extranet 的众多用户提供 Web 信息服务。因此，Intranet 信息站点的创建、管理和使用，已经成为每个网络管理员必须掌握的基本技能。当前，我们面对的大部分网络都是使用 Internet 技术的网络。因此，在建立信息网站之前，应当了解有关的基本知识。

1. Internet 的定义与特点

（1）Internet（因特网）的简单定义。Internet 就是由多个不同结构的网络，通过统一的协议和网络设备（即 TCP/IP 协议和路由器等）互相连接而成的、跨越国界的、世界范围的大型计算机互联网络。Internet 可以在全球范围内，提供电子邮件、WWW 信息浏览与查询、文件传输、电子新闻、多媒体通信等服务功能。

（2）Internet 的技术特点。

① Internet 提供了当今时代广为流行的、建立在 TCP/IP 协议基础之上的 WWW（world wide web）信息浏览服务。

② 在 Internet 上采用了 HTML、SMTP 以及 FTP 等各种公开标准。其中，HTML 是 Web 的通用语言，FTP 是文件传输协议，SMTP 和 POP3 是电子邮件系统使用的协议。

③ Internet 采用的 DNS 域名服务器系统，巧妙地解决了计算机和用户之间的"地址"翻译问题。

2. 浏览器/服务器（Browser/Server，B/S）应用模式

在使用 Internet 技术的网络中，其信息系统，如信息网站，大都采用的是 B/S 模式。在 B/S 网络中，B 表示浏览器，而 S 则表示 Web（WWW）服务器。

（1）B/S 模式的基本概念。B/S 模式是 C/S 模式发展的结果，其客户机端的软件采用了人们熟悉的浏览器，因此，B/S 是一个简单的、低廉的、以 Web 技术为基础的"瘦"型系统。在 B/S 系统中，其服务器端中应当安装有必要的服务软件，如基于 Web 的应用系统，除了安装了 SQL Server 软件外，还必须安装 Web 服务软件，使其成为 Web 服务器。只有这样，才能支持 Web 方式的信息访问。基于 B/S 模式的信息系统，通常采用三层或更多层的结构，如图 6-1 所示。

图 6-1　B/S 三层模式的网络结构示意图

（2）B/S 模式架构的网络。基于 B/S 结构的信息网络有 Internet、Intranet、Extranet，它们都是采用了 Internet 技术和标准的网络，这些网络的应用结构均为 B/S 模式。

① Internet："国际互联网"。

② Intranet："企业内联网"，它是采用了 Internet 技术和标准的私有网络。

③ Extranet："企业外联网"，它是将多个相关联的 Intranet 互联在一起的合作网络，例如，大型超市的各个供货商与超市自身分布在全球的 Intranet。

（3）B/S 模式网络的特点。

① 采用了 TCP/IP 协议。

② 使用了 Internet 技术。

③ 通过 URL（统一资源定位器）的域名地址来定位、访问各种网络资源。

④ 采用了 B/S 的应用结构，即采用了基于 WWW 的信息浏览服务。

3．URL 统一资源定位符

URL（uniform resource locator，统一资源定位器）用于定位 B/S 结构网络的对象。在使用 Internet 技术的网络中，每个站点（如 Web、FTP、NNTP、SMTP）、每个 Web 页面都具有唯一的存放地址，这就是统一资源定位器 URL 定位的对象地址。简单地说，URL 是一种用于表示 Internet 上信息资源地址的统一格式。

（1）URL 的标准语法形式。URL 的标准语法形式表示如下（注："[ ]"内的内容可以缺省）：

<协议>：//<信息资源地址> [： 网络端口 / <文件路径>]

（2）标准的 URL 由 4 个组成部分组成。

示例：http://news.sohu.com:80/s2011/newsreview/

① 协议：服务器所使用的通信协议，如 http。在 Internet 中，常用的通信协议及其定义见表 6-1。

表 6-1　Internet 中应用服务器中使用的传输协议与服务

传 输 协 议	协议名称及定义	访问的服务（服务器）	默认端口号
HTTP	超文本传输协议	Web 上的超文本传输服务	80
FTP	文件传输协议	文件传输服务	21
SNMP	简单网络管理协议	网络管理服务	161/162
SMTP	简单邮件传输协议	发送邮件的服务或邮件服务器间的访问服务	25
News	网络新闻传输协议	Usenet 网络新闻组访问服务	119

② 信息资源地址：通常为"域名地址"或"主机的 FQDN 名"（完全合格域名）。此处，也可以直接输入主机的 IP 地址。总之，信息资源地址指明了主机所处的地址。例如，示例中的 news.sohu.com 指出存放文件的主机的域名地址。

③ 网络端口：服务器使用的通信端口编号，通常不同类型的服务使用不同的端口编号。常见的服务与标准（缺省或默认）端口的编号可以不写，参见表 6-1。如示例中使用的默认端口号"80"可以不写。

④ 文件路径：根据查询的不同，在 URL 中，这一部分有时可以没有。如果需要指定文件路径，则应指出存放文件的地址和文件名，如示例中的"/s2011/newsreview"。

总之，每个 Web 网站上的主页，均具有唯一的存放地址，这就是统一资源定位符 URL。URL 不但指定了存储页面的计算机名，而且还给出了此页面的确切路径和访问的方式。

4．超文本传输协议 HTTP

超文本传输协议 HTTP 是一种在 Web 上查询信息的主要协议。用户正是通过该协议在网络上查询网页信息的，而所查询的网页中又可以包含实现进一步查询的多个链接。因此，用户可以只关心要检索的信息，而无需考虑这些信息的存储地址。

为了从服务器上把用户需要的信息发送回来，HTTP 定义了简单事务处理的 4 个步骤：

（1）客户的浏览器与 Web 服务器建立连接。

（2）客户通过浏览器向 Web 服务器递交请求，在请求中指明所要求的特定文件。

（3）若请求被接纳，则 Web 服务器便发回一个应答。

（4）客户与服务器结束连接。

5. Web 服务

（1）环球信息网（world wide web，WWW）。环球信息网简称 Web，也被称做"万维网"。它为用户在 Internet 上查看文档提供了一个图形化的、易于进入的界面。这些文档及其之间的链接组成了 Web 信息网。Web 服务器的实质就是将 Web 服务器上的文档发送给客户机，并在 Web 客户机的浏览器中显示出来。

（2）WWW 的工作过程

① 启动客户程序——浏览器（又称导航器），如 IE。

② 键入以 URL 形式表示的、待查询的 Web 页面地址。

③ 客户程序与该 Web 地址的服务器连通，并告诉 Web 服务器需要浏览的页面。

④ Web 服务器将该页面发送给客户程序，客户程序显示该页面。

基于 Web 的工作过程，用户可以通过单击任何一页处的链接，实现与其他页的链接及目标的查询。

6. Web 网站及页面

（1）Web 网站与网页。Web 信息存储于被称为"网页"的文档中，而网页又被存储于名为 Web 服务器（又称站点）的计算机上。那些通过 Internet、Intranet 读取网页的计算机，被人们称为"Web 客户机"。在 Web 客户机中，用户通过"浏览器"的程序来查看 Web 网站中的网页。

总之，万维网是由许多 Web 站点构成的，每个站点又包括许多 Web 页面。

（2）Web 站点的主页（首页）。每个 Web 站点都有自己鲜明的主题，其起始的页面被称为"主页或首页"（Home Page）。如果把万维网看做图书馆，Web 站点就是其中的一本书，而每一个 Web 页面就是书中的一页，主页（首页）就是书的封面。

7. IE（Internet Explorer）浏览器

微软公司的 IE 浏览器与其操作系统集成在一起。IE 是一种 Web 浏览器，在 Windows XP/2003 中集成的版本是 IE 6.0，而在 Windows Vista/2008/7 中集成的版本是 IE 7.0。当然，除了 IE 浏览器外，还有 360 安全浏览器、360 极速版、傲游、火狐等许多功能类似的浏览工具。每个用户可以根据自己的好恶、习惯选用浏览工具。

8. Web 客户端浏览器的工作过程

（1）启动客户机上的浏览器（又称导航器），例如，启动世界上著名的浏览器软件 IE；当然，也可以启动自己习惯使用的傲游、火狐等其他浏览器。

（2）在客户端浏览器的地址栏中，输入以 URL 形式表示的待查询的 Web 页面的地址。按【Enter】键后，浏览器就会接受命令，自动地与地址指定的 Web 站点连通。

（3）在指定的 Web 服务器上，找到用户需要的网页后，会返回给客户端的浏览器程序，并显示要求查询的页面内容。

（4）用户可以通过单击 Web 页面上的任意一个链接，实现与其他 Web 网页的链接，从而达到信息查询的目的。

总之，Internet Explorer 是导航、访问或浏览 Web 网站信息的工具，也是 B/S 网络模式中客户机上安装的主要软件。Internet Explorer 工具栏为管理浏览器提供了许多详细的功能和命令。工具栏下面的地址栏显示当前 Web 页面的地址。用户要想到达新的 Web 页面，可以直接将该页的 URL 地址键入此栏的空白部分，然后按【Enter】键，也可单击 Web 页面中显示的"超链接"跳转到要访问的新页面。

6.1.5 网站建设的软件平台 IIS

在 Windows Server 2008 中为 Web 程序的发布、应用提供了一个统一的、功能强大的平台。这个平台集成了 IIS 7.0、ASP.NET（为用户建立强大的企业级 Web 应用服务的编程框架）、Windows 通信基础（通信的协议与端口）、Windows Workflow Foundation （提供了 API 和一些用于开发与执行基于工作流的应用程序工具）和 Windows SharePoint Services 3.0（办公室自动化平台）等多种平台、服务和工具。

在微软推出的一系列应用产品和开发工具中，有许多是免费提供给用户使用的，从而占有了很大的市场份额。在微软的不同操作系统中，先后内置了 IIS 2.0～IIS 7.0。在 Windows Server 2008 和 Windows Vista/7 中，内置了 IIS 7.0 版本。

1. Internet 信息服务（Internet information server，IIS）

IIS 当前的版本是 IIS 7.0，它是一个比 IIS 6.0 的功能更为齐全，性能更加强大的 IIS 服务平台，也是 Windows Server 2008 应用程序服务器的重要支撑平台。通过 IIS7.0，用户不但可以发布静态网页，还可以发布 ASP（active server page）、Java、VBScript 等产生的动态页面。此外，IIS 7.0 还支持有编辑环境的软件，如 FrontPage，提供了全文检索功能服务，并具有多媒体功能的软件平台。

IIS 7.0 为各种类型的 Intranet 网站提供了集成的、安全可靠的、易扩展的所有必要功能，并且还提供了一套为 Internet、Extranet 和 Intranet 量身定做的系统管理工具及建立 Web 应用程序的基本构件。IIS 也是动态网络应用程序开发和创建的通信平台和工具。

2. IIS 可建立的服务器类型

通过 IIS 可以实现和管理的多种类型的服务器，如 Web 服务器、FTP 服务器、NNTP（网络新闻传输）服务器和 SMTP 服务器，并支持 Web 打印服务器。

Web、FTP、SMTP 等服务子系统都是基于浏览器/服务器模式的系统。网络客户都可以通过 Web 浏览器的 URL，提交对 Web（FTP）等服务器的服务请求信息，浏览器则将服务器返回的相应页面，如超文本标记语言 (HTML) 方式的页面，响应给客户。

3. IIS 提供的服务功能

IIS 中网站可以提供的功能如下：

（1）通过 Web 网站，发行商业信息、销售信息、企业信息广告等主页。

（2）通过 FTP 站点服务实现文件的上传或下载。

（3）通过 SMTP 虚拟服务器实现电子邮件的发送，以及服务器之间的邮件传递。

（4）通过 NNTP 服务器可以实现网络新闻的发布与传递。

（5）实现基于 Internet 的网络打印功能。

（6）建立应用程序池，提供交互式页面文件，可以设计调查问卷、接受订单等，通过订单跟踪数据库。

（7）通过 Internet 数据库连接器（Internet database connector，IDC），可以使 Web 服务器与数据库相结合实现多查询和多连接。

（8）Microsoft Internet Server 应用程序编程接口（ISAPI）创建高性能客户/服务器应用程序。

（9）通过创建 ISAPI 筛选程序自定义 Web 服务。此筛选程序可以侦听到输入或输出的请求，并自动执行动作。例如：增强的记录。

（10）可以运行公用网关接口（CGI）应用程序。

6.2 安装 IIS 服务器软件

在建立网站或其他类型的站点之前，首先需要安装相应的服务器软件。本章使用 Windows Server 2008 网络操作系统来安装需要的服务器，当然，也可以选择其他自己喜欢或适宜的服务器软件。

6.2.1 怎样安装 IIS 中的服务器

在 Windows Server 2008 中，有两种方法来安装 IIS 和其他应用服务器组件。

（1）利用专用管理工具安装网站（Web 服务器）或其他服务器。

（2）通过传统工具"控制面板"中的"程序与功能"组件，安装网站或其他服务。

（3）无论使用哪种方法安装，为了确认安装正确，安装后都应进行服务器端的测试。

6.2.2 准备知识

1．安装"Web 服务器"的方法

安装"Web 服务器"与安装其他服务器一样，有以下两种方法：

（1）控制面板安装：使用这种方法适用于各个操作系统版本

① 在 Windows Server 2008 或 Windows 7 中，打开"控制面板"中的"程序"，依次选择"程序与功能" | "打开或关闭 Windows 功能"组件，可以完成服务器选项的安装。

②在 Windows 2000/XP 或 Windows Server 2003 中，可以通过"控制面板"的"添加/删除程序"中的"添加 Windows 组件"完成服务器选项的安装。

（2）服务器版的专用工具安装：例如，通过 Windows Server 2008 中的通用管理工具"服务器管理器"安装，使用这种方法，可以一次安装多种服务器，但每一种操作系统的操作或有所不同。

无论上述的哪种安装方法，最后，都会归结为同一种结果。但是，"控制面板"的安装方法适用面更广，因为在各个微软模板中都可以使用。而"专用工具"的安装方法更适合于初学的管理员。因为在安装过程中，用户可以得到更多的帮助和引导。最后，我们还应注意，不同版的专用工具的界面，虽然功能大同小异，但名称却可能是不同的。

2．创建网站前的准备

（1）安装位置：确认实现 Web 服务器的计算机的身份。在域中，为了安全，推荐选择"成员服务器"，而不是选择域控制器作为"Web 服务器和 FTP 服务器（IIS）"。对于较大的工作

组网络，推荐在 Windows Server 2003/2008 的"独立服务器"中安装；对于较小的工作组网络，则可以在安装了 Windows XP/Vista/7 的计算机上安装。

（2）登录用户账号应具有管理员的权限，例如，以 Administrator 或 Administrators 组成员的账号登录计算机；否则，操作权限不够。

（3）设置好 TCP/IP 协议。既可以采用静态管理，也可以采用动态管理，但采用动态管理时，应当设置为从 DHCP 服务器获得保留的、固定不变的 IP 地址。

（4）申请域名和公网 IP：如果需要在 Internet 中架设网站，则应当到 ISP 或 CHNIC 等机构申请可以在因特网上使用的 IP 地址及域名。

（5）在安装前还应确认 DNS 服务器的运行是否正常，并在选定的区域中，依次建立好 WWW、Web、FTP、Email 等有关信息服务器的主机记录。打开"命令提示符"窗口，使用命令"ping 主机域名"，如果成功则表示 DNS 服务器的准备工作完成。

6.2.3 安装"Web 服务器角色"

1. 在 Windows Server 2008 中安装"Web 服务器（IIS）"

（1）依次选择"开始"｜"服务器管理器"命令，在弹出的"服务器管理器"窗口的右侧窗格，双击"添加角色"选项。

（2）打开"添加角色向导"对话框，单击"下一步"按钮。

（3）在打开的图 6-2 所示的对话框，首先，选中要安装的服务器，如"Web 服务器（IIS）"；然后，在激活的"是否添加所需的功能"对话框，单击"添加必需的功能"按钮；最后，在返回"选择服务器角色"对话框后，单击"下一步"按钮。

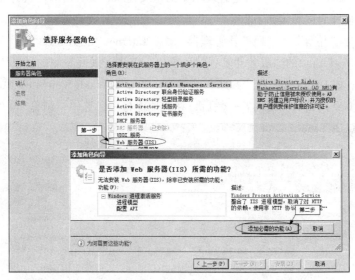

图 6-2 "选择服务器角色"与"是否添加...所需的功能"对话框

（4）在"Web 服务器（IIS）"选项卡中，可以了解各项的内容，单击"下一步"按钮。

（5）在"选择角色服务"选项卡中，选择为 Web 服务器（IIS）安装的各种角色选项后，单击"下一步"按钮。

（6）弹出图 6-3 所示的"确认安装选择"对话框时，检查各个选项，如果需要修改，单击"上一步"按钮；不需要修改时，单击"下一步"按钮。

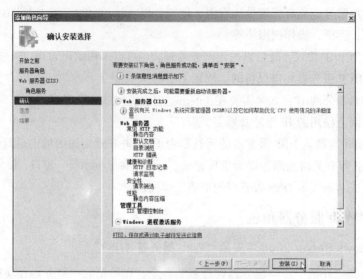

图 6-3　"确认安装选择"对话框

（7）在随后打开的"安装结果"对话框，单击"关闭"按钮，重新启动计算机，完成所选 Web 服务器（IIS）的安装。

2. 启动和测试"Internet 信息服务管理器"的默认网站

Internet 信息服务（IIS）管理器是管理网站的主要窗口，安装后应先进行 Web 服务器（IIS）的本机测试。启动和测试步骤如下：

（1）依次选择"开始" | "服务器管理器" | "Internet 信息服务（IIS）管理器"选项。

（2）打开图 6-4 所示的"服务器管理器"窗口，首先，展开左侧的目录树列表栏的"本地计算机"的名称，如 DC2009C，在"网站"目录下，单击"Default Web Site（默认网站）"结点，中间窗格将显示默认网站有关的内容；然后，在右侧窗格中，选中"浏览*80（http）"链接。

图 6-4　"服务器管理器"窗口

（3）在打开的图 6-5 所示的"IIS7-Windows Internet Explorer"窗口，正常时应显示首页，这说明 Web 服务器的默认网站工作正常。

图 6-5 "IIS7-Windows Internet Explorer"窗口

（4）在 IE7 浏览器中，直接输入 http://FQDN 名称，如 http://www.gpgs.com.cn，可以同时验证默认网站（即 Web 服务器）和 DNS 服务器的工作是否正常。

6.3 创 建 网 站

6.3.1 创建与发布网站

创建和发布网站的流程如下：

（1）编辑和创建网站需要的静态或动态网页。

（2）创建一个新网站。

（3）将新建网站的物理目录指向网页实际所在的目录。

（4）将网站需要打开的第一个网页设置为默认文档。

（5）进行服务器端的浏览测试。

（6）进行客户端浏览器的网站访问测试。

6.3.2 准备知识

管理自定义网站与默认网站的操作是相似的。因此，本节将从管理默认网站出发，介绍网站管理中的基本知识与操作技能，其中的基本管理技术是管理员必须掌握的基本技能。

1. 站点的目录结构方式

Web 网站或 FTP 站点都采用了目录结构式的存储结构。因此，每个网站（又称站点）可以包括一个物理目录（又称主目录）和若干个物理子目录或虚拟目录。

2．管理"物理目录"（主目录）

物理目录是公司、单位 Web 网站或 FTP 站点发布树的顶点，也是网站访问的起点。因此，网站至少包括一个主页，通常会包含多个子目录和 Web 页面。这些页面通常又包含指向其他网页的多个链接。在 IIS7 以前的 IIS 版本中，首页所在的目录被称为"主目录"，在 IIS7 中使用了更为贴切的"物理目录"称谓。设置和查看物理（主）目录的方法：

（1）在图 6-4 所示的"服务器管理器"窗口中，第一，选中左侧窗格的"网站-默认网站"选项；第二，在右侧窗格的"操作"选项区域，选中"基本设置"选项。

（2）打开图 6-6 所示的"编辑网站"对话框，可以见到默认的物理（主）目录对为"%SystemDrive%\inetpub\wwwroot"，其中的"%SystemDrive%"表示系统文件的所在磁盘，即系统文件夹 Windows 所在的分区，通常为 C 盘。需要更改时，则应单击".."（浏览）按钮，重新指定新的物理（主）目录；之后，单击"确定"按钮，完成物理目录的指定。

当用户需要通过物理目录发布信息时，应当先将 Web 网站的网页及所有子目录复制到物理目录中。每个 Web 网站都必须拥有一个物理目录，对该网站的访问，实际上就是对 Web 网站物理目录的访问。另外，由于物理目录已经被映射为"域名"，因此访问者能够使用域名的方式进行访问。

例如，图 6-5 所示的 Web 默认网站的物理目录为 C:\Inetpub\wwwroot，其映射的主机域名是www.gpgs.com.cn。当用户在浏览器中，输入 http://www.gpgs.com.cn 时，实际上访问的就是物理目录 C:\Inetpub\wwwroot\中的文件。为此，通过设置的物理目录，用户就可以快速、便捷、轻松地发布自己的网站信息。当用户的网站位于其他物理目录下的时候，用户无需移动自己的网站文件到系统的默认物理目录下，只需将默认的物理目录改为网站文件所在的物理目录即可。

3．管理"网站绑定"

（1）在图 6-4 所示的"服务器管理器"窗口中，首先，选中左侧窗格的"网站-默认网站"选项；然后，在右侧窗格的"操作"选项区域，选中"绑定"选项。

（2）打开"网站绑定"对话框，单击"编辑"按钮。

（3）打开图 6-7 所示的"添加网站绑定"对话框，通常 IP 地址栏显示的是默认值"全部未分配"，单击"IP 地址"下拉按钮，选择本机 IP 地址，如 192.168.1.2；之后，单击"确定"按钮；返回先前对话框后，依次关闭所有对话框，完成默认网站绑定 IP 地址的设置任务。

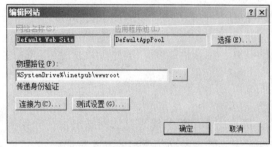

图 6-6 "编辑网站"对话框

图 6-7 "添加网站绑定"对话框

对图 6-7"添加网站绑定"对话框的简要说明如下：

① IP 地址：默认值是"全部未分配"。当网站的目录树中只有一个网站时，就可以绑定这台主机的 IP 地址；而当该网站的目录树中，包含多个虚拟目录时，则建议使用默认值"全部未分配"，这样才能够使得该网站绑定的所有虚拟目录使用的 IP 地址生效。

② 端口（又称 TCP 端口号）：标识服务器的应用进程，其默认值是 80，不能为空，但可以改为其他值。

③ 主机名：多个网站同时运行时，当绑定的 IP 地址、端口号都相同时，可以用不同的主机名区分和访问不同的网站。

4．管理"网站的默认首页"

（1）查看和更改首页的顺序。在图 6-5 所示的 IIS7 中默认网站窗口显示的就是默认网站的首页，同时还显示了默认文档的名称。如果在网站的物理目录中只存在一个首页文件时，则应将其添加到默认文档中，这样访问该网站时，系统才会首先打开这个页面。当物理目录中，具有两个或两个以上列出名称的首页文件时，则必须将首页文档设置在队首；否则，需要逐一搜索，这样不但会降低系统的性能，还有可能打开不是需要打开的页面。

例如，在图 6-8 所示窗口的中间窗格显示的默认文档列表名称中，即该网站的物理目录 C:\Inetpub\wwwroot 中存在着 5 个 Web 页面，希望打开的首页是 iisstart.htm。

图 6-8 服务器管理器"默认网站–默认文档（首页）"设置窗口

分析：当只有 iisstart.htm 是实际存在的文件时，为了避免逐一查找，提高网站的性能，应将该文件移动到队首；当有 index.htm 和 iisstart.htm 两个网页是实际存在的网页时，为了正确打开该网站的主页，必须将 iisstart.htm 移动到队首；否则，打开的主页则是位于其前面的 index.htm，而不是希望打开的 iisstart.htm。

设置默认文档的步骤如下：

① 选择图 6-4 所示的"服务器管理器"窗口的"网站–默认网站"选项，在中间窗格中，双击"默认文档"图标。

② 打开图 6-8 所示的"默认网站–默认文档（首页）"设置窗口，首先，查看和修改首页，选中操作的选项，如 iisstart.htm；然后，在右侧窗格，选择菜单中要进行的操作，如 "上移"，经过多次"上移"的操作，我们可以将 iisstart.htm 移动到队首。

（2）将默认网站更改为自己单位的网站。如果不想保留默认网站，也可以将其改造为自己单位的网站。操作步骤如下：

① 将本单位网站涉及的所有 Web 网页与目录，复制到网站所指定的物理目录（早期版本称为主目录）"C:\Inetpub\wwwroot"。

② 在图 6-8 所示窗口的右侧窗格，选择"添加"选项。

③ 打开图 6-9 所示的"添加默认文档"对话框，首先，输入本单位主页的名称，如 lhdx.html；然后，单击"确定"按钮，返回图 6-8 所示的窗口。

④ 在图 6-8 所示窗口中，新添加的首页文件名应位于队首，如果不在，则选择"上移"或"下移"选项进行调整，使其移动到列表的顶部；之后，重启"默认网站"，完成新默认网站首页的发布任务。

（3）设置默认网站的其他属性——高级设置。

① 在图 6-4 所示窗口，首先，选中 Default Web Site 选项，其次，在右侧窗格选中"高级设置"选项。

② 打开图 6-10 所示的"高级设置"对话框，可以进行查看与设置。

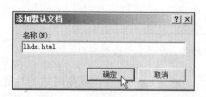

图 6-9　"添加默认文档"对话框　　　　图 6-10　IIS7 中"高级设置"对话框

（4）默认网站的测试。

① 服务器端测试：在图 6-8 所示窗口，右击默认网站，从弹出的快捷菜单中，依次选择""管理网站"｜"浏览"选项，进行测试，成功的响应与图 6-5 所示窗口类似，应当显示本单位的网页。

② 客户端测试：在客户的 IE 浏览器，输入 http://FQDN 或 http://IP 进行访问测试，也应当正确显示本单位的网页。

6.3.3　创建新网站

创建网站（即 Web 站点）和网站虚拟目录的步骤及设置的内容是十分相似的。

1. 创建新网站

（1）依次选择"开始"｜"管理工具"｜"Internet 信息服务（IIS）管理器"命令。

（2）在图 6-11 所示的"服务器管理器"窗口，右击"网站"选项，在弹出的快捷菜单中，选择"添加网站"选项。

（3）打开图 6-12 所示的"添加网站"对话框，首先，输入"网站名称"；其次，在"物理路径"文本框，浏览定位新建网站的物理路径，如 C:\LHDX；然后，绑定网站使用的 IP 地址，如 192.168.1.2；最后，单击"确定"按钮，完成新网站的创建任务。

图 6-11　"服务器管理器"

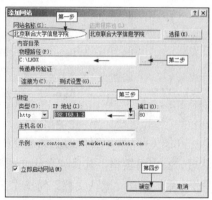

图 6-12　"添加网站"对话框

 说　明

图 6-12 所示对话框中的主要设置参数的含义如下：

① 网站名称：任何一个网站（Web 站点）或 FTP 站点都应有自己的名称，以便他人了解网站或站点的性质，有利于快速地查找和访问。

② IP 地址：在图 6-12 所示对话框中，可以为每个网站、虚拟目录都分配一个 IP 地址。这样，用户就可以在自己的站点上通过站点的 IP 地址（域名）对其进行访问。

③ 端口号：Web 服务器采用的默认端口号为 80。当多个网站（虚拟目录）位于同一台计算机的时候，则可以通过为其设置不同的端口号来区分不同的网站（虚拟目录）。

④ 主机名：用来进一步区分网站（虚拟目录），通常使用默认的设置，即空白；然而，当使用同一 IP 地址、同一个"端口号"创建多个网站时，如果"主机名"不同，就被认为是不同的网站。为此，在 IP 地址紧缺时，用好"主机名"，可以方便多个网站的管理和访问。这也是 Internet 和 Intranet 中应用最多的多网站管理技术。

（4）打开图 6-13 所示的"新建网站"后的 IIS7 窗口，可以看到新建的网站处于未启动状态。这是由于"默认网站"与"新建网站"都使用了同一个 IP 地址，同一个默认端口号（80）。为此，应当先选择"默认网站"，并在右侧"操作"选项区域，单击"停止"按钮，将默认网站的状态变为"停止"状态后，再选中新建的网站，并在"操作"选项区域，单击"重新启动"按钮，才能使其正常工作。

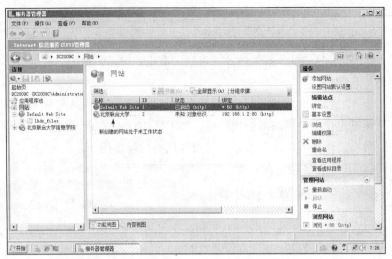

图 6-13　服务器管理器"新建网站"后的 IIS7 窗口

2．设置新网站的"默认文档"

在图 6-13 所示窗口的左侧窗格中，首先，选中新建网站，如 "北京联合大学信息学院"；然后，在中间窗格，选择"默认文档"选项，在打开的与图 6-8 类似的"本网站-默认文档"设置窗口中，添加"默认文档"的操作；并在打开的"添加内容页"对话框，输入本网站主页的名称，如 xxxy.htm，并将其升顶，参见图 6-14。

3．测试新网站

（1）服务器管理器中的测试。在图 6-13 所示的窗口，右击新建网站，如 "北京联合大学信息学院"，在弹出的快捷菜单中依次选择"管理网站" | "浏览"选项，成功的测试结果与图 6-15 所示窗口相似，只是地址栏显示的是本机的 IP 地址。

图 6-14　IIS7"服务器管理器"窗口

图 6-15　"IE7 浏览器"中的域名地址测试

（2）IE 浏览器中 FQDN 的浏览测试。在 IE 浏览器窗口，输入本机的 FQDN 名称，即域名地址进行测试，成功的响应如图 6-15 所示。

6.4　多网站的运行管理技术

大多数场合，用户不使用默认的网站发布自己的 Web 网页，而是自行创建一个或多个自定义的 Web 网站，因此，加上原有的默认 Web 站点，IIS 中的网站至少会有 2 个同时运行。

6.4.1　怎样创建多个同时运行的网站

由于公用 IP 地址的资源十分紧张，因此，对于只申请到一个 IP 地址，又需要创建多个网站的单位，多网站技术成为最实用的网站管理技术。创建多个网站的流程如下：

（1）选择要使用的多网站技术类型。

（2）创建多个网站。

（3）根据选择的技术进行多个网站的设置。

（4）服务器端测试：确认多个网站可以同时运行。

（5）客户机测试：在客户机浏览器中进行多网站的访问测试。

6.4.2　准备知识

由图 6-7 所示"添加网站绑定"对话框可知，网站可以绑定的参数有 3 个。在多网站运行技术中，我们可以通过 IP 地址、端口号和主机名 3 个参数的不同进行技术组合。在这 3 个参数中，IP 地址和端口号是必选的两个参数，主机名可以选也可以不选。

1．方法 1——基于 IP 地址

多个使用不同 IP 地址、相同默认端口号（80）的 Web 网站同时运行。这种方法适用于有足够静态 IP 地址的单位，客户机访问时，符合一般人的认知习惯。

2．方法 2——基于端口号

多个使用同一 IP 地址和不同端口号的 Web 网站同时运行。由于这种技术定义的网站，在客户机访问时，需要在 URL 中的域名地址后加端口号，因此，不太符合一般人的认知习惯。为此，只适用于方面告知客户的中小型的内部 Intranet 网络。

3．方法 3——基于主机名

多个使用同一 IP 地址、相同默认端口号（80）、不同主机名的同时运行的网站。这种方法是目前最常使用的技术，因为大部分单位都没有足够的静态 IP 地址。使用这种方式时，客户机访问时使用直观的主机域名，符合一般人的认知习惯。

在使用同一 IP 地址的主机上，同时又符合人们习惯的运行多个 Web 站点的方法是使用相同 IP、默认端口号，不同主机名的多网站技术，这也是大中型 Intranet 或 Internet 中常使用的技术方法。

4．方法 4——单主机运行

多个使用同一 IP 地址、默认端口号（80）的网站同时运行，但由于参数重复，因此，任何时候只能有一个网站处于启动（运行）状态。因此，只适用于不用默认网站的小型网络。

6.4.3　建立基于端口号的多个网站

假定已经建立了两个不同的网站，这两个网站由于使用了相同的 IP 地址和默认端口号，因此，只有一个网站能够正常运行，参见图 6-14。如果要使这两个网站同时运行，那么，在 IP 地址和端口号这两个参数中，至少有一参数是不同的。依据端口绑定的技术，我们只要将这两个网站分别设置为不同的端口号，它们就能够同时运行。

例如，我们保持图 6-14 中默认网站的端口号"80"，而将新网站的端口号更改为 1 080。

（1）依次选择"开始"｜"管理工具"｜"Internet 信息服务（IIS）管理器"命令。

（2）打开图 6-16 所示的 IIS7 窗口，右击选中的网站，从弹出的快捷菜单中选择"编辑绑定"选项。

图 6-16　IIS7 窗口

（3）打开图 6-17 所示的"网站绑定"对话框，单击"编辑"按钮。

（4）打开图 6-18 所示的"编辑网站绑定"对话框，将选中网站使用的端口号，由默认值 80 更改为 1 080，之后，单击"确定"按钮，完成修改网站端口号的任务。

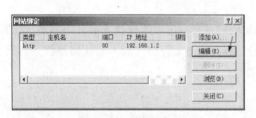

图 6-17　"网站绑定"对话框

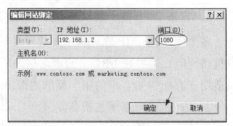

图 6-18　"编辑网站绑定"对话框

（5）返回图 6-16 所示的 IIS 窗口，重新启动或刷新两个网站后，应当可见使用同一 IP 地址和不同端口号的两个网站都处于运行状态，参见图 6-19。

（6）确认这两个网站的物理目录（主目录）与默认文档（主页）无误后，分别进行"本机测试"和"客户机测试"，测试结果参见图 6-20。

图 6-19　同时启动两个网站的 IIS7 窗口

图 6-20　IE 中使用 IP 地址和端口号进行访问

6.4.4 建立基于主机名的多个网站

假定已经建立了两个不同的网站，这两个网站由于使用了相同的 IP 地址和默认端口号，因此，只有一个网站能够正常运行。如果要使这两个网站同时运行，又要保持 IP 地址和端口号这两个参数是相同的。那么，依据主机名绑定技术，我们需要使用第 3 个参数"主机名"，即只要将这两个网站分别设置为不同的主机名，它们就能够同时运行。为了实现基于主机名的多网站技术，需要在 DNS 和 IIS 两种管理器中分别进行设置。

1. 在 DNS 中建立多个主机名

在 DNS 控制台建立多个虚拟主机，其操作步骤如下：

（1）依次选择"开始" | "服务器管理器"命令，在图 6-21 所示窗口的左侧目录树中，首先，选择 DNS 服务器的"正向查找区域"选项；然后，选中区域，如 buu.edu.cn；最后，右击，从弹出的快捷菜单中选择"新建主机"选项。

（2）打开图 6-22 所示的"新建主机"对话框，输入网站独用的主机名，如 zdh 及 IP 地址后，单击"添加主机"按钮，完成添加主机记录的操作。

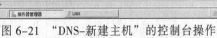

图 6-21 "DNS-新建主机"的控制台操作

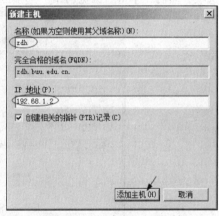

图 6-22 "新建主机"对话框

（3）重复上述的步骤，依次为所有的网站创建不同的"主机名"记录，如 www、lhdx、xxxy、zdh、dfxx、glxy 等；这些不同的主机记录对应的 FQDN 名分别为 www.buu.edu.cn、lhdx.buu.edu.cn、xxxy.buu.edu.cn、zdh.buu.edu.cn、dfxx.buu.edu.cn、glxy.buu.edu.cn 等。

2. 在 IIS7 管理器建立多个网站

在图 6-21 所示的窗口，选中 Web 服务器（IIS），先创建好多个 Web 网站，创建时注意所有网站都使用同一个 IP 地址及默认端口号 80，参见图 6-23。

3. 修改每个网站的绑定参数—— 主机头

（1）在图 6-23 所示的"服务器管理器"窗口，首先，选中多个网站中的一个，如北京联合大学信息学院；然后，在右侧窗格，选择"绑定"选项；最后，打开"网站绑定"对话框，选中要编辑的项目后，单击"编辑"按钮。

（2）打开图 6-24 所示的"编辑网站绑定"对话框，在 "主机名"文本框中输入访问该网站所使用的 FQDN 名，如 xxxy.buu.edu.cn；最后，单击"确定"按钮完成修改，返回图 6-23。

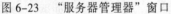
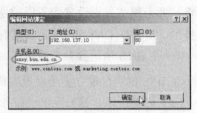

图 6-23 "服务器管理器"窗口 　　　　图 6-24 "编辑网站绑定"对话框

（3）打开图 6-25 所示的 IIS7 管理器，左侧窗格中可以见到所有的网站。逐一选中每一个网站，进行重新启动和本机测试。操作步骤：首先，选择右侧"操作"选项区域中的"重新启动"选项；然后，单击"浏览网站"选项区域的"浏览"链接。

图 6-25 IIS7 中基于主机名的多网站及本机浏览测试

（4）打开图 6-26 所示的 Internet Explorer 对话框时，单击"添加"按钮。

（5）打开图 6-27 所示的"可信站点"对话框，确认网站使用的主机名后，单击"添加"按钮，将选中的网站添加到对话框，单击"关闭"按钮，正常时的响应如图 6-28 所示。

图 6-26 Internet Explorer 对话框 　　　　图 6-27 "可信站点"对话框

4. 在客户机上对每个网站进行访问测试

（1）打开客户机的 IE 浏览器，在"地址"栏输入测试网站的"主机名"，如 zdh.buu.edu.cn；之后，按【Enter】键，正常的响应结果参见图 6-29。

图 6-28 客户机中"使用 IP"的访问　　　图 6-29 客户机中"FQDN（主机名）"的访问

（2）在图 6-25 所示窗口中，依次选中每个网站，重复上边的步骤。

6.5 虚 拟 目 录

在 Intranet 中，通常建立一个 IIS 服务器后，再在 IIS 中创建多个位于不同物理位置的各个站点或虚拟目录，以便进行集中地控制与管理。

6.5.1 怎样建立虚拟目录

在当代网站管理技术中，网站通常采用层次化的结构，例如，某小型校园网站可以分别建立信息系、自动化系、后勤、网络中心等多个虚拟目录，某个虚拟目录下还可以创建下一级虚拟目录，因此，虚拟目录的技术是网站管理中最重要的技术之一。其实现流程如下：

（1）编辑和创建虚拟目录需要的静态或动态网页。

（2）在选中的网站中创建一个虚拟目录。

（3）将新建虚拟目录的物理目录指向网页实际所在的目录。

（4）指定虚拟目录需要打开的第一个网页，并将其设置为默认文档。

（5）进行服务器端虚拟目录的浏览测试。

（6）进行客户端浏览器的虚拟目录访问测试。

6.5.2 准备知识

1. 虚拟目录的定义

虚拟目录实际上就是站点管理员为任何一个物理目录创建的别名目录。客户在访问这个别名目录时，好像访问的是真实主目录下面的子目录。通过这种方法，可以将真实的物理目录隐藏起来。用户可以将信息、程序或文件等保存到有别名的真实物理目录中，并允许其他用户通过其别名进行访问。访问时，感觉与真实站点无异。

虚拟目录既可以是本机真实物理目录的别名，也可以是非本机的已共享目录的别名。与真实物理目录的结构相似，虚拟目录的逻辑结构也是目录树结构，即在一个虚拟目录下，还可以创建一级或多级虚拟子目录。对于访问者来说，无论是物理目录，还是虚拟目录，它们的使用都是相似的。

2．使用虚拟目录优点

通过建立虚拟目录的方法，第一，我们可以将真实的目录隐藏起来，从而达到有效地防止黑客攻击及提高 Web 服务器安全性的目的；第二，可以使得站点有清晰的组织结构，便于管理，例如，在 FTP 站点中，管理员可分别建立 soft、music、办公文档等虚拟目录。

3．虚拟目录的访问协议

通过虚拟目录，一个 LDAP（light directory access protocol，轻量级目录访问协议）目录服务的请求，可以简单地从一个目录结构映射到另一个目录。当企业网络越大，其中的目录的数量越多时，使用这种 LDAP 代理服务就越有价值。简单地说，虚拟目录就是网络资源的重新定向，常用于目录服务。

4．主目录与虚拟目录的应用结构

在 Web 网站或 FTP 站点中，都可以设置一个主目录以及若干个发布目录。对于客户机来说，应用服务器就相当于一个目录的发布树；因此，服务器的主目录相当于目录的树根，而虚拟目录则相当于子目录。

在实际网站的管理中，当用户需要通过主目录以外的目录发布信息时，就应当在网站中创建它的虚拟目录。

5．虚拟目录的访问

虚拟目录不会出现在活动目录的列表中，因此，无论是在域中，还是在工作组中，客户机访问和使用虚拟目录时，都必须知道虚拟目录的"别名"。

在客户浏览器中，虚拟目录就像主目录的一个真实子目录一样被访问，但是，它在物理位置上并不一定处于所在网站的主目录中。这也是"虚拟目录"中"虚"字的由来。

6.5.3　创建网站的虚拟目录

对于一些中等规模的网站，我们既可以采用前面介绍的多网站运行技术进行网站的组织与管理，也可以使用下面将要介绍的虚拟目录技术进行网站的组织与管理。

1．创建前的准备

创建虚拟目录与创建网站的过程类似，需要规划好虚拟目录所用的 IP 地址、端口号、主机头，以及网站虚拟目录的 Web 页面等信息。

2．创建虚拟目录

（1）打开图 6-30 所示的 IIS 管理器，选中要创建虚拟目录的网站，如北京联合大学，右击，打开快捷菜单，选中"添加虚拟目录"选项。

（2）在打开的图 6-31 所示的"添加虚拟目录"对话框中，首先，输入虚拟目录的别名，如"xxxy"；然后，单击".."按钮定位物理目录；最后，单击"确定"按钮，完成虚拟目录的创建。

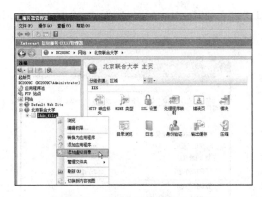

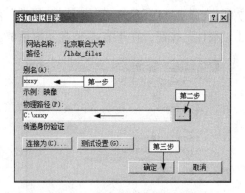

图 6-30 "服务器管理器"窗口 图 6-31 "添加虚拟目录"对话框

（3）在图 6-30 所示的 IIS7 窗口，选中在"北京联合大学"网站下生成的虚拟目录"xxxy"图标；在中间窗格双击"默认文档"图标，打开图 6-32 所示窗口；第三，将该虚拟目录的首页文档（xxxy.htm）移至顶部。

（4）打开客户机的 IE 浏览器，在"地址"栏，输入测试虚拟目录的 URL 地址，如 http://www. buu.edu.cn/xxxy，按【Enter】键，正常的响应结果参见图 6-33。

图 6-32 "Internet 信息服务（IIS）管理器"窗口 图 6-33 IE 中虚拟目录访问窗口

6.6 客户机的设置与访问

在网站和虚拟目录设置完成后，通常需要在各种客户机上进行少量的设置，以实现 FQDN（主机域全名）方式的访问。因此，管理员除了服务器的设置外，还应熟练掌握各种客户机的基本设置方法，以及客户机的检测、诊断与访问服务器的方法。

由于 TCP/IP 的配置管理分为静态和动态两类，因此，客户机也分为静态和动态两种。对于动态客户机，应确认 DHCP 服务器及 DNS 服务器工作正常，并且客户机能够"自动获得 IP 地址"和"自动获得 DNS 服务器地址"。对于静态客户机，需要管理员逐一手工设置各台计算机的 TCP/IP 相关参数。

（1）静态客户机的设置：

① 在 Windows XP 中，以本机管理员的身份登录，例如，使用 Administrator 账户及密码登录计算机；否则系统为查看模式，不能更改设置。

② 依次单击"开始" | "连接到" | "显示所有连接"选项，打开"网络连接"窗口。在"网络连接"窗口中，双击"本地连接"图标，打开"本地连接 状态"对话框。

③ 在"本地连接 状态"对话框，单击"属性"按钮，打开图 6-34 所示对话框。

④ 在图 6-34 所示的 "本地连接 属性" 对话框, 选中 "Internet 协议（TCP/IP）" 选项后, 单击 "属性" 按钮, 打开图 6-35 所示对话框。

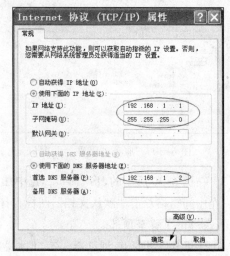

图 6-34 "本地连接 属性" 对话框   图 6-35 "Internet 协议（TCP/IP）" 对话框

⑤ 在图 6-35 所示的 "Internet 协议（TCP/IP）属性" 对话框, 设置本机的 IP 地址和子网掩码后, 输入 "首选 DNS 服务器" IP 地址后, 单击 "确定" 按钮。

⑥ 关闭所有打开的对话框后, 启动 IE 或其他浏览器。在 IE 浏览器的 URL（统一资源定位器）后的地址栏, 输入 Web 网站、FTP 站点的 IP 地址或 FQDN 域名, 即可浏览指定网站的内容。

（2）客户机的故障诊断。如果用户不能在浏览器正常浏览 FTP 站点（Web 网站）的内容, 请按如下步骤检测:

① 检测硬件的连接, 以及网卡驱动是否工作正常。选择 "开始" | "运行" 选项, 在 "运行" 对话框, 输入 cmd 命令, 按【Enter】键。

② 在打开的 "命令提示符" 窗口, 输入 "ping" 命令进行测试: 首先, ping 服务器的 IP 地址; 然后, ping FQDN 域名。

③ 当站点的 IP 地址可以 ping 通, 而主机的域名不通时, 应检查 DNS 服务器和客户机是否配置正常。

④ 完成连通性测试之后。启动 IE 或其他浏览器, 再在 URL（统一资源定位器）后的地址栏, 输入站点的 IP 地址或域名, 参见图 6-20 和图 6-33。如果连通性测试通过, 此处表示站点的设置有问题, 应检查网站（Web 站点）或虚拟目录的设置或工作状况。

习   题

1. Internet、Intranet、Extranet 各是什么网络? 它们有什么相同与不同?
2. 什么是主页、Web 网页、HTTP、超级链接?
3. 什么是 B/S 模式的网络? 其中的 B 和 S 各指什么?
4. 什么是 Web 服务器? 它是如何工作的? 完成什么功能?
5. 什么是 URL? 它是如何定义的?

6. IIS 7.0 有什么特点？IIS 中可实现的功能有哪些？应如何安装和启用？

7. 什么是默认网站、自定义网站和网站的虚拟目录？它们有哪些区别？

8. Internet 服务器管理器的功能有哪些？

9. 在 Windows Server 2008 中，如何安装 Web 服务器？

10. 创建和管理 Web 网站的主要步骤有哪些？客户端的主要设置又有哪些？

11. 在 Web 网站上发布的用户主页（静态网页或脚本应用程序）的后缀是什么？

12. 对于使用域名方式访问网站客户机，在配置 TCP/IP 协议时，除了需要配置 IP 地址外，还需要配置哪些参数？

13. 在一个 Intranet 中，如果需要使用域名访问网站，至少应当安装哪些服务器？

14. 在 IIS 中，什么是公司 Web 网站发布树的顶点？

15. 在浏览器中访问网站的协议是什么？

16. 在 Web 站点上发布的用户主页或脚本应用程序的后缀各是什么？

实 训 项 目

实训环境与条件

（1）网络硬件环境：

① 已建好的 10/100/1 000 Mbit/s 的以太网，包含：集线器（交换机）、标准线（两头安装了 RJ-45 连接器的 5 类或超 5 类 UTP）、带有计算机网卡的 2 台以上数量的计算机。

② 计算机的配置：内存不小于 2GB，硬盘不小于 1TB，有光驱。

③ 主机及相应的硬件，以及 VPC 软件。

（2）网络软件环境：

① 安装有 Windows Server 2003/2008 的计算机，充当 Internet 信息服务器。

② 安装有 Windows XP/7 的计算机，充当客户机。

③ 本章实训中所有的 "**" 为学号。

实训 1　安装和初步使用 Web 服务器

（1）实训目标：

① 明确 Internet 信息服务器的实现条件，掌握安装 IIS 服务器的方法。

② 通过默认网站发布主页，并在 IIS 中进行服务器端的测试。

③ 掌握客户机的设置要点，测试访问的方法。

（2）实训内容：

① 在 Windows Server 2008 中，安装 IIS（6.0 或 7.0）中的 Web 和 FTP 服务器。

② 启动 IIS 管理器，在默认网站发布主页（.htm）或脚本程序（.asp），如 1.htm。

实训 2　在 Web 服务器中创建网站和虚拟目录

（1）实训目标：

① 掌握在 IIS 服务器中创建网站和虚拟目录的方法。

② 掌握在 IIS 服务器端测试的方法。

③ 掌握客户机的设置和访问的要点。

（2）实训内容：

① 在 IIS 中，创建一个名为 "WZ**" 的网站，其使用的主页为 zy**.htm，物理（主）目录为 D:\web**。

② 在 IIS 管理器中创建一个别名为 "xn**" 的虚拟目录，其使用的主页为 xn**.htm，物理（主）目录为 D:\xn**。在 IIS 中，进行服务器端的 "浏览" 测试。

③ 在网站的客户机上，设置好 TCP/IP 协议和 DNS 等信息。在 Web 的客户机上，设置好 TCP/IP 协议和 DNS 有关信息，分别以 "IP 地址+别名" 和 "域名+别名" 的方式，访问该 Web 站点及虚拟目录所发布的主页或脚本程序。

实训 3　在 Web 服务器中创建 3 个同时运行的网站

（1）实训目标：

① 掌握在 IIS 服务器中实现的多网站运行技术。

② 掌握在 IIS 服务器端测试的方法。

③ 掌握客户机的设置和访问的要点。

（2）实训内容：

① 在 DNS 服务器中，创建区域 wl09**.edu；分别创建 Web1、Web2、Web3 三个主机记录。

② 在 IIS 中，分别创建 3 个名为 WZ**1、WZ**2、WZ**3 的网站；它们所使用的主页分别为 zy**1.htm、zy**2.htm、zy**3.htm，物理（主）目录分别为 D:\web1**、D:\web2** 和 D:\web3**。创建时，均使用本机的 IP 地址和默认的端口号，如 192.168.1. ** 和 80。

③ 将这三个网站的端口号分别改为 **1、**2 和 **3，并进行本机和客户机的访问测试。

④ 确认这三个网站的 IP 地址设置为本机 IP 地址，端口号为 80。将这三个网站的主机名分别设置为 Web1.wl09**.edu、Web2.wl09**.edu 和 Web3.wl09**.edu，并分别进行本机和客户机浏览器的访问测试。

实训 4　创建和访问网站的虚拟目录

（1）实训目标：

① 掌握创建和使用虚拟目录的方法。

② 掌握客户机浏览器访问网站虚拟目录的方法。

（2）实训内容：

① 在 IIS 的默认网站下，创建 2 个本机虚拟目录：其一，别名为 xxxy，主目录为 D:\xnml1 的虚拟目录；其二，别名为 wlzx，主目录为 F:\ xnml2 的虚拟目录。

② 设置好上述虚拟目录的物理目录和默认文档。

③ 在服务器端进行本机访问测试。

④ 在客户机浏览器中，使用 "http://IP 地址/别名" 和 "http://主机域名/别名" 的方式访问新建虚拟目录。

第 ❸ 篇

网站的制作与安全技术

本篇主要解决网站的设计、网页开发、ASP 网站与数据库的连接、信息网络与网站安全运行技术等问题。主要包含：网页的开发语言基础 HTML、网页制作的基本原则和方法、利用 Dreamweaver 8 制作静态网页、脚本语言的特点、VBScript 脚本语言的设计方法、动态网页的设计方法、ASP 网站的建立方法、ASP 对象的使用方法、ASP 动态网页的设计方法、ASP 连接访问数据库的技术、ADO 对象的使用方法。另外，还学习了保护计算机在因特网上能够安全运行等相关技术。

第7章
Dreamweaver 8 网页设计与制作

学习目标

- 了解 Dreamweaver 的特点。
- 了解网页制作的基本方法和原则。
- 了解网页中 CSS 的创建和编辑。
- 掌握网页的分类和定义。
- 掌握 Html 语言的基本用法。
- 掌握网页中文本和图像的编辑方法。
- 掌握网页中表单的设计与实现方法。
- 掌握页中框架的设计与实现。

7.1 网页制作概述

Internet 的应用越来越广泛，使得越来越多的用户通过 Internet 获得更多的信息资源。很多站点的页面都设计得非常精美，让用户在浏览信息的同时，还可以得到美的享受。现在，存在的网页主要分为两大类：静态网页和动态网页。

所谓静态网页是指在网页文件中没有程序代码，只有 HTML 标记。这类网页一般以.htm和.html 为后缀。静态网页一经制成，内容不会再改变，不管何时何人访问，显示的内容都是一样的。如果修改网页有关内容，必须修改源程序代码，然后重新上传到服务器上。常见的静态网页编制软件有 Dreamweaver 8、Dreamweaver MX 等，利用这些软件，用户可以很轻松地编制出具有自己特色的网页。

所谓动态网页是指网页文件中不仅含有 HTML 标记，而且含有程序代码，这种网页的后缀一般根据使用的程序设计语言的不同而不同，如 ASP 文件的后缀为.asp。动态网页能够根据不同的时间、不同的来访者而显示不同的内容，例如，网页中常见的 BBS、留言板、聊天室等功能均是在动态网页中实现的。常见的动态网页的编程语言有 ASP、JSP、PHP 等。

本章重点讲解 Dreamweaver 的使用方法。

7.1.1 HTML 语言

HTML（hyper text markup language）是制作网页的基础，它是使用特殊标记来描述文档结构和表现形式的一种语言，由 W3C（world wide web consortium）制定和更新。HTML 语言作为一种标识性的语言，是由一些特定符号和语法组成的，所以理解和掌握都十分容易。HTML 标记是 HTML 的核心与基础，用于修饰、设置 HTML 文件的内容及格式。组成 HTML 的文档都是 ASCII 档，可以用任何一种文本编译器来编辑 HTML 文件。

HTML 作为一种网页编辑语言，易学易懂，能设计和制作出精美的网页效果。微软公司推出的 Microsoft Frontpage、 Adobe 公司推出的 Adobe Pagemill、Macromedia 公司推出的 Dreamweaver 等编辑工具都是以 HTML 为基础。本节主要介绍 HTML 语言的使用。

7.1.2 准备知识

为了熟练地使用 HTML 语言完成网页程序的设计，需要了解 HTML 语言的基本核心元素——标记符号及标记符号的属性设置、HTML 的基本组成等内容。

1. 标记

HTML 用于描述功能的符号称为"标记"。如 HTML、BODY、TABLE 等。标记在使用时必须用方括号"<>"括起来，而且成对出现，无斜杠的标记表示该标记的作用开始，有斜杠的标记表示该标记的作用结束。在 HTML 中，标记字符的大小写作用相同，如<TABLE>和<table>都是表示一个表格的开始。标记中可以包含标记，但不能交叉嵌套，如下面这样的代码是错误的：

不能交叉嵌套 。

2. 属性

标记内可以包含一些属性，用来设置描述对象的基本特征。在 HTML 中所有的标记属性都放置在开始标记符的方括号里，并且以空格进行分隔。属性的值放在相应属性之后，用等号分割。标记属性可由用户设置，否则将采用默认的设置值。其格式为：

< 标记符 属性1=属性值1 属性2=属性值2 … > 网页中标记的内容</标记符>

3. HTML 文件的组成

HTML 文件通常由 3 部分组成：起始标记、文件头和文件主体。HTML 文件的总体结构如下所示：

```
<Html>
<Head>
    <Title>
        网页的标题及属性
</Title>
</Head>
<Body>
    网页内容
</Body>
</Html>
```

（1）<Html>标记——起始标记。<Html> </Html>标记对是 HTML 文档的标记符。<Html>标记处于 HTML 文档的最前面，用来标识 HTML 文档的开始；而</Html>标记放在 HTML 文档的最后面，用来标识 HTML 文档的结束，两个标记必须一起使用。通过对这一对特殊标记符号的读取，浏览器才可以判断目前正在打开的是基于 HTML 的网页文件。

（2）<Head>标记——文件头标记。<Head></Head>标记对是 HTML 文件头的标记符，在此标记对之间可以加入<Title></Title>、<Base></Base>等标记对。这些标记对都是描述 HTML 文档首部的内容，说明网页文件的整体信息。但<Head></Head>标记对之间的内容不会出现在 WWW 浏览器的窗口中，这两个标记必须一起使用。在<Head></Head>标记对中常使用的标记符如下：

① <Title>标记。<Title> </Title>标记对标明 HTML 文件的标题，以较少的文字描述网页文件的特色和主题。文件标题的位置大部分显示在浏览器的标题栏中。例如：

```
<Title>个人网页</Title>
```

<Title></Title>标记对只能放在<Head></Head>标记对之间。

② <Isindex>标记。<Isindex>标记主要表明可以通过提供关键字的方式对文档进行检索。在阅读文件时，不管用户采用什么样的方式，当前文件所描述的数据均可采用索引查询方式进行搜索。

③ <Base>标记。<Base>标记用来显示文档超链接的基准路径。使用这个标记，可以大大简化网页内超链接的编写。用户不必为每个超链接输入完整的路径，而只需指定它相对于<Base>标记所指定的基准地址的相对路径即可。该标记包含参数 href，用于指明基准路径，其语法格式为：

```
<Base href="原始地址" target="目标窗口名称">
```

④ <Link>标记。<Link>标记表示超链接，用来指定当前文档和其他文档之间的连接关系。语法格式为：

```
<Link rel="描述" href="URL 地址">
```

rel 说明两个文档之间的关系；href 说明目标文档名。

⑤ <Meta>标记。<Meta>标记用来指明与文件内容相关的信息。每一个<Meta>标记指明一个名称或数值对。如果多个<Meta>标记使用了相同的名称，其内容便会合并成一个用逗号隔开的列表，也就是和该名称相关的值。语法格式为：

```
<Meta http-equiv="Content-Type" content="text/html; charset=gb2312">
```

（3）<Body>标记——文件主体标志。<Body> </Body>标记对定义了 HTML 文档的主体部分，占据了网页大部分的代码，是一个网页代码的绝对主要部分。在此标记对之间可包含很多网页内容的标记和信息，这些内容都可以在浏览器的窗体内显示出来，两个标记必须一起使用。<Body>标记中可以设置如下属性：

① bgcolor：设置背景色。

② background：设置背景图案。

③ text：设置文本颜色。

④ link：设置超链接文字颜色。

⑤ alink：设置活动链接文字颜色。

⑥ vlink：设置已访问链接文字颜色。

⑦ leftmargin：设置页面左侧的留白距离。

⑧ topmargin：设置页面顶部的留白距离。

4．长度单位

长度单位可以用来定义水平线、表格边框、图像等对象的长、宽、高等一系列属性，同时也可以用来定义这些对象在页面上的位置等属性，用来描述页面上可能遇到的各种长度。长度的表示方法有两种：绝对长度和相对长度。它的单位都是像素(pixel)和百分比(%)，像素代表的是屏幕上的每个点，而百分比代表的是相对于显示区的多少。例如：

```
<hr width="500">      <!绝对长度的声明>
<hr width="50%">      <!相对长度的声明>
```

其中，<hr> 标记是在页面上建立水平线的标记。width 是水平线元素中的一种属性，用来表示水平线的宽度。这里 width="500"即表示这个水平线的宽度是 500 像素；width="50%"即表示水平线占据显示区总宽度的 50%。

5．颜色单位

和长度单位一样，颜色单位也是描述页面表现形式的一种很重要的数据类型。颜色单位有 3 种表示方法：十六进制颜色代码、十进制 RGB 码、直接颜色名称。这三种表示方法不同，但是效果却是一样的。

（1）十六进制颜色代码。语法格式： #RRGGBB 。十六进制颜色代码之前必须有一个 "#" 号，这种颜色代码是由三部分组成的，其中前两位代表红色，中间两位代表绿色，后两位代表蓝色。不同的取值代表不同的颜色，他们的取值范围是 00～FF。

（2）十进制 RGB 码。语法格式：RGB(RRR,GGG,BBB) 。在这种表示法中，后面三个参数分别是红色、绿色、蓝色，他们的取值范围是 0～255。以上两种表达方式可以相互转换，标准是 16 进制与 10 进制的相互转换。

（3）直接颜色名称。可以在代码中直接写出颜色的英文名称。

6．URL 路径

URL（universal resource locator）路径是一种互联网地址的表示方法。在这个数据里可以包括以何种协议连接，要连接到哪一个地址，连接地址的端口（port）号以及服务器（server）里文件的完整路径和文件名称等信息。在 HTML 中，URL 路径分为两种形式：绝对路经和相对路径。

（1）绝对路径。绝对路径是将服务器上磁盘驱动器名称和完整的信息写出来，同时也会表现出磁盘上的目录结构。语法格式为：

```
<传输协议>:<连接的位置信息>
```

例如：

```
<a href="http://www.frontfree.net">
<a href="file:///D:/test/html.htm">
```

（2）相对路径。相对路径是相对于当前的 HTML 文档所在目录或站点根目录的路径。语法格式为：

```
相对关系/部分路径/文件名
```

根据相对路径的参照点又可以分为相对文档的相对路径以及相对根目录的相对路径。

① 相对文档。这种路径的表现形式是根据目标文档所在目录和当前文档所在目录之间关系的一种表现形式。"../"表示上一级目录，没有 "../"表示当前目录。例如，当前文档的路径是：test/project1/index.htm。要找 test 目录下的 html.htm 。而当前的目录是 project1，我们要回到上一级目录中，所以路径是 "../html.htm"。

② 相对根目录。这种路径是根据目标文档相对于根目录关系的一种表现形式。在这种表达式中的第一个字符是 "/"，这个符号表示这个路径是一个相对于根目录的表达式。例如：

```
<a href="/test/html.htm">
```

7．HTML 中的注释

用户可以使用注释来解释代码，注释的内容不会在浏览器中显示。语法格式为：

```
<!-注释信息-->
```

7.1.3　利用 HTML 编辑网页文件

1．标题设置

<Hn> </Hn>标记对用来标识文档的标题、副标题、章和节等结构，其中 n 为 1～6 的数字用来表示标题的等级。n 越小，标题字号就越大。语法格式为：

```
< Hn align = "" > 标题内容 </ Hn >
```

align 属性用来设置标题在页面中的对齐方式，可以有 left（左对齐）、center（居中）、right（右对齐）3 种属性值。

2．段落设置

（1）段落标记——P。<P></P>标记对用来创建一个段落，在此标记对之间加入的文本将按照段落的格式显示在浏览器上。该标记不仅能使文字自动换到下一行，还可以使两段之间多一空行。语法格式为：

```
<P align = "" > 段落文字</P>
```

（2）强制换行标记——Br。
为独立标记符，用来强制换行，通常放在一行的末尾，可以使后面的文字等内容在下一行显示。语法格式为：

```
文字 <Br>
```

（3）插入水平线标记——HR。<HR>标记符可以在页面中插入一条水平线，用来区分不同功能的文字。语法格式为：

```
<HR align = "" size="" width="" color="" noshade>
```

3．文字格式设置

<Font></Font>标记对用来设置文字字体格式，包括文字的大小、字体、字型和颜色。主要包含了 3 个属性:size、face 和 color 属性。face 属性指定文字的字体类别，size 属性设置文字的字体大小，color 属性设定文字显示的颜色。语法格式为：

```
<Font size="数字" face="字体" color="字体颜色"> 文字 </Font>
```

4．文字字型设置

在 HTML 中可为文字设置字型格式，主要包括粗体、斜体、下划线、加重等效果。

（1）<B></B>标记对：设置字型格式为加粗。

（2）<I></I>标记对：　设置字型格式为斜体。

（3）<U></U>标记对：设置字型格式为加下划线。

（4）<Tt></Tt>标记对：设置打字机风格字体的文本。

（5）<Cite></Cite>标记对：设置输出引用方式的字体。

（6）<Em></Em>标记对：设置需要强调的字体（通常是斜体加粗体）。

（7）<Strong></Strong>标记对：设置加强显示效果的文本（通常也是斜体加粗体）。

5．超链接的设置

链接是 HTML 重要的特性，通过网页中超链接功能，可以链接到互联网的不同页面中，享受多姿多彩的网络世界。链接分成外部链接和内部链接。通过外部链接，可以链接至网络的某个 URL 网址或文件；通过内部链接，可以链接到 HTML 文件的某个区段。

语法格式为：

```
<A href=" ">超链接显示的文字 </A>（外部链接方式）
```

```
<A name="标签A">书签内容</A>（内部链接方式）
```
例如：
```
<A href="http://www.sina.com.cn"> 新浪网站 </A>
<A href="/c:\mywebsite\index.html">我的首页文件</A>
```

6. 表格设置

表格是 HTML 的一项非常重要的功能，利用其多种属性能够设计出多样化的表格。使用表格可以使页面有很多意想不到的效果，页面将更加整齐美观。语法格式为：
```
<Table>...</Table>
```
在表格标记符中可以添加表格的相应标记符，主要包括以下几个：
```
<caption>...</caption>    标记表格标题
<tr>...</tr>        标记表格行
<td>...</td>        标记表格列
```

7. 表单标记

表单标记在 HTML 页面中起着重要作用，它是与用户交互信息的主要手段。一个表单至少应该包括说明性文字、用户填写的表格、提交和重填按钮等内容。用户填写了所需的资料之后，单击"提交资料"按钮，这样所填资料就会通过专门的 CGI 接口传到 Web 服务器上。网页的设计者随后就能在 Web 服务器上看到用户填写的资料，从而完成从用户到作者之间的反馈和交流。表单中主要包括下列元素：button（普通按钮）、radio（单选按钮）、checkbox（复选框）、select（下拉式菜单）、text（单行文本框）、textarea（多行文本框）、submit（提交按钮）、reset（重置按钮）。用 HTML 设计表单常用的标记是：<form>、< input>、<option>、<select>、<textarea>和<Isindex>等标记。

（1）<form>表单标记。该标记的主要作用是设定表单的起止位置，并指定处理表单数据程序的 URL 地址。语法格式为：
```
<form action=" " method=" " name=" " onreset=" " onsubmit=" " target=" "
> 表单元素 </form>
```
其中：

① action：用于设定处理表单数据程序 URL 的地址。

② method：指定数据传送到服务器的方式。有两种主要的方式，当 method=get 时，将输入数据加在 action 指定的地址后面传送到服务器；当 method=post 时则将输入数据按照 HTTP 传输协议中的 post 传输方式传送到服务器，用电子邮件接收用户信息就是采用这种方式。

③ name： 用于设定表单的名称。

④ onreset 和 onsubmit：主要针对 reset 按钮和 submit 按钮来说的。

⑤ target：指定输入数据结果显示在哪个窗口，这需要与<frame>标记配合使用。

（2）<input> 表单输入标记。此标记在表单中使用频繁，大部分表单内容需要用到此标记。语法格式为：
```
<input  aligh=" " name=" " type=" " value=" " src=" " maxlength=" "size=" " >
```
其中：

① align：用来设定对齐方式。

② name：设定当前变量名称。

③ type：决定输入数据的类型。其选项较多，各项的意义是：

- type=text：表示输入单行文本；
- type=textarea：表示输入多行文本；
- type=password:表示输入数据为密码，用星号表示；
- type－checkbox：表示复选框；
- type－radio：表示单选框；
- type－submit：表示提交按钮，数据将被送到服务器；
- type－button：表示普通按钮；

④ value：用于设定输入默认值，即如果用户不输入的话，就采用此默认值。

⑤ src：是针对 type=image 的情况来说的，设定图像文件的地址。

⑥ checked：表示选择框中，此项被默认选中。

⑦ maxlength：表示在输入单行文本的时候，最大输入字符个数。

⑧ size：用于设定在输入多行文本时的最大输入字符数，采用 width，height 方式。

（3）<select> 下拉菜单标记。用<select>标记可以在表中插入一个下拉菜单，它需与<option>标记联用，因为下拉菜单中的每个选项要用<option>标记来定义。语法格式为：

```
<select name=" "size=" "multiple>
```

其中：

① name：设定下拉式菜单的名。

② size：设定菜单框的高度。

③ multiple：设定为可以进行多选。

（4）<option> 选项标记。<option>标记为下拉菜单中一个选项。语法格式为：

```
<option value=" ">
```

其中：

value：表示该项对应的值，在该项被选中之后，该项的值就会被送到服务器进行处理。

（5）<textarea> 多行文本输入标记。<textarea>标记是一个建立多行文本输入框的专用标记。语法格式为：

```
<textarea name=" "cols=" "rows=" " wrap=" ">
```

其中：

① name：文本框名称。

② clos：宽度。

③ rows：高度（行数）。

④ wrap：换行控制。

表单所涉及的标记较多，参数也较复杂，而实际制作表单时就是这些标记的组合应用，但一般的表单不可能涉及所有参数，能用默认值的尽量用默认值，尽量不设定一个不用的参数。

7.2　Dreamweaver 8 概述

7.2.1　Dreamweaver 8 的功能特点

Dreamweaver 是可视化的网页编辑软件，它能快速地创建极具动感的网页，还提供了强大的网站管理功能。许多专业的网站设计人员都将 Dreamweaver 作为创建网站的首选工具。

Dreamweaver、Flash（网页动画制作软件）和 Fireworks（网页图像处理软件）同为美国 Macromedia 公司出品，构成了网页制作方面的三大利器，被称为网页三剑客。

使用 Dreamweaver 可以制作网页，搭建网站架构。大多数的网页形式均可以通过 Dreamweaver 完成。Dreamweaver 提供了开放的编辑环境，它可以协同相关软件和编程语言共同工作，所以能胜任制作复杂网页的工作。

Dreamweaver 具有如下功能：

1. 利用 XML 数据进行可视化创作

使用功能强大的可视化工具，可快速利用 XML 将源集成到工作中，并揭开 XML 到 HTML 转换的神秘面纱。使用简单的拖放工作流程，可将基于 XML 的数据（如 RSS 源）集成到 Web 页中。使用改善的 XML 和 XSLT 代码提示功能，可跳转到"代码"视图来自定义转换。

2. 新的标准 CSS 面板

在 Dreamweaver 8 中可以通过新的标准 CSS 面板集中学习、了解和使用以可视化方式应用于页面的 CSS 样式。全部 CSS 功能已合并到一个面板集合中，并已得到增强，可以更加轻松、更加有效地使用 CSS 样式。使用新的界面可以更方便地看到应用于具体元素的样式层叠，从而能够轻松地确定在何处定义了属性。属性网格允许进行快速编辑。

3. 提供了"样式呈现"工具栏

利用新的 CSS 媒体类型支持，可按照与用户所看到内容相同的方式查看内容，而不管传送机制如何。使用"样式呈现"工具栏可切换到"设计"视图，以查看它在印刷品、手持设备或屏幕上的显示方式。

4. 改进的 WebDAV

Dreamweaver 8 中的 WebDAV 现在支持为安全文件传送使用摘要身份验证和 SSL，并且连接也有所改善，可连接到更多的服务器。

5. 多种视窗模式

Dreamweaver 提供了代码视图、设计视图、代码与设计视图 3 种视图模式。设计视图可以满足初级用户的需求，即使你不懂 HTML 语言，不会书写网页源代码，也能创建出漂亮的网页。代码视图可使擅长编程的网页编辑高手直接以 HTML 语言进行编写，且能够对源代码进行精确控制。而组合视图可以在同一个窗口实现可视化的设计与代码设计的完美结合。

6. 简便易行的对象插入功能

常用字符、框架、当前日期、导航条、站转菜单、电子信箱、Flash 文字和按钮等都可以通过对象面板非常方便地插入到网页中。选中这些插入对象，可以在属性面板中修改它们的参数，从而摆脱直接编写代码的烦恼。

7. 用模板与库创建具有统一风格的网站

利用模板能够使站点中的文档风格具有一致性，以增强一个站点的整体效果。而将多次使用的网页元素保存为库元素，既能减少网页的存储空间，也能非常方便地进行网页的更新。

8. 强大的网站管理功能

它不仅能够编辑网页，还可以快速实现本地站点与服务器站点之间文件的同步。利用库、模板和标签等功能还可以组织大型网站的开发，对于需要多人维护的大型网站，它可以提供文件操作权限方面的控制。

7.2.2　网页规划

制作网页的第一步是对网页进行规划，确定网页的总体方向和网页的基本结构，精心设计网页的布局，突出网页的风格。具体的准备工作为：

1．网页目标、主题的确定

建立网页的目的是吸引更多的访问者。在设计网页之前，首先应该确定网页的目标和主题，然后通过添加一定数量具有鲜明特色的网页材料，保证设计的网页具有自己的个性和特色，增加网页的吸引力。

2．网页结构的规划

网页的结构设计非常重要，通过设计网页的结构，可以将各种各样的页面有机地组织在一起，成为一个完整的站点。在这个站点中，每个页面分别属于不同的主题，并提供不同的内容。在网页规划环节中，主要包括了主题结构的设计、超链接结构的设计。

3．网页布局的设计

网页的布局包括网页的整体风格、网页元素的排列方式等。网页布局是网页风格的一个整体体现，通常，一个站点的各网页的布局应该是相近的。

4．网页颜色的选择

颜色搭配是体现网页风格的关键因素。每一个网页应具有一个主色调，不能将网页设计得花花绿绿。平常应多参考好的站点的颜色搭配，结合自己网页的主题进行设计。

5．网页素材的组织

网页的素材形式多样，可以包含文字、图片、声音、视频等，这些素材可以丰富网页的内容。但是，值得注意的是，在网页中不可能包含所有精彩的材料，设计者应该根据主题选择具有原始性、真实性、知识性、趣味性、实用性的材料。在选材上应遵循"人无我有，人有我优，人优我特"的方针，并从访问人群考虑，预测他们对网页中各种素材的需求和反映，努力让网站适合访问者的需要。同时，选择素材时，必须要考虑网络的传输速率，尽可能将素材的尺寸大小进行缩减。

6．目录结构的设计

在网站中，由于包含了大量的文件和目录，因此必须建立目录结构，从而实现信息的查询和阅读。因此，建立一个与网站相适应的目录结构成为组建网站的基础。在网站的目录结构中，应将素材按类型划分在不同的目录中。

7.2.3　Dreamweaver 8 的工作区

依次选择"开始"｜"所有程序"｜Macromedia Dreamweaver 8 命令，运行 Dreamweaver 8，打开图 7-1 所示窗口，该窗口界面主要包括以下几个部分：

图 7-1　Dreamweaver 8 工作区

1．标题栏

标题栏位于 Dreamweaver 8 窗口界面的最上面，显示当前正在编辑的网页的名称，通过标题栏的控制图标，可以将 Dreamweaver8 窗口最小化、最大化和关闭。

2．菜单栏

在 Dreamweaver 8 中，所有的操作都可以通过选择菜单上的选项完成。Dreamweaver 8 提供了"文件"、"编辑"、"查看"、"插入"、"修改"、"文本"、"命令"、"站点"、"窗口"、"帮助"等 10 个菜单选项。

3．编辑窗口

Dreamweaver 8 启动后，系统将打开一个网页编辑窗口，并命名为 Untitled-1.htm。用户也可以同时创建多个网页，并能够在各网页间相互切换。

4．工具栏

Dreamweaver 8 的常用工具栏提供了网页设计的基本功能，这些功能在 Dreamweaver 8 的菜单栏中均可以找到。用户也可以自己定义工具栏，将常用的操作以工具按钮方式放在工具栏中，从而简化一些重复性的操作。

5．视图切换

Dreamweaver 8 提供了 3 种视图界面，即代码视图、设计视图、代码与设计视图。这 3 种视图可以通过主界面直接切换，也可以选择"查看"菜单中的"视图切换"选项进行切换。

6．状态栏

在 Dreamweaver 8 窗口的最下面一行为状态栏，主要显示当前编辑操作的最新信息。

7.3　网站页面设计

7.3.1　网站页面设计原则

网站作为出版物的一种，同其他出版物，如报纸，杂志等，在设计上有许多共同之处，也要遵循一些设计的基本原则。因此，熟悉一些设计的基本原则，再对网站的特殊性做一些考虑，便不难设计出美观大方的页面来。

1．设计的 3C 原则

所谓 3C 原则是指简洁、一致性、好的对比度。网站页面设计需要遵循这 3 条原则。

（1）简洁 。页面设计属于设计的一种，要求简练、准确。 从人记忆能力角度来说，由于人的大脑一次最多可记忆 5～7 条信息，因此如果希望人们在看完网站后能留下印象，最好也应该用一个简单的关键词语或图像吸引他们的注意力。

（2）一致性。一致性是表现一个站点独特风格的重要手段之一。要保持一致性，可以从页面的排版入手，各个页面使用相同的页边距；文本、图形之间保持相同的间距；主要图形、标题或符号旁边留下相同的空白；如果在第一页的顶部放置了公司标志，那么在其他各页面都放上这一标志；如果使用图标导航，则各个页面应当使用相同的图标。

（3）对比度。使用对比是强调突出某些内容最有效的办法之一。好的对比度使内容更易于辨认和接受。实现对比的方法很多，最常用的是使用颜色的对比，比如，内容提要和正文使用不同颜色的字体，内容提要使用蓝色，而正文采用黑色；也可以使用大的标题，也即是面积上的对比；还可以使用图像现对比，题头的图像明确地向浏览者传达本页的主题，这里同样需要注意的是链接的色彩，在设计页面时我们常常会只注意到未被访问的链接的色彩，而容易忽视访问过的链接色彩，这将使得链接的文字难以辨认。

2．页面设计要点

网站页面上的内容包罗万象，版式丰富多彩，但无论怎样变化，好的站点总是有许多共同之处，例如：精心组织的内容、格式美观的正文、和谐的色彩搭配、较好的对比度、生动的背景图案、页面元素大小适中、不同元素之间留有足够空白、各元素之间保持平衡、文字准确无误等。

设计 Web 页面时，所发布的材料必须经过精心组织，比如，按逻辑、按时间顺序或按地理位置等进行组织，而且这种内容组织应当是易于理解的。材料组织好后，下一步就是在 Web 页面上布置文本、图片等内容，目的是引导浏览者在页内浏览。应该控制页面上的元素的放置顺序和它们相互之间的空隙。

3．设计时可用的一些元素

在确定站点的基本组织结构之后，就可以着手设计页面了。设计网站页面时经常使用的元素包括：文本格式化、按钮、图标和其他导航工具、背景、图形、表格、颜色、多媒体元素、页面布局等。

4．选择文本和背景的色彩

色彩可以使页面更加生动。首先，使用色彩可以产生强烈的视觉效果，使你的页面在浏览者心中留下很深的印象；色彩还可以传递设计者的思想情感。但是必须注意慎重地使用色彩，否则很可能弄巧成拙。滥用色彩容易造成视觉上的混乱。一般情况下不要过多地使用效果太强烈的色彩，对于大面积的文字来说，白底黑字或黑底白字总是最佳选择。

7.3.2　添加和编辑文本

网页提供了大量的资源信息，很多信息是以文本形式表现的，因此，文本信息是网页中最重要的信息。用户可以将大量的文本素材加入到网页中，供访问者查阅。Dreamweaver 8 可以自动换行，除非是段落结束，否则不要按【Enter】键。如果需要人为换行，可按【Shift+Enter】键。

1．输入文本

在 Dreamweaver 8 的网页编辑区中通过鼠标定位文本的输入位置，通过键盘输入文本。也可以直接导入 Word 文件，具体的操作过程为：

（1）依次选择"文件"菜单中的"导入" | "Word 文档"命令。

（2）在打开的"导入 Word 文档" | "选择文件"对话框中选择需要导入的 Word 文件名，该文件的内容将直接在网页中显示。

2．文本的编辑

文本的编辑主要包括字体格式的设置、段落的设置、换行的设置、项目列表和编号的设置。下面简单地介绍一下以上各种编辑方法。

（1）字体格式的设置。设置字体格式，主要包括设置字体、字型、字号、颜色等。通过选择"文本"菜单中的相应内容即可，如图 7-2 所示，其操作过程与 Word 中的字体设置方法基本相同。

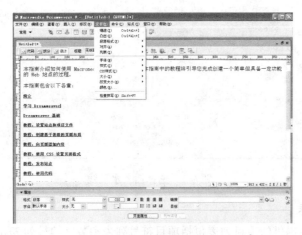

图 7-2　字体格式设置

① 通过"样式"选项设置字体的外观。

② 通过"颜色"选项设置字体的具体颜色，也可以通过"自定义颜色"选项自己创建颜色。

（2）为字体设置标题等级特性。为了区分各个主题的层次关系，突出重要主题，Dreamweaver 8 将页面的标题设为 6 个等级，各级标题的字体大小不相同。其中，1 级标题字体最大，6 级标题字体最小。具体的设置方法如下：

① 在页面中选择需要设计标题的文字，在图 7-2 所示界面中单击"文本"菜单项中"段落格式"选项。

② 分别选择所需的标题级别。

3．段落的设置

（1）通过换行建立新的段落。

（2）选择"文本"菜单中的"缩进"或"凸起"选项，设置段落的基本格式。

（3）选择"文本"菜单中的"对齐"选项，设置段落的对齐方式，系统共提供了 4 种对齐形式：左对齐、右对齐、居中对齐、两端对齐。

4．插入和设置水平分割线

水平分割线在网页中起到美化网页和分割网页内容的作用，具体的实现方法为：

（1）选择"插入"菜单，选择"HTML"选项，在级联菜单中选择"水平线"选项，如图 7-3 所示，即可在网页中插入一条水平线，通过移动光标调整水平线在文件中的位置。

（2）双击插入的水平线，可以设置水平线的属性参数。

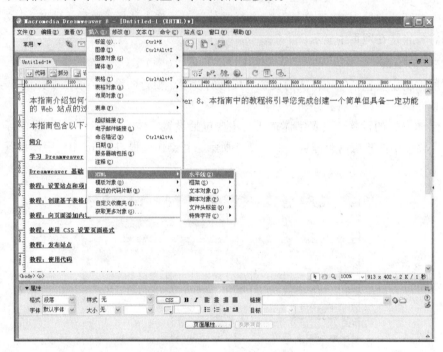

图 7-3　选择插入水平线

5．设置项目列表

Dreamweaver 8 中提供的项目列表包括项目符号列表和数字编号列表。其中，项目符号列表各列表项都是通过圆点、方点、圆圈等特殊符号引出的。数字编号列表各列表项是通过阿拉伯数字、罗马数字等变化方式引出的。数字编号列表是较常用的一种列表，通过该列表可以为文字从内容上建立从高到低的等级顺序，也可以称为排序列表。

（1）项目列表的设置方法为：

将光标定位在文本开始部分，选择"文本"菜单中"列表"选项，选择"项目列表"选项，在网页中出现一个项目列表符号，为文本添加项目符号。

（2）数字编号列表的设置方法为：将光标定位在文本开始部分，选择"文本"菜单中"列表"选项，选择"编号列表"选项，在网页中出现一个编号列表符号，为文本添加数字编号列表符号。

（3）依次选择"文本"｜"列表"｜"定义列表"选项，然后在打开的"列表属性"对话框中设置"列表项目"选项区域的选项，修改数字列表的形式，如图 7-4 所示。

图 7-4　修改列表属性

7.3.3　插入和编辑图像

1．在网页中插入图片

Dreamweaver 8 中图片的插入与 Word 文档中图片的插入非常类似，具体的过程为：

（1）将光标移动到要插入图片的位置。

（2）选择"插入"菜单中的"图像"选项。系统弹出"选择图像源文件"对话框，选择要添加的图片，并单击"确认"按钮，图片添加到网页中，如图 7-5 所示。

（3）在设计视图中，状态栏中显示图片的属性设置区域，对图片属性进行设置。

图 7-5　插入图片

2．编辑图片

通过"图片"工具栏可以对插入的图片进行编辑，以便达到更好的效果。

（1）在图 7-5 所示网页中的图片属性设置区域的"替换"文本框中输入需要替代的文字，例如"风景"。

（2）单击图片属性设置区域的"锐化"按钮，设置锐化的值。

（3）单击图片属性设置区域的"亮度和对比度"按钮，设置亮度和对比度的值。

（4）单击图片属性设置区域"剪裁"按钮，图片中出现剪裁框，用鼠标调节剪裁框，直到这个剪裁框里只剩下要保留的部分，并再次单击"剪裁"按钮，则图片只剩下剪裁框中的部分。

（5）在图片属性设置区域的"高"和"宽"文本框中输入想要调整的图片的高和宽的值。

（6）在图片属性设置区域中选择"对齐"下拉按钮，选择所需要的图片的对齐方式。

3．设置网页背景图片

背景图像是在网页中添加一幅图片，成为文本和前台图像的装饰图片。通过背景图像可以为自己的网页添加颜色、结构、标识、主题和其他可见的图像效果。在 Dreamweaver 8 中，可以使用任意格式的图像文件作为背景图片。

在网页中添加背景图片的设置过程为：

（1）在网页中右击，在弹出的快捷菜单中选择"页面属性"选项。打开"页面属性"对话框。

（2）选中"背景图像"文本框，单击"浏览"按钮，选择背景图片。选择相应图片，单击"确定"按钮，该图片作为背景出现在网页中，如图 7-6 所示。

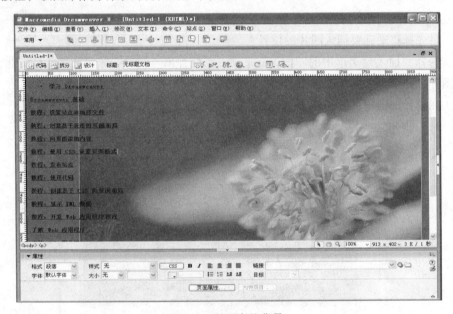

图 7-6　网页中的背景

7.3.4　设置超链接

超链接是 Web 中最重要的特性之一，通过超链接可以把 Web 中各个独立的页面链接在一起，成为一个完整的网站。正是由于超链接的存在，使得 Internet 上信息的浏览变得非常简单和方便。

1．超链接的创建

Dreamweaver 8 提供了创建各种超链接的工具，设计者可以根据超链接的载体特性进行创建，也可以根据目标地址的不同进行创建。

（1）创建文本超链接。在网页中，文本信息是最重要的超链接载体。当使用文本信息充当超链接的载体时，文本信息的颜色会发生改变，并通过下画线进行标注，使浏览者在网页中很容易识别。文本超链接的创建方法如下：

① 在网页中选中特定的文本信息，选择"插入"菜单中的"超级链接"选项，打开"超级链接"对话框，如图 7-7 所示。

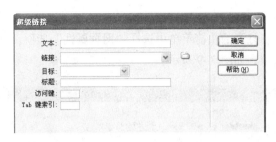

图 7-7　插入超链接对话框

② 在"文本"文本框中输入相应的文字，通过对文字的点击，链接到其他页面中。

③ 在"链接"文本框中确定链接文件的位置和名称，链接文件可以为网站中存在的网页文件，实现网站内链接；也可以输入一个 Web 地址，实现与 Internet 上的页面链接。

④ 单击"确定"按钮完成超链接的创建。

⑤ 在浏览视图中，可以看到选择的文本信息的颜色发生了改变，并添加了一条下画线。将鼠标移动到超链接文本位置时，鼠标的形状类似于一只小手。单击文本超链接，便可以将页面链接到选择的网页中。

为网页中的图片创建超链接的方法与文本超链接的创建方法相同，可以参照文本超链接的创建过程进行设计。

（2）通过"热点"技术创建一个图片对应多个超链接。在 Dreamweaver 8 中，可以利用"热点"技术，实现一个图片链接到多个目标地址的操作，具体的设置过程为：

① 在网页中选择需要设置超链接的图片，同时打开"图像"工具栏。

② 选择系统提供的热点形状，将鼠标移动到图片上，单击确定热点区域的起始点，并拖动鼠标完成热点区域的创建。

③ 热点绘制结束，图片上显示该热点区域的边框，并得到热点属性状态栏，如图 7-8 所示。在该对话框中可以为热点定义超链接，创建过程与文本超链接的创建完全相同。在浏览器中单击图片的热点，可以链接到不同的页面中。

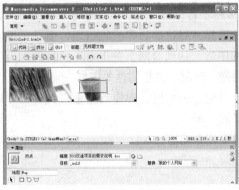

图 7-8　创建矩形热点

2．超链接的设置

建立超链接后，设计者必须根据形势、信息的变化以及具体的要求调整超链接的内容。

（1）设置超链接的颜色。文本超链接的颜色包含：未访问过的、已访问过的、正在访问的链接的文本颜色。设置超链接颜色的目的是通过颜色的差别使访问者了解超链接的状态。

改变超链接颜色的方法为：

① 在网页中右击，在打开的快捷菜单中选择"网页属性"选项，打开"网页属性"界面。

② 选择"链接"选项，如图 7-9 所示。

图 7-9　"页面属性"对话框中"链接"选项卡

③ 设置"链接颜色"、"变换图像链接"、"已访问链接"、"活动链接"等选项，单击"确定"按钮。在浏览视图中，查看超链接的颜色。

（2）编辑超链接。超链接建立好之后，可以直接编辑链接载体的内容和目标地址，具体的编辑过程为：

① 在网页中选择超链接载体。

② 右击，在弹出的快捷菜单中选择"更改链接"选项，打开"选择文件"对话框。

③ 修改超链接的各项属性，单击"确定"按钮完成编辑工作。

7.3.5　插入和编辑表格

1．表格概述

Dreamweaver 8 提供了多种工具，而制表功能是非常重要的工具之一。在网页中通过表格的使用不仅可以有规律地存放数据，对这些数据进行组织，而且还可以经常对表格中的单元格进行调整，在其中放入文本和图形，达到对网页进行布局的目的。为了更好地完成网页中表格的设计，必须先了解表格的功能、组成、表格属性等内容。

表格的最大特点是能有效地组织数据，即使数据量很大，也可以做到清晰明了。目前，几乎所有的浏览器都支持表格的显示。

网页中的表格主要有以下几个功能：

（1）保存数据。

（2）组织网页内容。

一个完整的表格应该包含以下几个部分：

（1）标题。标题是表格的名字，可以通过标题说明表格中的数据特点，例如"学生成绩"。

（2）标题属性。标题属性是用来设置标题的位置，标题可以出现在表格的正上方、底部等。

（3）表头。表头是一个表格的首行，通常用来表示每一列的信息，例如"计算机技术课程"、"网络原理课程"。

（4）单元格。单元格是表格最基本的组成元素，是存放数据的地方。单元格可以有边框，单元格的位置是由表格的行和列共同确定的。行代表一个完整的记录，每一行由多个列组成，一列的数据代表了记录的某个特定的值。例如，每一个学生构成了表格的每一行，而学生的每科课程的成绩就是各列。

在网页中，可以设置的表格属性有：

（1）单元格间距：单元格与相邻单元格的间距，也指边界的间距，单位为像素。

（2）单元格边距：即单元格内的元素与单元格四个边界的距离。当确定了单元格边距的值，则单元格元素与四个边界的距离都不能小于这个值。

（3）行：表格的行。

（4）列：表格的列。

（5）行高：用来设置单元格的行数，即单元格所占的行的高度。

（6）列宽：用来设置单元格的列数，即单元格所占的列的宽度。

（7）边框属性：边框属性包括边框的宽度和颜色。其中，边框的宽度以像素为单位；边框由亮边框和暗边框组成，两者的颜色可以分别设置。

2．表格的基本操作

在 Dreamweaver 8 中，可以在网页中直接使用表格，具体的操作方法与 Word 下的表格操作基本相似。

（1）插入表格。

① 选择"插入"菜单中的"表格"选项，打开"表格"对话框，如图 7-10 所示。其中：

● "行数"文本框：用来设置表格的行数。

● "列数"文本框：用来设置表格的列数。

● "表格宽度"文本框：用来设置表格的宽度，可以填入数值，紧随其后的下拉列表框用来设置宽度的单位，有两个选项——百分比和像素。当宽度的单位选择百分比时，表格的宽度会随浏览器窗口的大小而改变。

● "单元格边距"文本框：用来设置单元格内部空白的大小。

● "单元格间距"文本框：用来设置单元格与单元格之间的距离。

● "边框粗细"文本框：用来设置表格的边框宽度。

图 7-10 "插入表格"界面

② 输入表格的行数、列数，确定表格边框的粗细和颜色，然后单击"确定"按钮，完成在网页中插入设计的表格的操作。

③ 在表格的单元格中添加网页元素，包括文本、列表、图像等，其操作与 Word 中的表格操作类似。通过单元格属性状态栏设置文本信息的属性：文字"居中对齐"，并修改表格的背景颜色，修改后效果如图 7-11 所示。

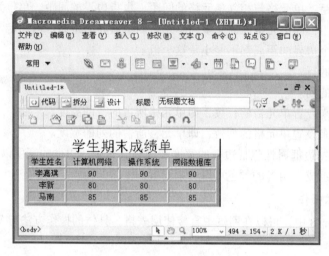

图 7-11　在网页中插入表格

（2）插入行和列。创建好表格后，随着添加数据的增多，原有的表格将不能满足需要。此时，需要在不改变表格原有内容的同时，为表格添加新的行和列。Dreamweaver 8 提供了多种插入行和列的方法，例如，使用菜单方式，利用"表格"工具栏，使用快捷菜单方式。在此仅介绍通过菜单方式实现表格行和列的添加。

① 在表格中选择某一行，选择"修改"菜单中的"表格"选项。在打开的菜单中，选择"插入行或列"选项，打开"插入行或列"对话框，如图 7-12 所示。

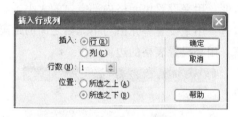

图 7-12　"插入行或列"对话框

② 选择"行"单选按钮，确定需要插入的行数和行的位置，单击"确定"按钮。网页中的表格将增加新的行。利用同样的方法可以在网页的表格中增加新的列。

3．编辑表格

建立一张表格后，可以对表格的布局和背景等细节进行设置，从而使网页的布局更加合理、美观。表格的编辑主要通过表格属性状态栏和单元格属性状态栏进行。下面将详细地介绍这两项内容。

（1）表格属性状态栏。在网页中选中表格，右击，在打开的快捷菜单中选择"属性"选项，得到表格属性状态栏，如图 7-13 所示。

图 7-13　表格属性状态栏

（2）单元格属性状态栏。单元格是表格的基本单位，可以对单元格的属性进行设置，从而改变整个表格的外观。在网页中选中某个单元格，右击，在打开的快捷菜单中选择"属性"选项，得到单元格属性状态栏，如图 7-14 所示。

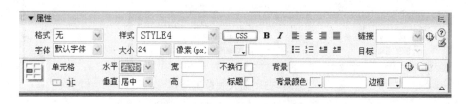

图 7-14 单元格属性状态栏

4．在单元格中添加"超链接"

网页最大的特点之一是具有超链接功能，即在当前的页面中通过单击超链接，可以直接链接到另一个网页中。单元格也可以添加超链接，具体的操作过程为：

（1）选中某一单元格，单击单元格属性状态栏上的"链接"文本框后的"浏览文件"按钮，打开"选择文件"对话框。

（2）选择超链接对应的主页文件，并单击"确定"按钮。

（3）进入浏览视图，单击设定的超链接，就会打开链接的网页。

7.3.6　插入和编辑表单

1．表单概述

表单是在网页中实现与浏览者交流的主要工具，是用来收集访问者信息的主要网页元素。用户在表单中输入信息，并单击"提交"按钮，将个人信息传输到服务器。服务器收到用户的信息，进行整理和保存，并返回给用户提示信息。利用 Dreamweaver 8 的表单工具，能够轻松地创建各种表单。通过网页中的表单功能，可以轻松实现与访问者交互信息的功能，并能够收集用户信息，例如，在网站中提供用户注册、登录、意见调查、网上交易等操作。

在一个网页中可以包含一个或多个表单，每个表单由若干表单元素、说明文本、网页元素组成。在网页中的表单是通过它的名字进行识别的。

表单元素是组成表单的最小单位，也是表单中不可缺少的组成部分。每一个表单元素必须有自己的名称，该名称是该表单元素的唯一标志。表单元素主要包括以下几个内容：对话框、文本框、单选按钮、复选框、按钮、下拉列表框、图片、标签等。

2. 表单的创建

Dreamweaver 8 提供了多种创建表单的方法，在此主要介绍利用工具栏创建表单的方法。

（1）选择"窗口"菜单中的"插入"选项，打开"插入"工具栏，并单击下拉按钮选择"表单"选项，得到图 7-15 所示界面。

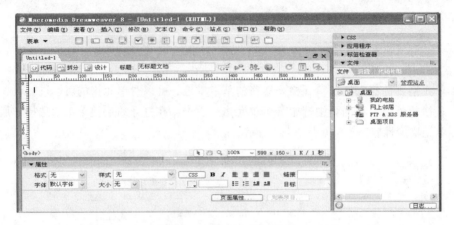

图 7-15　插入表单工具栏

（2）可以通过单击"表单"工具栏上的按钮，创建各类表单。主要包括：

① 表单：在文档中插入表单，Dreamweaver 8 在 HTML 源代码中插入开始和结束<form>标签。任何表单对象，必须插在<form></form>标签对中，只有这样浏览器才能正确处理表单数据。

② 文本字段：在表单中插入文本字段，文本字段可接受任何类型的字母和数学项。输入的文本可以显示为单行、多行，或者显示为项目符号或星号（用于保密数据，例如密码等）。

③ 隐藏域：在文档中插入一个可以存储用户数据的域。隐藏域可以存储用户输入的信息，如姓名、电子邮件，用户在下次访问站点时可以使用这些数据。

④ 复选框：在表单中插入复选框，并允许用户在多个选项中进行选择，同时可以选择多个选项。

⑤ 单选按钮：在表单中插入单选按钮，系统提供多个单选按钮的选择，但是用户只能选择一项。例如，用户选择性别选项。

⑥ 单选按钮组：插入共享同一名称的单选按钮的集合。

⑦ 列表/菜单：可以在列表中创建用户选项，"列表"选项在滚动列表中显示选项值，并允许用户同时选择多个选项。

⑧ 跳转菜单：在页面中插入可以导航的列表或弹出式菜单。跳转菜单允许插入菜单，在菜单中的每个选项均可以链接到相关的文档或文件中。

⑨ 图像域：可以在表单中插入图像，利用图像域替换"提交"按钮，可以生成图形化按钮。

⑩ 文件域：在文档中插入空白文本框和"浏览"按钮。用户利用文件域可以浏览到硬盘上的文件，并将选择的文件作为表单的数据上传。

（3）选择所需要的表单元素。在每个表单元素前，可以添加文字说明，描述表单元素的特性。

（4）双击各表单元素，可以设置表单元素的属性。

3. 设置表单属性

（1）选择创建的表单，打开表单属性状态栏，如图 7-16 所示。

图 7-16 表单属性状态栏

（2）在表单属性中可以进行如下设置：

① "表单名称"文本框：设置表单唯一的名称标识，用以识别表单。

② "动作域"文本框：设定处理该表单的动态页或脚本的路径。

③ "方法"下拉按钮：选择将表单数据进行传输的方法，其中：GET 方法将值追加到请求该页的 URL 中；POST 方法在 HTTP 请求中嵌入表单数据。

④ "MIME 类型"下拉按钮：制定对提交给服务器进行处理的数据使用 MIME 编码类型。

⑤ "目标"下拉按钮：指定一个窗口，在该窗口中显示调用程序所返回的数据。

4. 表单元素的添加和属性设置

在表单中可以添加多个表单元素，每个表单元素都有自己的属性。通过设置表单元素的属性，可以修改表单元素的特性。

（1）添加和修改文本域。

① 在网页中用鼠标定位文本域的位置，添加"文本域"表单元素，得到图 7-17 所示界面。

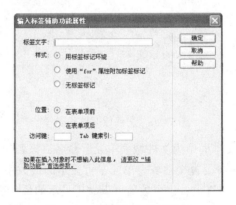

图 7-17 创建文本域对话框

② 输入标签文字的内容和访问键，并设置样式，单击"确定"按钮完成文本域的创建。

③ 双击创建的文本域，得到文本域属性状态栏，如图 7-18 所示。

图 7-18 文本域属性状态栏

④ 输入文本域的名称，该名称是文本域表单元素的唯一标识；在"初始值"文本框中为表单元素赋予初始值，供用户参考；在"字符宽度"文本框中设置可视输入宽度；在"类型"单选按钮组中设置该文本域为单行、多行或密码域（其中，密码域主要是针对口令显示设置的，口令在文本框中输入的内容将以"*"形式显示，而不显示真实信息）；在"最多字符数"文本框中输入该文本区域可以输入的最大字符数和多行文本区域可以输入的最多行数。

（2）添加和修改文件域。很多网站为用户提供了文件上传的功能，这样可以增加网站的信息量，也可以调动浏览者的兴趣。Dreamweaver 8 利用文件域实现从本地计算机向服务器上传文件，提供了实现文件上传的功能，操作过程如下：

① 在网页中用鼠标定位文件域的位置，添加"文件域"表单元素，如图 7-19 所示。

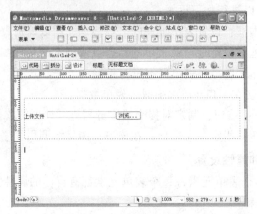

图 7-19　文件域表单元素

② 双击创建的文件域表单元素，得到文件域表单元素的属性状态栏，如图 7-20 所示。

图 7-20　文件域属性状态栏

③ 在"文件域名称"文本框中为文件域表单元素命名，该名称是文件域表单元素的唯一标志；在"字符宽度"文本框中设置文件域表单元素可显示的最大字符数；在"最多字符数"文本框中设置可以输入的最大字符数，这个数值可以大于显示的最大字符数。

注　意

在使用文件域时，要保证文件服务器允许进行匿名传输。

（3）添加和修改复选框。复选框可以实现访问者一次选择多个选项的操作，复选框应该包含文字说明。复选框的创建过程为：

① 在网页中用鼠标定位复选框的位置，添加"复选框"表单元素，在网页中创建多个复选框表单元素。将鼠标定位在每个复选框之前，并输入文字说明。

② 双击各复选框，得到复选框属性状态栏，如图 7-21 所示。

图 7-21　复选框属性状态栏

③ 输入复选框的名称，该名称是复选框表单元素的唯一标志；在"选定值"文本框中设置复选框被选择时的取值；在"初始状态"单选按钮组中，设定该复选框是否处于选中状态；

利用上述方法，可以添加和设置其他表单元素。

7.3.7　框架结构的使用

1．框架概述

框架是一种特殊的网页，它是设计网页构架的专用工具。框架的作用是将一个网页分割成几个不同的单元，每一个单元就是一个框架，显示一个页面，这些页面可以同时在浏览器上显示。被框架分割为各单元的内容可以是独立的，也可以设置相互的超链接。

一个网页中可以包含多个框架，每一个独立的框架是一个真正的网页文件，而且只能包含一个网页文件，这个网页可以是一个普通的网页文件，也可以是另一个框架网页。网页中可以实现"框架的嵌套"，即在一个框架网页中包含另一个框架网页。

2．创建和编辑框架

（1）选择"插入"菜单中的 HTML 级联菜单下的"框架"选项，系统提供了多种不同形式的框架，如图 7-22 所示。

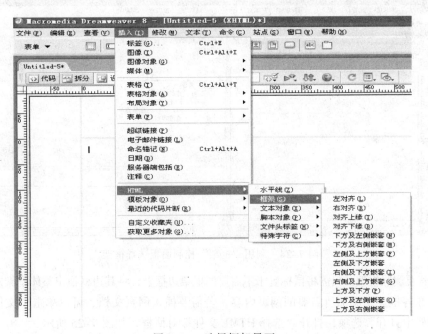

图 7-22　选择框架界面

（2）选择所需要的框架形式，完成在网页中框架的创建，如图 7-23 所示。

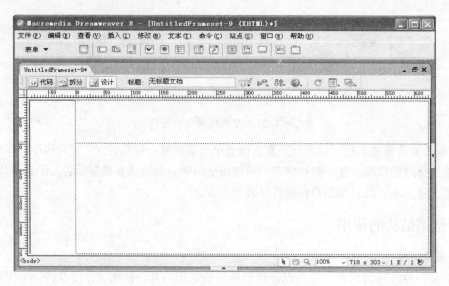

图 7-23 新建的框架网页

（3）通过鼠标直接拖动内部边框，可以调整框架页面的大小。按住【Alt】键后拖动内部边框，也可以实现内部框架页面的拆分。

（4）选择"窗口"菜单中的"框架"选项，在"高级布局"面板中得到"框架"控制面板。

（5）如果要选择框架，直接单击"框架"控制面板中对应的框架即可，同时，在网页文档中被选定的框架四周边框以虚线的形式显示，如图 7-24 所示。如果要选择当前网页中的所用框架，则利用鼠标点击"框架"控制面板周围的框架边框。

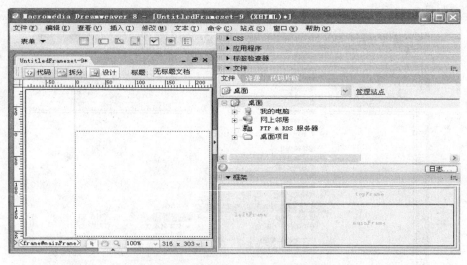

图 7-24 利用"框架"控制面板选择框架

（6）若要删除框架，只需将鼠标置于不需要的框架边框上，将其边框拖出整体框架之外即可。

（7）在各框架中添加所需要的网页内容，若需要插入网页文档，可以单击"文件"菜单中的"在框架中打开"选项，打开"选择 HTML 文件"对话框，如图 7-25 所示。

图 7-25 "选择 HTML 文件"对话框

（8）保存框架网页时，在各框架中创建的新网页同时被保存起来。

3．设置框架的属性

在设计框架网页后，可以根据需要对框架的属性进行修改和设置，具体的操作过程为：

（1）在"框架"控制面板中选择框架，得到框架属性状态栏，如图 7-26 所示。

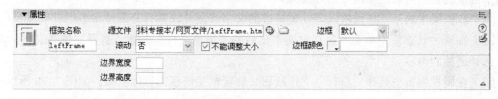

图 7-26　框架属性状态栏

（2）设置框架的基本属性，如名称、对应的初始网页、框架大小、边距等属性，需要特殊说明的是：

① "框架名称"文本框：输入框架的名称；

② "源文件"文本框：该框架对应的目标网页的名称和位置。

③ "边界宽度"文本框和"边界距高度"文本框：设定网页内容与框架边框的距离，该距离设置的越大，观看网页越困难。

④ "不能调整大小"复选框：禁止用户在浏览器中拖动框架边框调整当前边框的大小。

⑤ "滚动"下拉按钮：确定在框架中是否允许出现滚动条。

⑥ "边框"下拉按钮：用来设置当前框架是否显示边框。

⑦ "边框颜色"下拉按钮：用来设置边框的颜色。

4.设置框架集的属性

（1）在网页设计视图单击两个框架之间的边框，可以打开"框架集属性"状态栏，如图 7-27 所示。

图 7-27　框架集属性状态栏

（2）设置框架集的基本属性。

① "边框" 下拉按钮：用来设置当前框架是否显示边框。

② "边框颜色" 下拉按钮：用来设置边框的颜色。

③ "边框宽度" 下拉按钮：指定当前框架集的边框宽度，若值为 0，则表示不显示边框。

④ "值" 下拉按钮：设置选定行、列的大小。

⑤ "单位" 文本框：选择行和列的尺寸的度量单位。

5. 设置框架的链接

利用框架结构，可以将网页导航的内容显示在框架固定的地方，这需要为框架建立链接。只有通过设置框架链接目标，才能实现框架内的链接。链接目标是指框架内要链接的网页的内容。在当前框架中单击超链接，超链接对应的页面在哪个框架中显示，哪个框架就是原有框架的目标框架。框架的链接既可以实现由另一个框架区域显示链接内容，还可以实现在新的窗口中显示链接内容。实现框架链接的方法为：

（1）在框架中的某一区域输入建立超链接的文字或图片，并打开属性状态栏。

（2）在属性状态栏中单击 "链接" 文本框后的 "浏览文件" 按钮，打开 "选择文件" 对话框，选择链接的内容。

（3）在属性面板中选择 "目标" 下拉按钮，确定框架链接的目标框架，如图 7-28 所示。

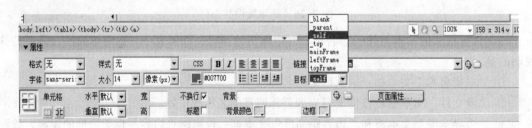

图 7-28　"链接目标" 选择界面

① _blank：打开一个新的浏览器窗口，显示所链接文件的内容，并保持原窗口的打开状态。

② _parent：在包含该链接框架的父框架结构中显示链接的文件。

③ _self：在建立链接的框架内显示要链接的文件内容，并替代原框架内容。

④ _top：将链接的文件显示在最外层的框架结构中，并移去所有框架。

⑤ mainFrame：在主框架区域中显示链接文件的内容。

⑥ leftFrame：在左框架区域中显示链接文件的内容。

⑦ topFrame：在上面框架区域中显示链接文件的内容。

7.3.8 创建和编辑 CSS 样式

1. CSS 样式概述

CSS（cascading style sheet）被称为层叠样式表，又称为级联样式表。CSS 技术是一种格式化网页的技术，不仅能够定义文字格式，还可以为文字创造出多彩多姿的图形效果。

使用 CSS 技术除了可以在单独网页中应用一致的格式外，同时对于大型网站的格式设置和维护有着非常重要的意义。在样式表文件中定义 CSS 文件，多个网页同时使用该样式，当需要修改样式表文件时，就更新了相应网页的内容，不仅可以统一网页格式，而且可以简化网页开发和维护工作。CSS 已经成为专业设计网站的一项非常重要的技术。

2. 使用 CSS 样式表面板

使用 CSS 样式设计面板可以创建和管理 CSS 样式，具体方法如下：

（1）选择"窗口"菜单中的"CSS 样式"选项，打开 CSS 样式设计面板，如图 7-29 所示。

（2）选择要编辑的 CSS 样式名称，右击，得到图 7-30 所示界面。根据需要选择相应的操作方式。

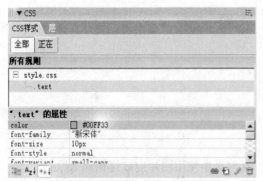

图 7-29 "CSS 样式"面板　　　　　图 7-30 CSS 样式各种操作选项

3. 新建 CSS 样式

（1）在图 7-30 所示菜单中选择"新建"选项，得到图 7-31 所示对话框。

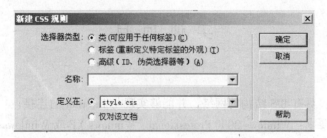

图 7-31 "新建 CSS 规则"对话框

（2）设定选择器类型，输入 CSS 样式的名称，并在"定义在"选项区域中选择新建的 CSS 位置（可选择嵌入到当前网页中或新建样式表文件），单击"确定"按钮。

（3）若选择新建样式表文件，得到保存样式表文件界面，输入文件名称，并单击"保存"按钮，得到图 7-32 所示对话框。

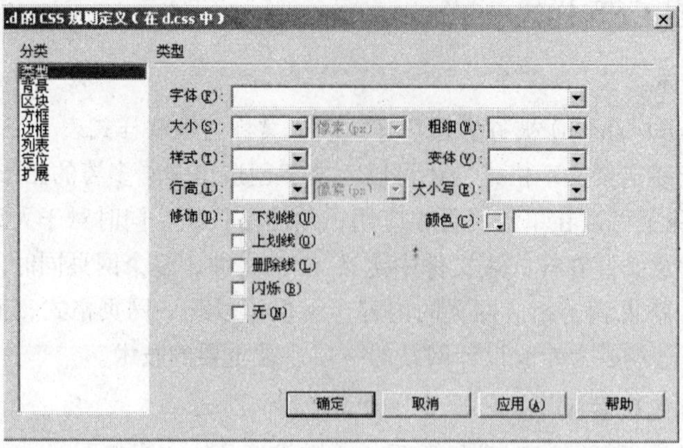

图 7-32　".d 的 CSS 规则定义"对话框

（4）分别设置 CSS 规则的各分类项。

习　　题

1. 什么是动态网页？什么是静态网页？
2. Html 文件的组成是什么？
3. 什么是绝对路径？什么是相对路径？
4. Dreamweaver 8 提供了哪些新功能？
5. Dreamweaver 8 的工作区是什么？
6. Dreamweaver 8 支持的图片格式有哪些？在网页中使用图片应该遵循什么原则？
7. 表格的功能是什么？表格由几部分构成，分别是什么？
8. 什么是网页的超链接？它的组成、分类是什么？
9. 什么是表单？表单的作用是什么？常见的表单元素有哪些？
10. 框架的作用是什么？框架的使用特点是什么？

实 训 项 目

实训环境与条件

（1）网络环境：具有 B/S 结构的网络，并能够实现与 Internet 的连接。

（2）操作系统要求：Windows 2000 Professional、Windows XP 或 Windows 2000 Server。

（3）软件需求：在服务器端具有 Dreamweaver 8 软件、图形图像处理软件、文字处理软件；客户端应该具有 IE 6.0 以上版本。

实训 1　HTML 语言设计实训

（1）实训目标：

① 掌握 HTML 文件的基本结构。

② 掌握 HTML 各种标记语言的应用。

（2）实训内容：在文本文件中，完成以下内容：

① 创建 HMTL 文件。

② 完成 head 文件的设计。

③ 完成 body 文件的设计。

④ 在网页中实现文本框、单选按钮、复选框等表单元素的设计。

⑤ 在网页中添加表格。

⑥ 在网页中添加滚动条。

实训 2　网页中的文本和图片编辑实训

（1）实训目标：在 Dreamweaver 8 中创建空白页，并实现文本和图片的添加和编辑。

（2）实训内容：

① 创建和保存空白页。

② 在空白页中添加文本，实现文本的编辑。

③ 在网页中添加图片，对图片进行编辑。

④ 设置图片的属性。

实训 3　表格设计实训

（1）实训目标：在 Dreamweaver 8 中插入表格，对表格进行编辑。

（2）实训内容：

① 在网页中添加不同类型的表格。

② 对表格进行各种操作。

③ 编辑表格。

④ 实现布局表格的创建和设置。

实训 4　超链接设计实训

（1）实训目标：在 Dreamweaver 8 中添加超链接，并对超链接进行编辑和设置。

（2）实训内容：

① 在网页中添加不同类型的超链接。

② 对超链接进行设置。

实训 5　表单设计实训

（1）实训目标：在 Dreamweaver 8 中添加表单和各种表单元素，并对表单和表单元素进行设置。

（2）实训内容：

① 在网页中添加表单和各类表单元素。

② 设置表单和表单元素的属性。

③ 实现表单结果的保存。

实训 6 框架设计实训

（1）实训目标：在 Dreamweaver 8 中添加框架、音乐背景、视频，并对各项元素的属性进行设置。

（2）实训内容：

① 在网页中添加框架。

② 设置框架的属性。

实训 7 网页综合设计实训

（1）实训目标：自己选择一个网页主题，并设计一个专题网站。

（2）实训内容：

① 选择网页主题。

② 建立十个以上的网页。

③ 每个网页应该包含图片、文本、超链接、音乐背景、视频。

④ 在网站中，提供用户注册的表单信息。

⑤ 添加网页计数器。

⑥ 使用表格布局方式，设计网页版面。

⑦ 网站的主页文件为 index.htm。

⑧ 实现网站的发布。

第**8**章

ASP 脚本语言

学习目标

- 了解脚本语言的定义。
- 了解 VBScript 的特点。
- 了解 VBScript 运算符的类型和引用方法。
- 了解 VBScript 的函数类型。
- 掌握 VBScript 编程的基本格式。
- 掌握 VBScript 数据类型的特点和类型。
- 掌握 VBScript 常量和变量的命名规则和使用方法。
- 掌握 VBScript 数组的定义方法。
- 掌握 VBScript 程序的设计方法。
- 掌握 VBScript 过程的设计方法。

8.1 VBScript 脚本语言概述

脚本语言就是介于 HTML 和 C、C++、Java、VB、C#等编程语言之间的一种语言。脚本语言与编程语言有很多相似的地方，但编程语言的语法和规则更为严格和复杂一些。因此，脚本语言比编程语言简单易学，功能要少于编程语言。

ASP 程序为嵌入到 HTML 页面中的脚本语言提供了运行环境，在 ASP 程序中默认的脚本语言为 VBScript。

8.1.1 VBScript 语法格式

为了使用 VBScript 完成脚本语言的设计，必须了解 VBScript 脚本程序的执行位置、基本语法格式等内容。

VBScript 就是一种脚本语言，可以用于微软 IE 浏览器的客户端脚本和微软 IIS (Internet Information Service) 的服务器端脚本。VBScript 脚本程序既可以在服务器端执行，也可以在客户

端执行。VBScript 程序可以写在 HTML 页面中的<head></head>标记对里，也可以写在页面的
<body></body>标记对里。

在 HTML 内插入<Script> </Script>标记对，在该标记对之间写入 VBScript 代码程序，浏览器能
够根据脚本语言的代码要求进行解释，或者把脚本程序放在< % % >之间。基本语法格式为：

格式一：

```
<Script Language =" VBScript" Runat="Server">
          VBScript 代码
< /Script >
```

格式二：

```
< % VBScript 代码 % >
```

8.1.2　VBScript 编码规则

编写 VBScript 程序代码时需要按照编码约定的要求进行。编码约定包含以下内容：

（1）对象、变量和过程的命名约定。

（2）注释约定。

（3）文本格式和缩进指南。

使用一致的编码约定的主要原因是使 VBScript 的结构和编码样式标准化，这样易于阅读和理解
代码。使用好的编码约定可以使源代码明白、易读、准确，更加直观，且与其他语言约定保持一致。

8.2　VBScript 脚本语言的编程基础

VBScript 脚本语言是微软编程语言 Visual Basic 家族中的一个成员。它的基本设计思想和方
法与 Visual Basic 或者 Visual Basic for Applications 非常一致。

8.2.1　VBScript 的数据类型

在各种编程语言中广泛地使用"数据类型"这个概念，数据类型体现了数据结构的特点。
对程序而言，数据是它的必要组成部分，同时是它处理的对象。

VBScript 只有一种数据类型，称为 Variant。因为 Variant 是 VBScript 中唯一的数据类型，所
以它也是 VBScript 中所有函数的返回值的数据类型。Variant 是一种特殊的数据类型，根据使用
的方式不同，它可以包含不同类别的信息，例如字符串、整数、日期、波尔等。这些不同的数
据类别称为数据子类型，如表 8-1 所示。

表 8-1　Variant 包含的数据子类型

子　类　型	描　　　　　述
Empty	未初始化的 Variant。对于数值变量，值为 0；对于字符串变量，值为零长度字符串("")
Null	不包含任何有效数据的 Variant
Boolean	包含 True 或 False
Byte	包含 0 到 255 之间的整数
Integer	包含-32 768 到 32 767 之间的整数
Currency	-922 337 203 685 477.580 8 到 922 337 203 685 477.580 7

子 类 型	描 述
Long	包含 –2 147 483 648 到 2 147 483 647 之间的整数
Single	包含单精度浮点数，负数范围从 –3.402823E38 到 –1.401298E–45，正数范围从 1.401298E–45 到 3.402823E38
Double	包含双精度浮点数，负数范围从 –1.79769313486232E308 到 –4.94065645841247E–324，正数范围从 4.94065645841247E–324 到 1.79769313486232E308
Date(Time)	包含表示日期的数字
String	包含变长字符串，最大长度可为 20 亿个字符
Object	包含对象
Error	包含错误号

一般情况下，Variant 会实现数据子类型的自动转换，但是也可以使用转换函数来转换数据的子类型。另外，可使用 VarType 函数返回数据的 Variant 子类型。

8.2.2 VBScript 的常量与变量

1. VBScript 常量

常量是具有一定名称，在程序执行过程中值保持不变的项目。可以在程序代码的任何位置使用常量代替实际值，从而方便了编程。常量可以是字符串、数字、其他常数或任何除了 Is 和指数运算符之外的算术或逻辑运算符组成的混合算式。常量一经声明，则不能改变其值。

使用 Const 语句在 VBScript 中定义常量，例如：

```
<%
    Const  MyString = "这是一个字符串。"
    Const  ConDate = #2010-5-10#
    Const  PI=3.14
%>
```

常量的命名可以使用字母、数字、下画线等字符，但是第一个字符必须是大写的英文字母，中间不能有标点符号和运算符号。常量的名字不能使用 VBScript 的关键字，长度在 255 个字符以内。

VBScript 常量根据作用域的不同，也可以分为过程级常量和全局级常量。常量的作用域是由声明常量的位置决定的，如果在一个子程序或函数中定义的常量，则该常量只能在该函数或子程序中有效；否则，常量在整个文件中有效。

2. VBScript 变量

VBScript 变量是一种使用方便的占位符，用于引用计算机内存地址，该地址可以存储 Script 运行时可更改的程序信息。变量的值可以随时进行修改，其值在计算机内存中占据一定的存储单元。变量名代表着该变量在内存中的地址。例如，可以创建一个名为 ClickCount 的变量来存储用户单击 Web 页面上某个对象的次数。使用变量并不需要了解变量在计算机内存中的地址，只要通过变量名引用变量就可以查看或更改变量的值。在 VBScript 中只有一个基本数据类型，即 Variant，因此所有变量的数据类型都是 Variant。

VBScript 变量命名规则为：

（1）第一个字符必须是字母，只能由字母、数字和下画线组成。

（2）不能包含句号字符。

（3）长度不能超过 255 个字符。

（4）在被声明的作用域内必须唯一。

（5）不能使用 VBScript 的关键字作为变量名。

在使用一个变量之前，可以不预先声明，程序为变量赋值后，会自动声明。但是在编写程序时，可能由于输入错误，造成新变量的出现，影响程序的正常运行，因此，在使用一个变量前要首先声明这个变量。VBScript 使用 Dim 语句、Public 语句和 Private 语句显式声明变量，声明多个变量时，使用逗号分隔变量。声明方法如下：

```
<%
Dim top,bottom,left,right
%>
```

如果希望 VBScript 中的所有变量都被定义，则可以使用 Option Explicit 语句显式声明，并将其放在所有 ASP 语句前。

给变量赋值的表达式为：变量在表达式左边，要赋的值在表达式右边。例如：

```
<%
top = 30
bottom = 50
left = top+bottom
right = bottom
%>
```

8.2.3　VBScript 运算符

VBScript 有一套完整的运算符，包括算术运算符、比较运算符、连接运算符和逻辑运算符。其中，算术运算符用于连接运算表达式，比较运算符用于比较数值或对象，逻辑运算符主要用于连接逻辑变量，连接运算符用来连接两个字符串。各种运算符号及说明如表 8-2 所示。

表 8-2　各种运算符号及其说明

算术运算符		比较运算符		逻辑运算符		连接运算符	
符号	说明	符号	说明	符号	说明	符号	说明
^	求幂	=	等于	Not	非	&	字符串连接
−	负号	<>	不等于	And	与	+	字符串连接
*	乘	<	小于	Or	或		
/	除	>	大于	Xor	异或		
\	取整除法	<=	小于等于	Eqv	等价		
Mod	求余	>=	大于等于	Imp	隐含		
+	加	Is	比较两个对象引用				
−	减						

当表达式包含多个运算符时，将按系统预定的顺序计算每一部分，这个顺序被称为运算符的优先级。当表达式包含多种运算符时，首先计算算术运算符，然后计算比较运算符，最后计算逻辑运算符。所有比较运算符的优先级相同，即按照从左到右的顺序计算比较运算符。

8.2.4 VBScript 数组

数组就是由许多名称相同的变量聚集在一起，数组的用法和普通变量是完全一样的，它也可以存入任何数据类型，唯一的不同点是它在内存中占据的是一块连续的空间，可以依序给它们编号，再依编号来使用它们。使用数组之前一定要先声明，这是和普通变量不同的地方。

数组的定义方法是：

```
Dim    数组名(n)
```

注意：VBScript 中的数组是从 0 开始计数的，所以定义的数组中包含了 n+1 项元素。如要声明 10 个变量只要写 Dim a(9)。

如果不想在程序开始时就设置数组的大小，而是希望在程序执行时根据情况而定，可以声明一个尚未定义大小的数组变量，到要使用时再定义它的大小，如果到最后觉得它不够大了，也可以再重新定义。

不设置大小的数组定义方法：

```
Dim    数组名()
```

只要在括号中不输入数值，就可以定义一个不确定大小的数组，但是用户不能使用这个数组，因为还没定义它的大小，想要重新定义的话必须做如下定义：

```
Redim    数组名(n)
```

这样就可以重新定义它的大小，并且也可以再使用数组。如果又觉得数组太大或太小，也可以再用 Redim 重新定义，但有一点要注意的是：在重新定义以后，之前的数据都会消失。如果一定要保留数组中原有的值，可以使用如下语句来重新定义：

```
Redim Preserve 数组名(n)
```

例如：

```
<Script language = "VBScript">
<!--
    dim score()                      '声明不确定个数的数组
    redim score(2)                   '重新定义数组变量为 3 个
    score(0) = 90                    '给数组赋值
    score(1) = 86
    score(2) = 99
    redim score(4)                   '重新定义数组，原来的数值都会被取消
    score(4) = 78                    '定义 score(4)
    score(0) = 30                    '重新给 score(0) 到 score(3) 赋值
    score(1) = 40
    score(2) = 50
    score(3) = 60
    redim preserve score(5)          '重新定义数组变量为 6 个，但保留原数组数值
    score(5) = 100                   '给 score(5) 赋值
-->
</Script>
```

8.2.5 VBScript 的容错语句

当程序在执行过程中发生异常或错误时，会自动终止运行，同时将错误信息显示到页面上。如果希望程序在执行过程中即使发生错误，也不终止程序，那么必须在程序中添加容错语句。

容错语句的语法结构为：On Error Resume Next。这条语句表示，如果程序发生错误，就跳过出错的程序，继续执行下一条语句。

8.3 VBScript 程序设计

8.3.1 VBScript 程序的基本控制结构

作为结构化程序设计语言，VBScript 程序的基本控制结构可以分为以下 3 种：

（1）顺序结构——程序的执行过程按照程序语言排序的先后顺序依次执行。

（2）选择结构——判断给定的条件是否满足，根据判断结果决定执行的程序语句。

（3）循环结构——可以使某段程序被反复执行多次。

本节重点介绍选择结构和循环结构。

8.3.2 VBScript 分支结构

使用条件语句可以编写进行判断的 VBScript 代码。在 VBScript 中可使用以下条件语句，包含 If...Then...Else 条件语句和 Select Case 多分支条件选择结构。

1. If...Then...Else 条件语句

（1）基本语句结构。

```
If  条件语句 Then
    执行语句 1
Else
    执行语句 2
End If
```

使用 If...Then...Else 条件语句进行判断，条件为 True 时，运行某段代码；条件为 False 时，运行另一语句块，例如：

```
<%
    vMon=Month(Date)
     'Date 函数返回当前系统日期， Month 函数返回所给日期的月份数
    if vMon >= 3 or vMon <11 then
        document.write("天气适宜，多多运动")
    else
        document.write("天气寒冷，注意保暖")
    end if
%>
```

（2）省略 Else 语句的条件语句结构。

```
 If  条件语句 Then
       执行语句
 End If
```

如果需要在条件为 true 时只执行一行语句，则可以省略 Else 语句，例如：

```
<script type="text/vbscript">
    a=Month(Date)
         'Date 函数返回当前系统日期，Month 函数返回所给日期的月份数
    if a = 5 then
        document.write("这个月是 5 月份。")
    end if
```

```
</script>
```

（3）嵌套的 If 语句结构。

```
If   条件语句 1 Then
      执行语句 1
ElseIf 条件语句 2 Then
      执行语句 2
       …
   Else
      执行语句 n+1
End If
```

对多个条件进行判断时，If...Then...Else 语句允许添加一个或多个 ElseIf 子句以扩充 If...Then...Else 语句的功能，实现 If 语句的嵌套，从而控制基于多种可能的程序流程，例如：

```
<script type="text/vbscript">
        vDay=Weekday(Date)
            'Date 函数返回当前系统日期
            'Weekday 函数返回代表一星期中某天的整数，系统默认周日值为 1
        if vDay = 6 then
           document.write("今天星期五了。")
        elseif vDay > 1 and vDay <6 then
                  document.write("明天要上班。")
                else
                  document.write("周末到了！")
        end if
</script>
```

2. Select Case 结构

虽然可以通过添加任意多个 ElseIf 子句以提供多种选择，但是通常会使程序变得很繁琐。Select Case 结构提供了 If...Then...ElseIf 结构的一个变通形式，可以从多个语句块中选择执行其中的一个。Select Case 语句提供的功能与 If...Then...Else 语句类似，但是可以使代码更加简练易读。

Select Case 结构在其开始处使用一个只计算一次的简单测试表达式。表达式的结果将与结构中每个 Case 的值比较。如果匹配，则执行与该 Case 关联的语句块，语句结构为：

```
Select Case 变量或表达式
Case 结果 1
      执行语句 1
Case 结果 2
      执行语句 2
…
Case 结果 n
      执行语句 n
Case Else
      执行语句 n+1
End Select
```

下面给出一个完整的例子，程序运行结果如图 8-1 所示。

【例 8-1】显示当日的星期。

```
<html>
    <head><title>VBScript 代码示例 - Select Case 条件语句</title></head>
```

```
<body>
    <%
        dim vDay
        vDay=Weekday(Date)
        response.write(vDay&"<br>")
        Select Case vDay
          Case 1
              response.write("今天是星期天。")
          Case 2
              response.write("今天是星期一。")
          Case 3
              response.write("今天是星期二。")
          Case 4
              response.write("今天是星期三。")
          Case 5
              response.write("今天是星期四。")
          Case 6
              response.write("今天是星期五。")
          Case else
              response.write("今天是星期六。")
          end select
    %>
</body>
</html>
```

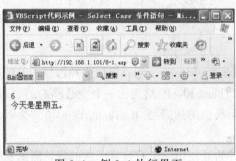

图 8-1 例 8-1 执行界面

请注意 Select Case 结构只计算开始处的一个表达式，而 If...Then...ElseIf 结构计算每个 ElseIf 语句的表达式，这些表达式可以各不相同。仅当每个 ElseIf 语句计算的表达式都相同时，才可以使用 Select Case 结构代替 If...Then...ElseIf 结构。

8.3.3 VBScript 循环结构

循环用于重复执行一组语句，在 VBScript 中非常重要。循环可分三类：

（1）在条件变为 False 之前重复执行语句。

（2）在条件变为 True 之前重复执行语句。

（3）按照指定的次数重复执行语句。

在 VBScript 中可使用下列循环语句：

（1）Do...Loop：当（或直到）条件为 True 时循环。

（2）While...Wend：当条件为 True 时循环。

（3）For...Next：指定循环次数，使用计数器重复运行语句。

（4）For Each...Next ：对于集合中的每项或数组中的每个元素，重复执行一组语句。

1．Do...Loop 循环

使用 Do...Loop 语句可以多次运行语句块。当判断条件为 True 时或条件变为 True 之前，重复执行语句块。Do...Loop 循环语句包含以下两种语句：

（1）Do While...Loop 语句。

```
Do While 条件 1
        执行语句
Loop
或
Do
        执行语句
Loop While 条件 2
```

第一种循环结构先检查条件 1 是否为 True，如果为 True，进入循环执行语句；第二种循环结构先不做任何判断，直接进入循环执行语句，在执行 1 次执行语句后，判断条件 2 是否为 True，如果条件为 True，会继续执行语句。这两种循环结构基本上可以实现相同的循环效果，但是当初始条件不成立时，第二种循环结构会产生错误的运行结果。

（2）Do Until...Loop 语句

```
Do Until 条件 1
        执行语句
Loop
或
Do
        执行语句
Loop Until 条件 2
```

第一种循环结构先检查条件 1 是否为 False，如果为 False，进入循环执行语句；第二种循环结构先不做任何判断，直接进入循环执行语句，在执行 1 次执行语句后，判断条件 2 是否为 False，如果条件为 False，会继续执行语句。

下面给出一个简单的 Do...Loop 循环例子，运行结果如图 8-2 所示。

【例 8-2】 计算从 1 到 100 的运算和。

```
<html>
<head><title>VBScript 代码示例 - Do While Loop 循环语句</title></head>
<body>
<%
    Dim sum,counter
    counter = 0
    sum = 0
    Do While counter <= 100
        sum = sum + counter
        counter = counter + 1
    Loop
    Response.Write"1 到 100 的和="&Cstr(sum)
    %>
</body>
</html>
```

图 8-2 例 8-2 执行界面

2. While...Wend 循环

While...Wend 语句是为那些熟悉其用法的用户提供的。但是由于 While...Wend 缺少灵活性，所以建议最好使用 Do...Loop 语句。While...Wend 语句结构如下：

```
While 条件
     执行语句
Wend
```

当条件为 True 时，执行循环体中的语句，直到条件为 False，才会结束循环。

例如：

```
<%
Dim counter, myNum
counter = 0
myNum = 20
While myNum > 10
myNum = myNum - 1
counter = counter + 1
Wend
MsgBox "循环重复了 " & counter & "次。"
%>
```

3. For...Next 循环

For...Next 语句是用于指定语句块运行次数的循环，属于强制型循环。在循环中使用计数器变量，该变量的值随每一次循环增加或减少。For...Next 的语句结构如下：

```
For 计算器变量 = 初始值 TO 终值 Step 步长
     执行语句
Next
```

需要说明的是：初始值和终值可以为常量、变量、表达式；步长可以为正、负整数和小数，若步长值为 1，则可以省略该项。

下面给出 For...Next 循环例子，运行结果如图 8-3 所示。

【例 8-3】计算从 1 到 100 的平方和。

```
<html>
<head><title>VBScript 代码示例 -For...Next 循环语句</title></head>
<body>
<%
     Dim sum,count
```

```
    sum=0
    For count=1 to 100
        sum=sum+count^2
    Next
    Response.Write"1到100的平方和="&Cstr(sum)
    %>
</body>
</html>
```

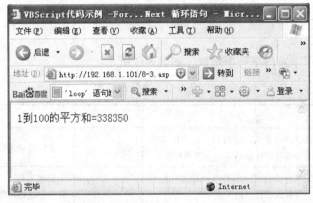

图 8-3 例 8-3 执行界面

4. For Each...Next 循环

For Each...Next 循环与 For...Next 循环类似。For Each...Next 不是将语句运行指定的次数,而是对于数组中的每个元素或对象集合中的每一项重复执行一组语句。在不知道集合中元素的数量时,使用 For Each...Next 循环非常有用。语句结构如下:

```
For Each 元素变量  In 集合
    执行语句
Next
```

例如:

```
<%
    dim names(2)
    names(0) = "李嘉琪"
    names(1) = "姜紫彬"
    names(2) = "商宇宁"
    for each x in names
        Response.Write x & "<br />"
    next
%>
```

5. 强制退出循环语句

在 VBScript 中,循环语句通常根据条件判断退出循环,但是有时因为某些特殊情况,在条件没有符合退出循环要求时就要退出循环结构。VBScript 中主要包含以下两类强制退出循环语句:

(1) Exit Do 语句——用于退出 Do...Loop 循环。

(2) Exit For 语句——用于退出 For...Next 循环。

8.4　VBScript 的函数和过程

8.4.1　VBScript 函数

VBScript 主要包含两类函数：一类是 VBScript 本身提供的已经封装好的通用函数，主要包括了字符串函数、转换函数、日期和时间函数、数学函数、检验函数等。这类函数在需要时可以直接调用；另一类函数是由用户自定义的，通过 Function 创建。本小节重点介绍 VBScript 的通用函数。

1. 字符串函数

VBScript 提供了丰富的字符串函数，如表 8-3 所示。

表 8-3　字符串函数

函　数	描　述	函　数	描　述
InStr	返回字符串在另一字符串中首次出现的位置。检索从字符串的第一个字符开始	Mid	从字符串返回指定数目的字符
InStrRev	返回字符串在另一字符串中首次出现的位置。检索从字符串的最末字符开始	Replace	使用另外一个字符串替换字符串的指定部分指定的次数
LCase	把指定字符串转换为小写	Right	返回从字符串右侧开始指定数目的字符
Left	从字符串的左侧返回指定数目的字符	Space	返回由指定数目的空格组成的字符串
Len	返回字符串中的字符数目	StrComp	比较两个字符串，返回代表比较结果的一个值
LTrim	删除字符串左侧的空格	String	返回包含指定长度的重复字符的字符串
RTrim	删除字符串右侧的空格	StrReverse	反转字符串
Trim	删除字符串左侧和右侧的空格	UCase	把指定的字符串转换为大写

2. 转换函数

VBScript 提供了转换函数实现强制转换 Variant 变量的子类型，常见的转换函数如表 8-4 所示。

表 8-4　转换函数

函　数	描　述	函　数	描　述
Asc	把字符串的首字母转换为 ANSI 字符代码	Chr	把指定的 ANSI 字符代码转换为字符
CBool	把表达式转换为布尔类型	CInt	把表达式转换为整数（Integer）类型
CByte	把表达式转换为字节（Byte）类型	CLng	把表达式转换为长整形（Long）类型
CCur	把表达式转换为货币（Currency）类型	CSng	把表达式转换为单精度（Single）类型
CDate	把日期和时间表达式转换为日期类型	CStr	把表达式转换为子类型 String 的 variant
CDbl	把表达式转换为双精度（Double）类型	Hex	返回指定数字的十六进制值

3. 日期和时间函数

可以通过 VBScript 的日期和时间函数得到所需要的日期和时间，常用的日期函数如表 8-5 所示。

表 8-5　日期函数

函　　数	描　　述	函　　数	描　　述
CDate	转换为日期类型的数据	Minute	返回给定时间的分钟
Date	返回系统日期	Month	返回给定日期的月份
DateAdd	返回已添加指定时间间隔的日期	MonthName	返回指定月份的名称
DateDiff	返回两个日期之间的时间间隔数	Now	返回系统日期和时间
DatePart	返回给定日期的指定部分	Second	返回给定时间的秒
DateSerial	返回日期的指定年、月、日	Time	返回当前的系统时间
DateValue	返回日期	Timer	返回自 12:00 AM 以来的秒数
Day	返回代表一月中一天的数字	TimeSerial	返回特定小时、分钟和秒的时间
Year	返回给定日期的年份	TimeValue	返回时间
Hour	返回给定时间中的第几小时	Weekday	返回给定日期是星期几的整数
IsDate	返回可指示计算表达式能否转换为日期的布尔值	WeekdayName	返回星期中指定的一天的星期名

4．数学函数

通过 VBScript 数学函数可以方便地实现常用的数学运算，常用的数学函数如表 8-6 所示。

表 8-6　数学函数

函　　数	描　　述	函　　数	描　　述
Abs	返回指定数字的绝对值	Log	返回指定数字的自然对数
Atn	返回指定数字的反正切	Oct	返回指定数字的余弦值
Cos	返回指定数字（角度）的余弦	Rnd	返回小于 1 但大于或等于 0 的一个随机数
Exp	返回 e（自然对数的底）的幂次方	Sgn	返回可指示指定的数字的符号的一个整数
Hex	返回指定数字的十六进制值	Sin	返回指定数字（角度）的正弦
Int	返回指定数字的整数部分	Sqr	返回指定数字的平方根
Fix	返回指定数字的整数部分	Tan	返回指定数字（角度）的正切

8.4.2　VBScript 过程

在 VBScript 中，通过编写过程代码，可以方便地在程序中反复调用，实现相应的功能。过程分为两类：Sub 子程序和 Function 函数。子程序名和函数名的命名规则和变量名的命名规则完全相同。但是，若希望从过程中获取数据返回给主程序使用，必须使用 Function 函数。因为 Function 函数可以返回值，而 Sub 子程序不返回任何值。

1．Sub 子程序

Sub 过程是包含在 Sub 和 End Sub 语句之间的一组 VBScript 语句，执行操作但不返回值。语法结构如下：

```
Sub 子程序名（参数列表）
    执行语句
End Sub
```

Sub 子程序可以使用参数传递数据，即由调用过程传递常数、变量或表达式。如果 Sub 子程序不需要任何参数传递，则 Sub 语句必须包含空括号（ ）。

Sub 子程序的调用方法包括两种：

（1）Call Sub 子程序名（参数列表）。

（2）子程序名 参数列表。

下面给出 Sub 子程序例题，运行结果如图 8-4 所示。

【例 8-4】number1 和 number2 的和。

```
<html>
<head>
<title>VBScript Sub 子程序代码示例</title>
</head>
<body>
<%
    Dim number1, number2
    number1 = 8
    number2 = 9
    Call sum(number1,number2)
        '下面为实现 number1 和 number2 相加运算的子程序
    Sub sum(a,b)
        Dim  sum
        Sum = a + b
        Response.Write"number1 和 number2 和是: "& Cstr(sum)
    End Sub
        %>
</body>
</html>
```

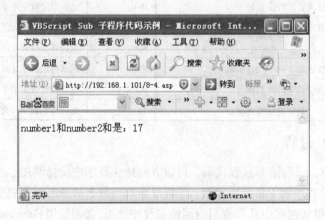

图 8-4　例 8-4 运行界面

　注　意

当不使用 Call 语句调用子程序时，本例题的调用"求和子程序"的语句应该为 sum number1，number2。

2. Function 函数

Function 函数是包含在 Function 和 End Function 语句之间的一组 VBScript 语句。Function 函数与 Sub 子程序的编程方法类似，但是 Function 函数可以返回值。其语法结构如下：

```
Function 函数名（参数列表）
        执行语句
End Function
```

Function 函数可以使用参数传递数据，即由调用过程传递的常数、变量或表达式。如果 Function 函数不需要任何参数传递，则 Function 函数必须包含空括号（）。Function 函数通过函数名返回一个数据类型为 Variant 值，这个值是在函数的执行语句中直接赋给函数名的。

Function 函数的调用方法与 VBScript 中的内置函数的调用方法一致，即通过直接调用函数名实现函数调用。调用 Function 过程时，函数名必须用在变量赋值语句的右端或表达式中。

【例 8-5】number1 和 number2 的平方和，其运行界面如图 8-5 所示。

```
<html>
<head>
        <title>VBScript Sub 函数代码示例</title>
</head>
<body>
<%
        Dim number1,number2,sum
        number1 = 8
        number2 = 9
        sum = squares(number1,number2)
        Response.Write"number1 和 number2 的平方和是: "& Cstr(sum)
                '下面为实现 number1 和 number2 平方和相加运算的函数
        Function squares(a,b)
            squares = a ^ 2 + b ^ 2
        End Function
%>
</body>
</html>>
```

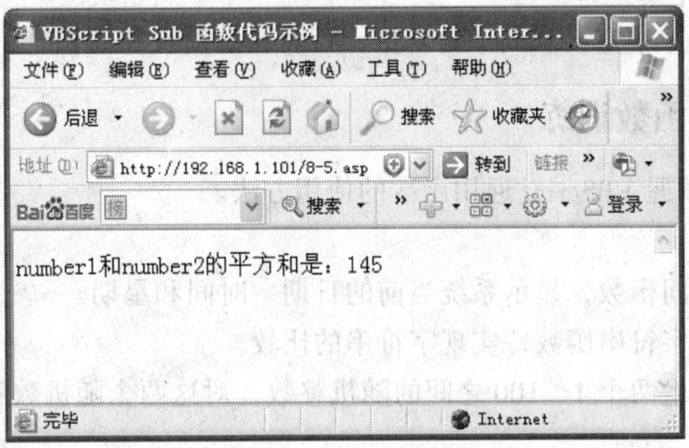

图 8-5　例 8-5 运行界面

习　题

1. 什么是脚本程序？VBScript 的运行特点是什么？
2. VBScript 脚本程序的基本格式是什么？
3. VBScript 的数据类型特点是什么？

4. VBScript 常量和变量的定义分别是什么？命名规则是什么？

5. 容错语句的作用是什么？

6. VBScript 中循环结构分成几类？如何实现强制退出循环？

7. VBScript 函数的主要类型是什么？

8. 子程序过程和函数过程的异同点是什么？

实 训 项 目

实训环境与条件

（1）网络环境。

（2）安装了 Windows XP 专业版或 Windows 2008 的独立服务器的计算机 2 台以上。

（3）在主机上安装 IIS（Internet 信息服务）组件。

实训 1　VBScript 程序设计基础训练

（1）实训目标：

① 掌握 VBScript 的基本格式。

② 掌握 VBScript 的数据类型。

③ 掌握 VBScript 的运算符。

（2）实训内容：

① 设置 IIS 服务器，设置主目录。

② 设计个人网站。

③ 在网站的 Head 和 Body 中分别添加 VBScript 程序，使程序发布后显示 HELLO WORLD 消息框。（提示：使用 msgbox。）

④ 在 VBScript 程序中定义圆周率为常量，计算圆的周长和面积。

实训 2　VBScript 函数训练

（1）实训目标：掌握 VBScript 通用函数的使用方法。

（2）实训内容：

① 程序中添加时间函数，显示系统当前的日期、时间和星期。

② 在程序中添加字符串函数，实现字符串的比较。

③ 编写程序，产生两个 1～100 之间的随机整数，对这两个随机数字进行求和的运算。

实训 3　VBScript 分支结构程序训练

（1）实训目标：掌握 VBScript 分支结构的编程方法。

（2）实训内容：

① 使用 If …Then 编写程序，判断当天的星期。若为星期五，则显示"明天可以休息了！"。

② 使用 If …Then…Else 编写程序，实现月份的判断。若月份为 3 月～11 月，则显示"天气温暖，适宜户外运动"；若为其他月份，则显示"天气寒冷，请在健身房运动"。

③ 使用 Select …case 编写程序，实现成绩判断，显示优、良、中、及格、不　及格。

实训 4 VBScript 循环结构程序训练

（1）实训目标：掌握 VBScript 循环结构的编程方法。

（2）实训内容：

① 使用 Do …Loop 语句的两种循环方法计算 sum=1^2+3^2+5^2+…+50^2 的值。

② 10 只猴摘桃，第一只摘 1 个，第二只摘的比第一只多 2 个，第三只摘的比第二只多 2 个，以此类推，编程计算 10 只猴子一共摘了多少桃。

③ 实现我国明代珠算家程大位的名著《直指算法统宗》里的一道有名算题："一百馒头一百僧，大僧三个更无争，小僧三人分一个，大小和尚各几丁？"

实训 5 VBScript 过程训练

（1）实训目标：掌握 VBScript 过程的编程方法。

（2）实训内容：

① 编写函数，实现 sum=1+2+…+n 的计算，其中 n 的值由键盘输入产生。

② 编写子程序，判断不大于 10 000 的某个整数各位数字之和是否等于 9。

③ 编写子程序和函数，分别计算两个整数的立方和。

第 9 章

ASP 程序设计

学习目标

● 了解 ASP 网站的基本知识。

● 了解 ASP 脚本语言的类型和语法。

● 掌握 ASP 基本对象的类型和作用。

● 掌握 ASP 网站的建立方法。

● 掌握 ASP 脚本语言的声明和使用方法。

● 掌握 ASP Request 对象的使用方法。

● 掌握 ASP Response 对象的使用方法。

● 掌握 ASP Server 对象的使用方法。

9.1 建立 ASP 主题网站

9.1.1 如何建立 ASP 网站

ASP 网站是具有动态交互功能的网站，其动态交互功能主要是通过 ASP 页面中的程序代码来实现的。一个 ASP 网站不仅仅包含 ASP 文件，还可以包含很多其他文件，如数据库文件、图片文件、动画文件等，这些文件都被组织在一个网站中，共同完成网站的功能。

在建立一个 ASP 网站时，首先要做好网站的前期规划和设计，然后根据设计方案完成网站的建立、后台数据库及表的建立、各个 ASP 页面的设计制作与功能实现、网站的综合测试与发布等。

9.1.2 ASP 网站预备知识

1．ASP 网站结构

一个 ASP 网站对应于 Web 服务器上的一个物理目录，该目录即网站的根目录。根目录中可以包含多个文件或子文件夹，包含的文件可以是 ASP 文件、数据库文件、图片文件、动画文件、声音文件等，这些文件可以根据需要放在网站不同的文件夹中。网站的默认网页必须保存在网站根目录下，其他文件可根据需要放在网站根目录中或者其下的某个子文件夹中，以实现网站文件目录结构的层次化管理。例如，可以将网站的图片文件放在网站根目录下的 picture 子文件夹中。在开发一个网站时，首先要规划好网站的文件目录结构，以避免因前期规划不合理导致网站目录结构混乱，给后期工作带来麻烦。

2．ASP 文件

ASP 文件是 ASP 网站中最基本的一种文件类型，ASP 文件的扩展名为 ".asp"。在一个 ASP 文件中可以包含 HTML 标记、客户端脚本程序、服务器端脚本程序等。服务器端脚本程序和客户端脚本程序分别在服务器端和客户端执行。ASP 只处理服务器端脚本程序，将脚本程序的执行结果发送给客户端显示。ASP 文件中的客户端脚本程序和其他内容将会被原样发送到客户端，由客户端浏览器处理后显示。

3．ASP 脚本语言

ASP 页面的主要功能是通过 ASP 脚本代码来实现的，脚本代码可以采用不同的脚本语言来编写，在 ASP 页面中需指定脚本语言。ASP 可以使用两种脚本语言：VBScript 和 JavaScript。其中，VBScript 是系统默认的脚本语言。这两种脚本语言都可以被设置成服务器端脚本语言和客户端脚本语言。

在 ASP 页面中声明服务器端脚本语言有两种方法，这两种方法所声明的脚本语言的作用范围不同。

① 在 ASP 页面代码开始处声明服务器端脚本语言，格式为：

```
<%@LANGUAGE=ScriptingLanguage %>
```

其中 ScriptingLanguage 表示脚本语言类型，可设置成 VBScript 或 JavaScript。这个声明要放在 ASP 页面代码的第一行。

例如：设置脚本语言为 VBScript，应写成：

```
<%@LANGUAGE="VBSCRIPT" CODEPAGE="936"%>
```

上面的代码声明了当前文件使用 VBScript 语言，936 为中文编码。

> **注 意**
>
> 利用这种方法声明了脚本语言后，ASP 页面中的所有脚本程序都默认使用这种脚本语言。这种方法适用于声明 ASP 页面的默认脚本语言。

在用这种方法声明脚本语言后，应将编写的脚本代码放在 "<%" 和 "%>" 之间。
具体格式为：

```
<%
    脚本代码
%>
```

② 在 ASP 页面中使用 HTML 标记<script>声明服务器端脚本语言，格式为：

```
<script language= ScriptingLanguage runat="server">
    脚本代码
</script>
```

> **注 意**
>
> 必须在<script>标记内指定属性 runat="server",表示是服务器端脚本代码，否则表示客户端脚本代码，脚本代码将在客户端浏览器中运行。这个声明可以放在 ASP 页面中需要放置的任何位置。

例如：声明某段脚本代码的脚本语言为 JavaScript，在服务器端运行。

格式为：

```
<script language="JAVASCRIPTT" runat="server">
    脚本代码
</script>
```

> **注 意**
>
> 利用这种方法设置的脚本语言仅对<script>和</script>之间的这段脚本代码有效，其他代码则仍使用默认脚本语言。在 ASP 文件中，一般当需要临时改变脚本语言的设置时，可采用这种方法。

9.1.3 主题网站的建立

在建立主题网站前，首先要做好前期的规划设计，如网站的功能模块设计、目录结构设计等，然后再根据需求建立网站以及网站下的文件与目录。下面将介绍主题网站——某课程在线学习系统的设计与建立过程。

1. 主题网站简介

（1）网站功能。主题网站——某课程在线学习系统可以为该课程相关知识的学习提供一个在线学习交流平台，使用户能够通过网络获取课程的相关信息和资源，并参与在线交流。网站可以实现的功能包括：用户注册及登录，课程相关信息浏览，课件资源的查询、浏览与下载、在线答疑等。

（2）网站目录结构。网站根目录位于 Web 服务器中的 D:\OnlineStudy 下，保存网站中的默认网页和其他文件。根目录下包含 picture、database、kejianziyuan、Connections 四个子文件夹，分别用于保存网站中的图片文件、数据库文件、课件文件和数据库连接文件。其中，前三个文件夹需手工创建,Connections 文件夹将在 Dreamweaver 连接网站数据库时自动创建。

2. 主题网站的建立

主题网站的建立主要包含两大内容：一是在 IIS（Internet 信息服务管理器）中创建网站或虚拟目录，二是在 Dreamweaver 中创建 ASP 站点。

（1）在 IIS 中为主题网站建立虚拟目录。下面将在服务器的默认站点下为主题网站建立一个名为 OnlineStudy 的虚拟目录，虚拟目录的主目录是 D:\OnlineStudy，主题网站的 URL 地址为 http://localhost/ OnlineStudy/。具体步骤如下：

① 打开 Internet 信息服务管理器，右击"默认站点"结点，在打开的快捷菜单中依次选择"新建"|"虚拟目录"选项，如图 9-1 所示。

图 9-1 IIS 中新建虚拟目录

② 在图 9-2 所示的"虚拟目录别名"对话框中输入网站的虚拟目录别名 OnlineStudy，单击"下一步"按钮。

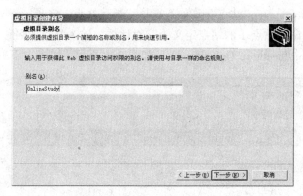

图 9-2 "虚拟目录别名"对话框

③ 在图 9-3 所示的"网站内容目录"对话框中输入虚拟目录的物理路径 D:\OnlineStudy，单击"下一步"按钮。

④ 在图 9-4 所示的"访问权限"对话框中选择用户对虚拟目录的访问权限，默认为"读取"和"运行脚本（ASP）"，单击"下一步"按钮。

图 9-3 "网站内容目录"对话框

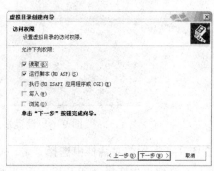

图 9-4 "访问权限"对话框

⑤　向导提示已成功完成虚拟目录的创建，在弹出的对话框中单击"完成"按钮。建立好的虚拟目录将显示在"默认站点"结点下，如图9-5所示。

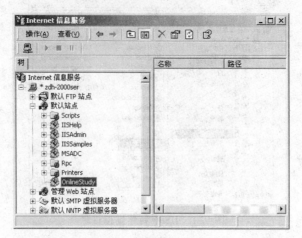

图9-5　虚拟目录显示窗口

（2）在Dreamweaver中建立ASP站点。

①　打开Dreamweaver，在"站点"菜单下选择"新建站点"选项。

②　在弹出的"未命名站点1的站点定义为"对话框中输入站点的名称"在线学习系统"和站点的HTTP地址http://localhost/ OnlineStudy/，如图9-6所示，单击"下一步"按钮。

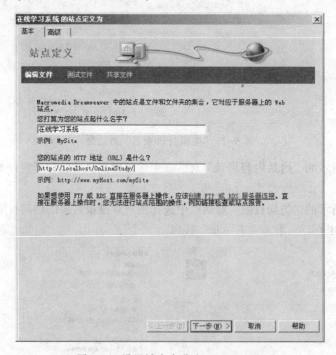

图9-6　设置站点名称和HTTP地址

③　在图9-7所示的对话框中选择"是，我要使用服务器技术"单选按钮，以及在"哪种服务器技术"下拉列表中选择ASP VBScript选项，单击"下一步"按钮。

图 9-7　选择服务器技术

④ 在图 9-8 所示的对话框中选择"在本地进行编辑和测试（我的测试服务器是这台计算机）"单选按钮，并且输入网站文件的存储的位置 D:\OnlineStudy，单击"下一步"按钮。

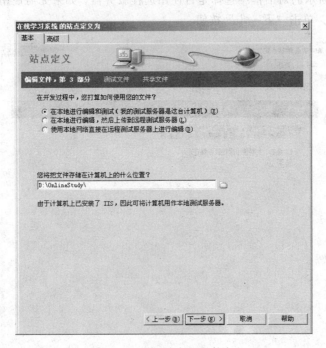

图 9-8　设置站点根文件夹

⑤ 在图 9-9 所示的对话框中输入站点的 URL 地址 http://localhost/OnlineStudy/，单击"测试 URL"按钮。测试成功后，将出现图 9-10 所示的提示对话框，单击"确定"按钮。随后，

在图 9-9 所示的对话框中单击"下一步"按钮。

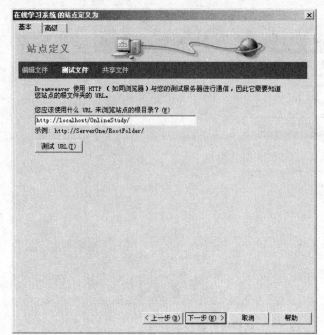

图 9-9　设置站点 URL 地址　　　　　　　　图 9-10　测试 URL 成功窗口

⑥ 在图 9-11 所示的对话框中选择是否使用远程服务器，如果无需使用远程服务器，则选择"否"单选按钮，单击"下一步"按钮。

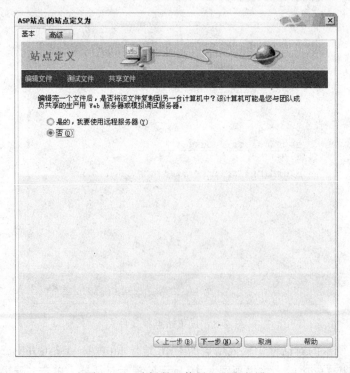

图 9-11　选择是否使用远程服务器

⑦ 在图 9-12 所示的对话框中显示站点定义的摘要信息，单击"完成"按钮。建立好的 ASP 站点显示在 Dreamweaver 的"文件"选项卡中，如图 9-13 所示。站点建立好后，就可以在站点下建立文件和文件夹，实现网站的设计与开发。

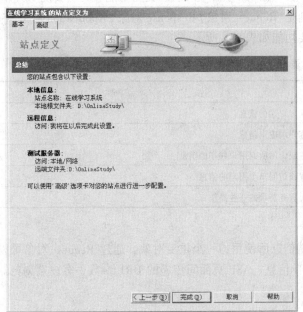

图 9-12　站点定义摘要信息窗口　　　　　　　图 9-13　站点显示窗口

⑧ 新建 ASP 文件。在 Dreamweaver 的"文件"选项卡中，右击"站点-在线学习系统（D:\OnlineStudy）"结点，从弹出的快捷菜单中选择"新建文件"选项，将新建一个 ASP 文件。新建的 ASP 文件默认名为 untitled.asp，可以对新建的文件重新命名，如 login.asp，如图 9-14 所示。

⑨ 查看 ASP 文件脚本语言的设置。双击新建的 ASP 文件，切换到"代码"视图，在 ASP 页面的第 1 行代码中自动添加了脚本语言的声明语句，如图 9-15 所示，设置的默认脚本语言为 VBScript。在 ASP 页面的设计开发中，还可以根据程序需要使用<script></script>标记来临时更改脚本语言。

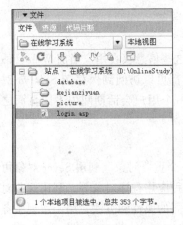

图 9-14　显示新建的 ASP 文件　　　　　　　图 9-15　查看 ASP 文件脚本语言设置

9.2　ASP 基本对象

ASP 网站是动态网站，可以实现客户端与服务器端的动态交互功能。为了实现 ASP 网站的功能，ASP 提供了 5 种内置对象，分别是 Request 对象、Response 对象、Application 对象、Session 对象、Sever 对象，这 5 种对象的主要功能如表 9-1 所示。

表 9-1　ASP 基本对象

对　象　名	说　　　明
Request 对象	用于访问客户端的信息
Response 对象	用于向客户端输出信息
Application 对象	用于设置或访问所有用户共享的信息
Session 对象	用于设置或访问单个用户的信息
Sever 对象	用于实现服务器端的一些操作

1．Request 对象

Request 对象是服务器获取客户端信息所使用的一个重要对象，通过 Request 对象可以获得客户端的各种信息，如用户提交的表单信息、ASP 页面间传递的 URL 参数、客户端浏览器的信息以及服务器端环境信息等。

2．Response 对象

Response 对象是 ASP 实现动态页面的一个重要对象，通过 Response 对象可以控制客户端浏览器的显示内容。Response 对象不仅可以向客户端输出各种数据，如字符串、变量以及 HTML 标记，还可以控制客户端浏览器的页面自动跳转，以及设置在客户端保存的用户信息等。

3．Application 对象

Application 对象主要用于保存网站的信息，这些信息是所有用户共享的。当不同的用户在不同时间内进入到网站，并且在网站不同页面间进行跳转时，都可以访问到保存在 Application 对象中的信息，这些信息对所有用户和所有页面都是一致的。在整个 Web 应用程序运行期间，保存在 Application 对象中的数据将一直存在。Application 对象提供了一种在不同用户和不同页面间实现数据共享的机制。

4．Session 对象

Session 对象主要用于临时保存网站中单个用户的信息，这些信息仅在用户当前 Web 会话期间存在。当用户在当前会话期间内进入网站的不同页面时，都可以访问到保存在 Session 对象中的信息，而且这些信息是一致的。Session 对象实现了在一个用户会话期间内不同页面之间共享数据的机制。

5．Sever 对象

Sever 对象是 ASP 实现服务器端操作，完成网站功能的一个重要对象。利用 Sever 对象可以创建各种对象，如 ADO 数据库对象、FSO 文件系统对象、各种应用程序对象等，利用这些对象可以实现网站的一些高级功能。此外，Sever 对象还提供了不同的属性和方法，用于实现服务器端的其他操作。

9.3　Request 对象

9.3.1　如何获取客户端信息

ASP 网站的特点是动态交互，例如，当用户通过浏览器在页面中输入一些信息（如登录用户名和密码）并提交这些信息后，服务器端应该能够获取用户输入的内容并进行相应的处理，那么服务器端的 ASP 程序如何获取这些信息呢？通过 ASP 提供的 Request 对象可以获取客户端的相关信息。

9.3.2　Request 对象预备知识

Request 对象可通过 Form 集合、QueryString 集合、ServerVariables 集合、Cookies 集合等获取客户端的各种信息，这些集合的具体功能如表 9-2 所示。

表 9-2　Request 对象的集合

集 合 名 称	说　　明
Form	用于获取客户端通过 POST 方法提交的表单数据
QueryString	用于获取客户端通过 GET 方法提交的表单数据或者页面之间通过 "？" 传递的 URL 参数值
ServerVariables	用于获取客户端浏览器的一些信息和服务器端的环境变量
Cookies	用于获取保存在客户端硬盘上的 Cookies 内容

9.3.3　利用 Form 集合获取用户提交的表单信息

一般网站都有用户登录、注册功能，在这些网页中都会设计用户交互界面，供用户输入信息。例如，用户在登录页面可以输入用户名、密码等信息。当用户输入并提交信息后，服务器端如何获取用户提交的信息并进行处理呢？在网页中一般使用表单来设计用户的交互界面，表单数据的提交方法有两种：POST 方法和 GET 方法。当表单的提交方法被设置成 POST 方法后，服务器端的 ASP 程序可以通过 Request 对象的 Form 集合来获取用户提交的表单数据，并根据获取的表单数据进行相应的处理。

1. Form 集合相关知识

Form 集合是 Request 对象所提供的集合中最常用的一种。当客户端通过 POST 方法提交表单数据时，利用 Form 集合可读取该表单中所提交的各个表单对象的值。

通过 Form 集合读取表单中所提交的表单对象值的语法为：

```
<% Request. Form("表单对象名称") %>
```

在 ASP 页面中可以将获取的表单对象值赋给一个变量或者直接在页面中输出。

（1）将获取的表单对象值赋给一个变量的语法为：

```
<%变量名= Request. Form("表单对象名称") %>
```

（2）在 ASP 页面中直接输出表单对象值的语法为：

```
<%=Request.Form("表单对象名称")%>
```

2. 应用实例

本实例是设计图 9-16 所示的登录页面 login.asp，用户在输入用户名、密码并选择身份后单击 "登录" 按钮，页面将对用户输入的登录信息进行检查。如果用户输入的用户名或密码为空，则显示图 9-17 所示的提示窗口。如果不为空，则将登录信息以 POST 方式提交给登录信息显示页面 login-info.asp 进行处理。登录信息显示页面读取用户提交的登录信息，并将信息显示在页面中，如图 9-18 所示。

图 9-16　登录页面　　　　　　　　　　图 9-17　登录提示对话框

图 9-18　登录信息显示页面

（1）登录页面的设计。

① 表单设计。在登录页面 login.asp 中设计一个表单，表单中的内容通过表格来布局，该表单为用户提供登录信息的输入和提交功能。表单名称为 form1，表单中所包含的表单对象如表 9-3 所示。

表 9-3　登录页面表单设计

对 象 名 称	对 象 类 型	对 象 值	主 要 功 能
name	文本域(单行)	无	输入用户名
password	文本域(密码)	无	输入密码
Shenfen	列表框	普通用户/管理员	选择用户身份
submit	提交按钮	登录	提交表单
reset	重置按钮	重置	重置表单

表单的设计效果如图 9-19 所示。

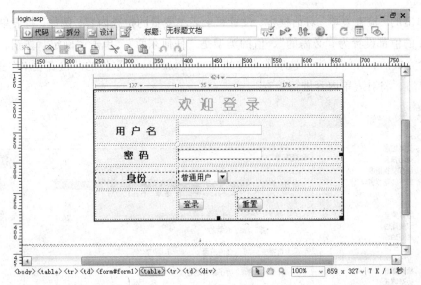

图 9-19　登录页面设计视图

② 表单设置。在登录页面 login.asp 中需要将表单的提交方法设置为 POST，将表单的处理页面设置为 login-info.asp 页面。具体实现方法为：

● 在图 9-19 所示登录页面的"设计"视图中，单击窗口底部的<form#form1>标签，选中表单 form1。

● 在图 9-20 所示的表单属性状态栏中，设置表单的提交方法和处理页面。

图 9-20　登录页面表单设置

切换到页面的"代码"视图，可以查看到表单的如下代码：

```
<form id="form1" name="form1" method="post" action="login-info.asp">
…
</form>
```

其中 name 是表单名称，id 是表单标识，method=" post "是将表单的提交方法设置为 POST，action=" login-info.asp "是将表单的处理页面设置为 login-info.asp 页面。

③ 检查表单。当用户在表单中输入用户名和密码，单击"登录"按钮后，页面需要检查用户输入的用户名和密码是否为空，如果为空则显示提示信息，要求用户重新输入；如果不为空则提交表单。

检查表单的设置方法如下：

● 在图 9-19 所示登录页面的"设计"视图中，单击窗口底部的<form#form1>标签，选中表单 form1。

● 在 Dreamweaver 菜单栏中，选择"窗口"|"行为"选项，打开"行为"选项卡，如图 9-21 所示。在"行为"选项卡中，选择 onSubmit 事件，单击"+"按钮，在弹出的快捷菜单中选择"检查表单"选项，如图 9-21 所示。

● 在弹出的"检查表单"对话框中,设置每个表单变量的检查内容,例如,将表单变量 name 和 password 的值都设置为"必需的",值的类型是"任何东西",单击"确定"按钮,如图 9-22 所示。设置完成后,在"行为"选项卡中将增加一个 onSubmit 事件的"检查表单"按钮。当用户提交表单后,将对表单内容进行检查。

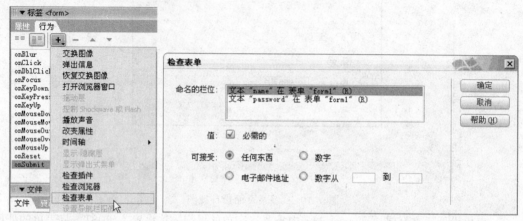

图 9-21 选择检查表单菜单   图 9-22 检查表单设置窗口

● 单击"行为"选项卡中的"检查表单"按钮,切换到代码视图,将看到如下表单代码。

```
<form    action="login-info.asp"    method="POST"    name="form1"    id="form1"
onsubmit="MM_validateForm('name','','R','password','','R');return document.
MM_returnValue">
…
</form>
```

从表单代码中可以看出,检查表单功能是通过在提交表单时调用一个 MM_validateForm()函数来实现的,在调用时将表单的检查内容作为参数传递给函数。

在 MM_validateForm()函数中将包含对另一个函数 MM_findObj()的调用。MM_validateForm()函数和 MM_findObj()函数的调用代码如下:

```
<script type="text/JavaScript">
<!--
function MM_findObj(n, d) { //v4.01
  var p,i,x;   if(!d) d=document;  if((p=n.indexOf("?"))>0&&parent.frames.
length) {
    d=parent.frames[n.substring(p+1)].document; n=n.substring(0,p);}
  if(!(x=d[n])&&d.all) x=d.all[n]; for (i=0;!x&&i<d.forms.length;i++)
  x=d.forms[i][n];
  for(i=0;!x&&d.layers&&i<d.layers.length;i++)
  x=MM_findObj(n,d.layers[i].document);
  if(!x && d.getElementById) x=d.getElementById(n); return x;
}
function MM_validateForm() { //v4.0
  var i,p,q,nm,test,num,min,max,errors='',args=MM_validateForm.arguments;
  for (i=0; i<(args.length-2); i+=3) { test=args[i+2]; val=MM_findObj
(args[i]);
    if (val) { nm=val.name; if ((val=val.value)!="") {
      if (test.indexOf('isEmail')!=-1) { p=val.indexOf('@');
```

```
        if (p<1 || p==(val.length-1)) errors+='- '+nm+' must contain an e-mail
    address.\n';
        } else if (test!='R') { num = parseFloat(val);
        if (isNaN(val)) errors+='- '+nm+' must contain a number.\n';
        if (test.indexOf('inRange') != -1) { p=test.indexOf(':');
          min=test.substring(8,p); max=test.substring(p+1);
          if (num<min || max<num) errors+='- '+nm+' must contain a number
          between '+min+' and '+max+'.\n';
    } } } else if (test.charAt(0) == 'R') errors += '- '+nm+' is required.\n'; }
    } if (errors) alert('The following error(s) occurred:\n'+errors);
    document.MM_returnValue = (errors == '');
}
//-->
</script>
```

从上述代码中可以看出，MM_validateForm()函数和 MM_findObj()函数读取表单中的数据，并进行逐一检查。如果检查中发现错误，则将错误信息写入 errors 变量中，并通过 alert()语句将错误信息显示在提示窗口中。

（2）登录信息显示页面的设计。登录信息显示页面 login-info.asp 通过 Request 对象的 Form 集合来读取用户在登录页面输入的用户名、密码以及身份信息，并且显示在页面中。页面初始的设计效果如图 9-23 所示。

图 9-23　登录信息显示页面设计视图

下面需要通过 Request 对象的 Form 集合来读取用户通过表单提交的用户名（name）、密码（password）以及身份（shenfen）信息并显示页面中的对应部分。

具体实现方法：

① 在"应用程序"下拉列表框中，单击"绑定"选项卡中的"+"按钮，在弹出的快捷菜单中选择"请求变量"选项，如图 9-24 所示。

② 在图 9-25 所示的"请求变量"对话框中，在"类型"列表框中选择 Request.Form 选项，在"名称"文本框中输入要请求的变量名称 name，单击"确定"按钮，完成对表单变量 name 的绑定读取。

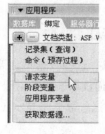

图 9-24　选择请求变量

图 9-25　请求变量窗口

③ 按照同样的方法绑定表单变量 password 和 shenfen。绑定好的表单变量显示在"绑定"选项卡中,如图 9-26 所示。

④ 在图 9-26 所示列表框中,将绑定的表单变量拖动到登录信息显示页面的相应部分,如图 9-23 所示,这些变量将会动态显示在页面中。

⑤ 切换到代码视图,将看到页面的实现代码。页面中登录信息显示部分的具体代码如下:

图 9-26 显示 Request.Form 变量

```
<table width="487" align="center">
<tr>
<td height="42" colspan="3" align="center"><div align="center"><span class="STYLE4">您输入的登录信息</span></div></td>
</tr>
<tr>
<td width="160" height="43" valign="middle"> <div align="center" class="STYLE17 STYLE20">
    <div align="center"><span class="STYLE19">用户名:</span><%=Request.Form("name")%></div>
    </div> </td>
<td width="155" align="center"><div align="center" class="STYLE20">
    <div align="center"><span class="STYLE17"><span class="STYLE19">密码:</span><%=Request.Form("password")%></span></div>
    </div></td>
<td width="156" align="center"><div align="center" class="STYLE20">
    <div align="center"><span class="STYLE17"><span class="STYLE19">身份:</span> <%=Request.Form("shenfen")%></span></div>
    </div></td>
</tr>
</table>
```

(3)页面测试。

① 当用户在登录页面输入空的用户名或密码并选择身份后,单击"登录"按钮,将出现图 9-17 所示的提示对话框。

② 当用户在登录页面输入非空的用户名、密码并选择身份后,单击"登录"按钮,将显示图 9-18 所示的登录信息显示页面。

9.3.4 利用 QueryString 集合获取用户提交的表单信息

通过 POST 方法提交的表单数据可以利用 Form 集合来读取,这些数据不会被显示在浏览器的 URL 地址中。如果表单的提交方法被设置成 GET,那么该如何读取表单数据呢?通过 Request 对象的 QueryString 集合可以读取 GET 方法提交的表单数据,这些数据将显示在浏览器的 URL 地址中。

1. QueryString 集合读取表单数据相关知识

QueryString 集合也是 Request 对象中常用的一种集合。利用 QueryString 集合不仅可以读取客户端通过 GET 方法提交的表单数据，还可以获取页面之间传递的 URL 参数，这些数据都会被显示在客户端浏览器的 URL 地址中。

通过 QueryString 集合读取表单对象值的语法为：

`<%Request. QueryString ("表单对象名称") %>`

与 Form 集合相同，可以将 QueryString 集合所获取的表单对象值赋给一个变量或者直接在页面中输出。

（1）将表单对象值赋给一个变量的语法为：

`<%变量名= Request. QueryString ("表单对象名称") %>`

（2）在 ASP 页面中直接输出表单对象值的语法为：

`<%=Request. QueryString ("表单对象名称")%>`

2. 应用实例

本实例是设计如图 9-27 所示的注册页面 zhuce.asp，用户在输入注册信息并单击"提交"按钮后，注册信息将以 GET 方式提交给注册信息显示页面 zhuce-info.asp 处理。如果输入的注册信息不完整、E-mail 格式不正确或者密码与确认密码不同，则显示图 9-28 所示的提示对话框。如果注册信息正确，注册信息显示页面读取用户的注册信息，并将信息显示在页面中，如图 9-29 所示。

图 9-27　注册页面

图 9-28　注册提示对话框

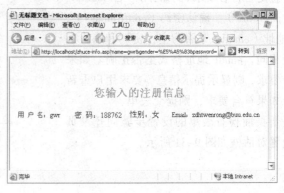

图 9-29　注册信息显示页面

（1）注册页面的设计。

① 表单设计。在注册页面中设计一个表单，表单名称为 form1，表单中所包含的表单对象如表 9-4 所示。

表 9-4　注册页面表单设计

对象名称	对象类型	对象值	主要功能
name	文本域(单行)	无	输入用户名
gender	单选按钮	男	选择性别(男)
gender	单选按钮	女	选择性别(女)
password	文本域(密码)	无	输入密码
confirmpass	文本域(密码)	无	输入确认密码
email	文本域(单行)	无	输入 email 地址
submit	提交按钮(submit)	提交	提交表单
reset	重置按钮(reset)	重置	重置表单

说　明

表单中包含两个名字相同的单选按钮 gender 用来选择性别，一个值为"男"，一个值为"女"。用户选择其中任何一个时，表单变量 gender 取值分别为"男""女"，通过这种方式实现性别的选择。

② 表单设置。在注册页面中将表单的提交方法设置为 GET，将表单的处理页面设置为 zhuce-info.asp 页面，具体设置如图 9-30 所示。

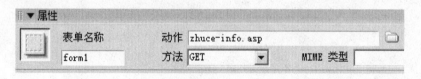

图 9-30　注册页面表单设置

③ 检查表单。当用户在表单中输入注册信息并单击"提交"按钮后，页面需要检查用户的注册信息是否符合要求，例如：用户名（name）、密码（password）、确认密码（confirmpass）、email 地址（email）是否为空，密码和确认密码是否相同，email 地址格式是否正确。如果不符合要求，则显示提示信息，要求用户重新注册；如果符合要求，则提交表单。

注册页面检查表单的设置步骤同登录页面，设置对话框如图 9-31 所示。

图 9-31　注册页面检查表单设置

④ 修改 MM_validateForm()函数代码。为了检查用户输入的密码和确认密码是否相同，需要修改 MM_validateForm()函数代码，在其函数代码的相应位置手工输入以下语句：

"if(form1.confirmpass!=form1.password) errors += '密码和确认密码不同!\n';"

MM_validateForm()函数部分实现代码如下：

```
function MM_validateForm() { //v4.0
…
if(form1.confirmpass!=form1.pass)  errors += '密码和确认密码不同!\n';
if (errors) alert('The following error(s) occurred:\n'+errors);
  document.MM_returnValue = (errors == '');
}
```

（2）注册信息显示页面的设计。注册信息显示页面利用 Request 对象的 QueryString 集合读取用户在注册页面输入的注册信息，并且显示在页面中。页面的设计效果如图 9-32 所示。

图 9-32　注册页面设计视图

下面需要通过 Request 对象的 QueryString 集合来读取用户通过表单提交的用户名（name）、密码（password）、确认密码（confirmpass）、性别（gender）以及 email 地址（email）信息，并显示页面中的对应部分。

具体实现方法如下：

① 在"应用程序"下拉列表框中，单击"绑定"选项卡中的"+"按钮，在弹出的快捷菜单中选择"请求变量"选项。

② 在弹出的图 9-33 所示的"请求变量"对话框中，在"类型"列表框中选择 Request. QueryString 选项，在"名称"文本框中输入要请求的变量名称 name，单击"确定"按钮，完成对表单变量 name 的绑定读取。

③ 按照同样的方法绑定其他表单变量 password、confirmpass、gender 以及 email。绑定好的表单变量显示在图 9-34 所示的"应用程序"下拉列表框中。

图 9-33　请求 Request. QueryString 变量

图 9-34　显示 Request.QueryString 变量

④ 在"应用程序"下拉列表框中，将绑定的表单变量拖动到注册信息显示页面的相应部分即可。

（3）页面测试。

① 当用户输入的注册信息不合格时，将显示图 9-28 所示的提示对话框。

② 当用户输入合格的注册信息并提交后，将显示图 9-29 所示的页面。

9.3.5　利用 QueryString 集合获取页面间传递的 URL 参数

一个网站往往包含很多网页，这些网页之间可能存在某种链接关系。当用户在某个页面中单击某个链接（如文本或图形链接）时，将链接到另外一个页面，在链接的过程中还可以向目标页面传递某些 URL 参数，目标页面将利用这些 URL 参数执行一定的操作，完成页面的某些功能。在这种情况下，ASP 如何读取页面之间传递的 URL 参数呢？通过 Request 对象的 QueryString 集合可以完成这一功能。

1. QueryString 集合读取 URL 参数相关知识

（1）读取页面传递的 URL 参数。通过 QueryString 集合读取页面传递的 URL 参数值的语法为：

```
<% Request.QueryString("URL 参数名")%>
```

ASP 可以将读取的参数值赋给一个变量或者直接在页面中显示。

（2）设置页面间传递的 URL 参数。通过以下方法可以设置 ASP 页面间传递的 URL 参数：在 ASP 页面中设置文本或图像链接时，在所链接的页面文件名后加上"? URL 参数名＝URL 参数值"即可。

2. 应用实例

本实例是设计一个课件浏览页面 kejianziyuan.asp 和一个课件信息显示页面 kejian-info.asp。在课件浏览页面显示了课程的课件列表，如图 9-35 所示。当用户单击某一课件后的"打开/下载"链接时，将链接到课件信息显示页面，同时将该课件的文件名作为 URL 参数传递给这个页面。课件信息显示页面根据接收到的 URL 参数显示用户当前要打开或下载的课件文件名，如图 9-36 所示。

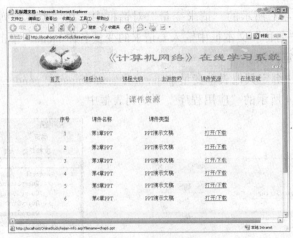

图 9-35　课件浏览页面

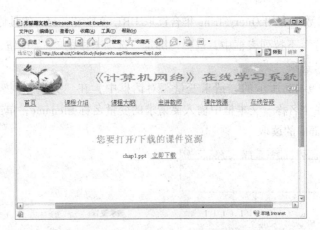

图 9-36　课件信息显示页面

（1）课件浏览页面的设计。课件浏览页面的设计如图 9-37 所示，页面中显示了每个课件的序号、名称、类型，每个课件后都有一个"打开/下载"链接。

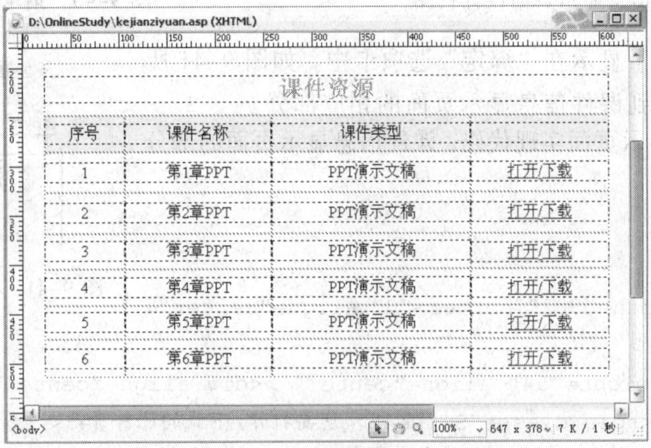

图 9-37　课件浏览页面设计视图

用户在课件浏览页面中单击每个课件右侧的"打开/下载"链接后，页面将向课件信息显示页面传递一个 URL 参数 filename，参数值为用户当前选择的课件文件名。为此，需要设置每个课件后的"打开/下载"链接。

例如：第一个课件"第 1 章 PPT"的课件文件名为 chap1.ppt，其后的"打开/下载"链接的链接地址设置方法如图 9-38 所示。

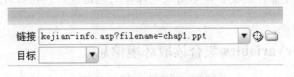

图 9-38　课件超链接设置

按照同样的方法设置其他课件的超链接。

（2）课件信息显示页面的设计。课件信息显示页面利用 Request 对象的 QueryString 集合读取 URL 参数 filename 的值，并且显示在页面中，页面设计效果如图 9-39 所示。

① 读取 URL 参数。利用 QueryString 集合读取 URL 参数 filename 的具体实现方法如下：

● 在"应用程序"下拉列表框中，选择"绑定"选项卡中的"+"按钮，在弹出的快捷菜单中选择"请求变量"选项。

● 在弹出的图 9-40 所示的"请求变量"对话框中，在"类型"列表框中选择 Request. QueryString 选项，在"名称"文本框中输入要请求的变量名称 filename，单击"确定"按钮，完成对 URL 参数 filename 的读取。

图 9-39　课件信息显示页面设计视图

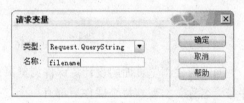

图 9-40　请求 URL 参数

● 绑定好的变量显示在"绑定"选项卡中，如图 9-41 所示。将该变量拖动到课件信息显示页面的相应部分。

② 课件信息显示页面实现代码。课件信息显示页面的部分实现代码如下：

图 9-41　显示请求的 URL 参数

```
<body>
…
    <table width="902" border="0" align="center">
        <tr>
      <td height="54" align="center" ><div align="center">
        <p><span class="STYLE4"> 您要打开/下载的课件资源</span></p>
        <p><%= Request.QueryString("filename") %>  
<a href="download.asp"> 立即下载</a></p></div>
</td>
    </tr>
</table>
…
</body>
```

（3）页面测试。在课件浏览页面单击某个课件的超链接后，将打开图 9-36 所示的页面显示该课件的文件名。

9.3.6　利用 ServerVariables 集合读取环境信息

Web 服务是一种基于 B/S（浏览器/服务器）模式的服务，用户所访问的所有网页都保存在 Web 服务器中。当用户需要访问 Web 站点时，通过客户端浏览器向 Web 服务器发出请求，Web 服务器根据用户的请求对网页进行处理后，将网页传送给客户端浏览器。

Web 服务器和客户端之间使用 TCP/IP 协议进行通信，它们都拥有各自的 IP 地址。在有些情况下，Web 服务器需要了解客户端的 IP 地址、浏览器版本、使用的服务端口号等环境信息，以便进行用户的跟踪统计。那么，在 ASP 网站中，服务器如何读取这些信息呢？ASP 利用 Request 对象的 ServerVariables 集合可以读取这些信息。

1. ServerVariables 集合相关知识

如上所述，Web 服务器和客户端之间在进行页面传送时，使用 HTTP 协议作为传输协议。在 HTTP 协议的标题文件中包含一些服务器端的环境信息（如服务器的 IP 地址、主机名称或 DNS 域名）和客户端的环境信息（如客户端的 IP 地址、主机名称、客户端浏览器的版本号等）。利用 Request 对象的 ServerVariables 集合可以读取这些环境信息。

（1）ServerVariables 集合的环境变量。ServerVariables 集合常用的环境变量如表 9-5 所示。

表 9-5　ServerVariables 集合常用的环境变量

环境变量名称	说　　　明
HTTP_Host	客户端的主机名称
HTTP_User_Agent	客户端浏览器的相关信息，如浏览器类型、版本等
Local_Addr	服务器端的 IP 地址
Query_String	客户端浏览器以 GET 方式所提交的表单数据或 Web 页面间通过 "？" 传递的 URL 参数
URL	当前页面在服务器上的相对 URL 地址，例如，当前页面地址为 http://localhost/study/login.asp，则返回 study/login.asp
Script_Name	当前页面的文件名
Remote_Addr	客户端的 IP 地址
Remote_Host	客户端的主机名称
Remote_User	客户端的用户名称
Server_Name	服务器端的计算机名称或 IP 地址
Server_Port	服务器端的连接端口号

（2）读取环境变量。通过以下语句可以读取 ServerVariables 集合的环境变量：

```
<% Request.ServerVariables("环境变量名") %>
```

例如：读取客户端 IP 地址。

```
<% Request.ServerVariables("Remote_Addr") %>
```

2. 应用实例

本实例是设计一个图 9-42 所示的 IP 地址显示页面 showIP.asp，当用户通过浏览器访问此页面时，页面可显示用户计算机的 IP 地址和 Web 服务器的 IP 地址。

（1）IP 地址显示页面的设计。IP 地址显示页面利用 ServerVariables 集合读取客户端和服务器端的 IP 地址并显示在页面中，页面设计效果如图 9-43 所示。

图 9-42　IP 地址显示页面

图 9-43　IP 地址显示页面设计视图

① 读取客户端和服务器 IP 地址。利用 ServerVariables 集合读取环境变量 REMOTE_ADDR （客户端 IP 地址）和 LOCAL_ADDR（服务器 IP 地址），具体实现方法如下：

● 在"应用程序"下拉列表框中，选择"绑定"选项卡中的"+"按钮，在弹出的菜单中选择"请求变量"选项。

● 在弹出的图 9-44 所示的"请求变量"对话框中，在"类型"列表框中选择 Request. ServerVariables，在"名称"文本框中输入要请求的环境变量名称 REMOTE_ADDR，单击"确定"按钮，完成对客户端 IP 地址的绑定读取。按照同样的方法绑定读取 LOCAL_ADDR 变量。

● 绑定好的变量显示在"绑定"选项卡中，如图 9-45 所示。将该变量拖动到页面的相应部分。

图 9-44　请求 ServerVariables 变量　　　　　图 9-45　请求 ServerVariables 变量

② 页面中显示 IP 地址的实现代码。页面显示 IP 地址部分的代码如下：

```
<body>
…
    <p align="center" class="STYLE4">欢迎访问本网站！</p>
      <p align="center">您的 IP 地址:
<%=Request.ServerVariables("REMOTE_ADDR")%></p>
      <p align="center"> 服务器 IP 地址:
<%=Request.ServerVariables("LOCAL_ADDR")%></p>
…
</body>
```

（2）页面测试。假设服务器的 IP 地址为 200.0.0.1，客户机的 IP 地址为 200.0.0.2，打开客户端浏览器，在地址栏中输入 http://200.0.0.1/OnlineStudy/showIP.asp，将显示图 9-42 所示的页面，页面中显示了客户端和服务器的 IP 地址。

9.4　Response 对象

9.4.1　如何向客户端输出信息

通过前面内容可知利用 Request 对象服务器端可以读取客户端的信息，随后，服务器端的 ASP 程序将会对这些信息进行处理。在完成处理后，服务器端如何将这些处理结果以页面的形式动态输出到客户端浏览器呢？在 ASP 中，可以通过 Response 对象来实现这一功能。

9.4.2　Response 对象预备知识

Response 对象可将服务器端 ASP 程序的执行结果发送到客户端浏览器进行显示，还可以将客户端浏览器从当前页面重新导向另外一个 URL 地址。此外，利用 Response 对象还可以设置在客户端保存的 Cookies 值，以便了解客户端的信息。

1. Response 对象的集合

Response 对象只有一个 Cookies 集合，利用 Cookies 集合可以在客户端浏览器中长久地保存用户的数据，这些数据被保存在用户计算机的硬盘上。

2. Response 的属性

Response 常用的属性如表 9-6 所示，这些属性包含向客户端输出页面时的一些设置和处理方式。

表 9-6　Response 对象的常用属性

属　　　性	说　　　明
Buffer	指示网页是否被缓冲输出，值为 True 或 False
ContentType	传送给客户端浏览器的信息类型，默认为 text/html
Expires Minutes	网页在客户端浏览器上缓存的时间，单位是 min
IsClientConnected	指示客户端是否仍然与服务器处于连接状态

3. Response 对象的方法

Response 对象的常用方法如表 9-7 所示，利用这些方法可以实现 Response 对象的不同功能。

表 9-7　Response 对象的常用方法

方　　　法	说　　　明
Write	将指定的数据写入 HTTP 输出流中
WriteFile	将指定的文件写入 HTTP 输出流中
BinaryWrite	将指定信息以二进制的形式写入到 HTTP 输出流中，不进行字符转换
Redirect	将客户端浏览器重新导向另外一个页面地址
Clear	清除缓冲区中的内容
End	结束 ASP 脚本的处理，并将当前缓冲区中的页面内容发送至客户端浏览器
Flush	将缓冲区中所有页面的内容发送至客户端浏览器

4. Response 对象的使用

使用 Response 对象的语法为：

```
<% Response.集合 | 属性 | 方法 %>
```

9.4.3　利用 Write 方法向客户端输出信息

与 HTML 静态页面不同，ASP 页面是动态页面，页面内容可根据不同情况有所变化。那么，服务器端的 ASP 程序是如何向客户端输出动态内容的呢？利用 Response 对象的 Write 方法可以实现这一功能。

1. Write 方法相关知识

Write 方法是 Response 对象中最常用的方法，利用它可以向客户端页面输出数据，它可以将任何数据类型输出到用户的页面中，如字符串、变量、HTML 标记等。

（1）输出字符串的语法：

```
<%Response. Write "字符串" %>
```

（2）输出 HTML 标记的语法：

`<% Response. Write "HTML 标记" %>`

（3）输出变量的语法：

`<% Response. Write 变量名%>`

> **说 明**
>
> 如果要输出的字符串或 HTML 标记部分中包含双引号，则应用单引号（'）来替代。此外，如果输出内容中包含不同的数据类型，这些数据间可用 "&" 符号进行连接。

2. 应用实例

本实例是设计一个欢迎访问页面（welcome.asp），当用户在登录页面中输入用户名、密码并选择身份后，单击 "登录" 按钮，登录页面将用户的登录信息提交给欢迎访问页面进行处理。欢迎访问页面检查用户的登录身份，若为普通用户，则显示图 9-46 所示的欢迎页面；若为管理员，则显示图 9-47 所示的欢迎页面。

图 9-46 欢迎用户访问页面   图 9-47 欢迎管理员访问页面

（1）登录页面的设计。登录页面的设计内容不变，即通过表单 form1 提交三个表单变量：name（用户名）、password（密码）和 shenfen（身份）。不同之处是将表单的处理页面设置成 welcome.asp，提交方法设置成 POST，具体设置如图 9-48 所示。

图 9-48 登录页面表单设置

（2）欢迎访问页面的设计。欢迎访问页面 welcome .asp 的功能是判断用户的登录身份，根据不同的身份显示不同的内容。此页面通过 Response 对象 Write 方法来实现动态内容的显示，页面中无静态内容。

欢迎访问页面的实现代码：

```
<body>
<% if Request.Form("shenfen")="普通用户" then
'如果用户身份是普通用户，则在页面中新增一行内容，显示用户的登录名
    Response.Write "<p align='center'>欢迎用户"&Request.Form("name")&
```

```
    "访问本网站</p>"
Else
    '如果登录的用户身份是管理员，则在页面中新增一行内容，显示管理员的登录名
    Response.Write "<p align='center'>欢迎管理员"&Request.Form("name")
    &"管理本网站</p>"
end if
%>
</body>
```

（3）页面测试。当用户分别以普通用户 gwr 和管理员 adm 身份登录后，将显示图 9-46 和图 9-47 所示的欢迎页面。

9.4.4　利用 Redirect 方法实现页面的自动跳转

一般网站都有指向外部网站的友情链接功能，当用户选择某一个友情链接网站时，将会从当前网页自动跳转到该网站的登录页面。在 ASP 中如何实现页面间的自动跳转呢？通过 Response 对象的 Redirect 方法可以实现此功能。

1．Redirect 方法相关知识

使用 Response 对象的 Redirect 方法可以跳转到内部网站的网页或者外部网站的页面。

Redirect 方法的使用语法是：

```
<% Response. Redirect  "URL 地址" %>
```

（1）跳转到内部网页。如果要跳转到本网站中的其他页面，URL 地址应为所跳转页面相对于当前网页的一个相对路径。

例如：在某网站中存在两个网页文件 login.asp 和 luntan.asp，其中 login.asp 位于网站根目录下，luntan.asp 页面文件位于网站根目录下的 chat 子文件夹中。

如果要从 login.asp 页面中自动跳转到 luntan.asp 页面，则应在 login.asp 页面中输入以下代码：

```
<% Response.Redirect("chat/luntan.asp") %>
```

如果要从 luntan.asp 页面自动跳转到 login.asp 页面，则应在 luntan.asp 页面中输入以下代码：

```
<% Response.Redirect("../login.asp") %>
```

其中，"...\" 表示退回到当前网页所在目录的上一级目录。

（2）跳转到外部网站。如果要跳转到外部网站，URL 地址应为所跳转网站的 URL 地址，即 "http://网站 DNS 域名或 IP 地址"。

例如，跳转到新浪网站的代码为：

```
<%Response.Redirect("http://www.sina.com.cn")%>
```

2．应用实例

本实例是设计一个图 9-49 所示的友情链接页面 website-link.asp，该页面提供对一些高校网站的链接访问功能。当用户选择其中某个网站并单击"转到"按钮时，页面将自动跳转到该网站，如图 9-50 所示。

图 9-49 友情链接页面

图 9-50 链接到外部网站

（1）友情链接页面的设计。在友情链接页面设计一个表单，表单名称为 form1，表单中提供一个列表框 yqlj 显示用户可链接的外部网站名称。友情链接页面的表单设计如表 9-8 所示。

表 9-8 友情链接页面的表单设计

对象名称	对象类型	对象选项	对象值	主要功能
yqlj	列表框	北京化工大学网站 清华大学网站 北京大学网站	北京化工大学网站 清华大学网站 北京大学网站	选择链接的网站
submit	提交按钮	无	转到	提交表单

友情链接页面设置如图 9-51 所示。

图 9-51 友情链接页面表单设置

（2）友情链接功能的实现。切换到友情链接页面的"代码"视图，在<body></body>标签对之外输入以下代码：

```
<%
if Request.Form("yqlj")="北京化工大学网站" Then
        Response.Redirect("http://www.buct.edu.cn")
ElseIf Request.Form("yqlj")="清华大学网站" Then
        Response.Redirect("http://www.tsinghua.edu.cn")
ElseIf Request.Form("yqlj ")="北京大学网站" Then
        Response.Redirect("http://www.pku.edu.cn")
End If
%>
```

通过以上代码，当用户选择不同的网站名称，并单击"转到"按钮后，将表单变量 yqlj 的值提交给页面自身进行处理，页面根据所读取的值的不同跳转到不同的网站。

（3）页面测试。当用户在友情链接页面上选择"北京化工大学网站"并单击"转到"按钮后，将打开北京化工大学网站的首页，如图 9-50 所示。选择其他网站后也将进入到其网站登录页面。

9.4.5 利用 Cookies 在客户端保存用户信息

一个网站的用户有很多，每个用户都可能会不定期地访问网站。如果一个网站希望了解用户访问网站的一些信息（如用户访问网站的次数、用户以往的登录信息等），并且希望这些信息一值保存在用户的计算机上，在用户每次关闭浏览器后仍然存在。这种情况下，就需要使用 Cookies 集合来实现。

1．Cookies 集合相关知识

Cookies 集合用于在客户端浏览器中长久地保存用户的数据，这些数据被保存在用户计算机的硬盘上。对于 Windows 2000/XP 系统，Cookies 文件通常存放在 C:\Documents and Settings 中当前用户文件夹下的 Cookies 子文件夹中。Cookies 集合可以包含很多 Cookie 变量，每个 Cookie 变量用以保存用户某一方面的信息。

为了实现对客户端 Cookies 集合的设置和读取，ASP 为 Response 对象和 Request 对象分别提供一个 Cookies 集合。Response 对象的 Cookies 集合用于设置需要在客户端保存的 Cookie，Request 对象 Cookies 集合则可以读取客户端的 Cookies。当客户端向 Web 服务器提交 HTTP 页面请求时，客户端的 Cookies 将随同 HTTP 请求一起被发送给 Web 服务器，Web 服务器通过 Request 对象 Cookies 集合来读取客户端的 Cookies。

（1）Cookies 集合的属性。Cookies 集合的属性如表 9-9 所示，可以对 Cookies 集合中的每个 Cookie 设置或读取这些属性。

表 9-9 Cookies 集合的属性

属　性	说　　　明
Domain	指定 Cookie 所关联的域，即该 Cookie 由哪个网站创建或者读取
Expires	指定 Cookie 的过期时间，格式为 yyyy/mm/dd。每个 Cookie 默认的生存期为写入客户端浏览器至用户关闭浏览器的时刻。若想在用户关闭浏览器后仍保存 Cookie，则需设置该日期
Path	指定 Cookie 所关联的网页路径，只有浏览器当前打开的网页位于 Path 所指定的路径下才可以存取该 Cookie，默认为 Web 应用程序的路径
HasKeys	指定 Cookie 是否包含关键字 Key，如果包含，则该 Cookies 就包含子项

（2）设置客户端的 Cookie。通过 Response 对象的 Cookies 集合可以设置客户端的 Cookie。语法格式为：

```
<% Response. Cookies("Cookie名称")[(key).属性] =值 %>
```

其中，Key 为可选参数。如指定 Key，则 Cookies 就包含子项，可以设置 Key 参数的名字和具体值。

例如：在客户端设置一个保存用户姓名的 Cookie "UserName"，该 Cookie 包含两个子项 ChineseName 和 EnglishName，分别用来保存用户的中文拼音名字和英文名字。

具体代码如下：

```
<% Response.Cookies("UserName")("ChineseName")="DingRuhao"%>
```

```
<% Response.Cookies("UserName")("EnglishName")="Daniel"%>
```

（3）读取客户端的 Cookie。通过 Request 对象的 Cookies 集合可以读取客户端的 Cookie 并将其传送到服务器端。

读取客户端 Cookie 的语法为：

```
<% Request.Cookies ("Cookie名") %>
```

2. 应用实例

本实例是设计一个用户访问统计页面 visitnum.asp，当用户首次访问网站时显示图 9-52 所示的页面，当用户再次访问网站时将显示图 9-53 所示的页面，页面中显示了用户访问网站的总次数。

图 9-52　欢迎用户首次访问页面　　　　　　图 9-53　欢迎用户第 2 次访问页面

（1）用户访问统计页面的设计。用户访问统计页面通过在客户端设置一个名为 VisitNum 的 Cookie 来记录用户访问网站的次数。当用户访问此页面时，页面通过 Request 对象的 Cookies 集合读取该 Cookie 的值，并根据其值来判断用户是否是首次访问。若为首次访问，则显示欢迎首次访问的内容，并通过 Response 的 Cookies 集合将该 Cookie 的值设置为 1。若非首次访问，则将该 Cookie 值加 1，并显示欢迎用户第几次访问。此外，通过设置，该 Cookie 的有效期为一个将来日期，使其一直被保存在用户计算机上。

用户访问统计页面的实现代码：

```
<body>
 <p align="center">
 <%
Dim VisitNum
if Request.Cookies("VisitNum")="" then '如果用户首次访问网站，该Cookie值为空
    Response.write "欢迎您首次访问本网站!"
    Response.Cookies("VisitNum")=1
    Response.Cookies("VisitNum").Expires="2016/10/10"
else  '如果用户不是首次访问网站，该Cookie值不为空
    VisitNum=Request.Cookies("VisitNum")+1
    Response.write "欢迎第" & VisitNum & "次访问本网站!"
    Response.Cookies("VisitNum")=VisitNum
    Response.Cookies("VisitNum").Expires="2016/10/10"
 end if
%>
 </p>
</body>
```

（2）页面测试。当用户首次访问和第二次访问该页面时，将显示图 9-52 和图 9-53 所示的页面。

9.5 Application 对象

9.5.1 如何保存网站共享信息

利用 Cookies 集合可以为用户长期保存自己的信息，但这些信息只有用户自己能看到，对于其他用户是不可见的。而一个网站的用户很多，有时用户之间需要共享一些信息，如网站总访问人数、网站调查数据等，以便了解网站的整体情况。这些信息对所有用户应当都是一致的，是大家都可以访问的。那么，ASP 是如何保存这些共享信息的呢？通过 ASP 的 Application 对象可以实现这一功能。

9.5.2 Application 对象预备知识

Application 对象用于保存网站中所有用户共享的信息，任何用户在任何时间都可以对 Application 对象中的数据进行访问，保存在 Application 对象中的数据在网站运行期间一直存在。Application 对象拥有不同的集合、方法及事件以实现其功能。

1. Application 对象的集合

Application 对象有两种不同的集合，Contents 集合和 StaticObjects 集合，这两种集合所包含的 Application 变量如表 9-10 所示。

表 9-10 Application 对象的集合

集　　合	说　　　　　　　　　明
Contents	未使用<OBJECT>标签定义的存储于 Application 对象中的所有变量及其值的一个集合
StaticObjects	使用<OBJECT>标签定义的存储于 Application 对象中的所有变量及其值的一个集合

当使用 <% Application("变量名")=值 %>设置一个 Application 变量时，该变量属于 Contents 集合，Contents 集合中的变量是一种常用的 Application 变量。

2. Application 对象的方法

Application 对象的方法如表 9-11 所示。

表 9-11 Application 对象的方法

方　　法	说　　　　　　　　　明
Lock( )	用于锁定 Application 对象，以保证只有当前用户可以访问和修改 Application 对象的数据
Unlock( )	用于解除 Lock 方法对 Application 对象的锁定，以便其他用户能够访问和修改 Application 对象的数据
Contents.Remove("变量名")	删除 Contents 集合中的一个 Application 变量
Contents.Remove("变量名")	删除 Contents 集合中的一个 Application 变量
Contents.RemoveAll( )	删除 Contents 集合中的所有 Application 变量
StaticObjects.Remove("变量名")	删除 StaticObjects 集合中的一个 Application 变量
StaticObjects.RemoveAll( )	删除 StaticObjects 集合中的所有 Application 变量

在以上方法中，Lock( )和 Unlock( )方法对于 Application 对象非常重要。由于 Application 对象的数据可以在任何时间被任何用户存取，因此有可能多个用户同时存取 Application 对象的数据，导致冲突。使用 Lock( )和 Unlock( )方法可以有效避免上述情况的发生，使得不同的用户可以在不同时间内修改 Application 对象的数据。

3．Application 对象的事件

Application 对象有两个事件：OnStart 事件和 OnEnd 事件。这两个事件分别在创建和删除 Application 对象时被调用。有关这两个事件的具体说明如表 9-12 所示。

表 9-12   Application 对象的事件

事　件	说　　　　　明
OnStart( )	当创建 Application 对象时被触发。当 Web 服务器开启，网站的第一个用户打开网站的第一个页面时，网站的 Web 应用程序开始启动，Application 对象即被创建，OnStart( )事件同时被触发。此事件用于执行网站的初始化操作，例如：初始化变量，创建对象或执行其他相关代码
OnEnd( )	当删除 Application 对象时被触发。当网站的最后一个用户关闭浏览器离开网站，Web 服务器关闭，Web 应用程序结束。此时，Application 对象即被删除，OnEnd( )事件同时被触发。此事件用于执行网站的 Web 应用程序结束时所需的相关程序代码

> **说　明**
>
> Application 对象的 OnStart( )和 OnEnd( )事件的代码一般放在网站的 Global.asa 文件中，有关 Global.asa 文件的相关知识请参考相关书籍，本文篇幅有限，不再赘述。

4．Application 对象的使用

使用 Application 对象的语法：

`<% Application.集合|方法|事件 %>` 或 `<% Application ("变量名") %>`

9.5.3　Application 对象应用实例

本实例是设计一个网站满意度调查页面 diaocha.asp，调查用户对网站的满意度，满意度级别分为"非常好"、"较好"、"一般"、"较差"4 个级别，如图 9-54 所示。页面下方显示当前的满意度调查结果。用户进入该页面后可以选择满意度并提交，满意度调查结果将会实时更新。由于满意度调查面向所有用户，因此,需通过 Application 对象来保存调查结果数据。

1．网站满意度调查页面的设计

（1）表单设计。在网站满意度调查页面设计一个表单，表单名称为 form1。表单中提供 4 个单选按钮供用户选择满意度，如图 9-55 所示。这 4 个单选按钮的名字均为 opt，分别对应 4 个满意度"非常好"、"较好"、"一般"、"较差"，取值分别为 verygood、good、notbad、bad。网络满意度调查页面的表单设置如图 9-56 所示。

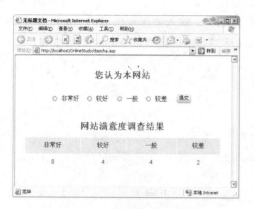

图 9-54　网站满意度调查页面　　　　图 9-55　网站满意度调查页面设计视图

图 9-56　网站满意度调查页面表单设置

（2）满意度调查结果的保存与实时更新。页面中通过 4 个 Application 变量：Application ("verygood")、Application("good")、Application("notbad")、Application("bad")分别保存 4 个级别的满意度调查结果数据。当用户提交满意度数据后，页面将会根据用户选择的满意度更新相应的 Application 变量值。

实现代码如下：

```
<%
if Request.Form("opt")<>"" then
  Application.Lock()
  if Request.Form("opt")="verygood" then
    Application("verygood")=Application("verygood")+1
  elseif Request.Form("opt")="good" then
    Application("good")=Application("good")+1
  elseif  Request.Form("opt")="notbad" then
    Application("notbad")=Application("notbad")+1
  elseif  Request.Form("opt")="bad" then
    Application("bad")=Application("bad")+1
  end if
  Application.Unlock()
end if
%>
```

（3）满意度调查结果的显示。在页面下方的满意度调查结果部分将实时显示 4 个满意度的调查结果数据，因此，需要读取以上 4 个 Application 变量的值并显示在页面中。下面是读取及显示这 4 个 Application 变量的具体方法：

①　在"应用程序"下拉列表框中，单击"绑定"选项卡中的"+"按钮，在弹出的菜单中选择"应用程序变量"选项，如图 9-57 所示。

② 在弹出的图 9-58 所示的"应用程序变量"对话框中，输入要绑定读取的 Application 变量的名字，例如 verygood，单击"确定"按钮。按照同样的方法绑定其他 Application 变量。

图 9-57　选择绑定应用程序变量　　　　图 9-58　绑定应用程序变量

③ 绑定好的变量显示在"绑定"选项卡中，如图 9-59 所示。将该变量拖动到满意度调查结果部分的相应位置。

2．页面测试

当用户每次进入页面时，页面中将显示当前满意度的调查结果。当用户提交满意度的评价数据后，页面将实时更新当前满意度调查结果数据，如图 9-54 所示。

图 9-59　显示应用程序变量

9.6　Session 对象

9.6.1　如何保存用户的临时信息

如前所述，利用 Cookies 集合可以在客户端为每个用户长期地保存信息。而有些时候，网站仅仅需要在用户访问网站的当前会话期间内为用户保存信息，例如用户登录后的用户名、身份等信息，当用户关闭浏览器离开网站后，这些信息就不再需要。那么，ASP 是如何为每个用户保存临时信息的呢？通过 ASP 的 Session 对象可以实现这一目的。

9.6.2　Session 对象预备知识

Session 对象用于在用户访问网站的一个会话期间内为用户保存信息。在此期间内，网站的所有页面都可以共享这些信息。Session 对象创建于用户与服务器建立会话的时刻，即当用户通过浏览器请求网站的第一个页面时，服务器将为用户创建一个新的 Session 对象，此 Session 对象会在用户访问网站期间一直存在。当用户关闭浏览器离开网站时，或者在规定的时间内没有请求或者刷新页面导致会话超时，当前会话将会结束，Session 对象同时被撤销，存储在 Session 对象中的所有变量都会被清除。

Session 对象拥有不同的集合、属性和方法以实现其功能。

1．Session 对象的集合

Session 对象的集合如表 9-13 所示。

表 9-13　Session 对象的集合

集　　合	说　　　　　明
Contents	未使用<OBJECT>元素定义的存储于 Session 对象中的所有变量及其值的集合
StaticObjects	使用<OBJECT>元素定义的存储于 Session 对象中的所有变量及其值的集合

通过<% Session ("变量名")=值 %>这种方法定义的变量属于 Contents 集合，Contents 集合中的变量是一种常用的 Session 变量。

2．Session 对象的属性

Session 对象的属性如表 9–14 所示。

表 9-14　Session 对象的属性

属　　性	说　　　　　明
SessionID	用户会话标识，由服务器在创建会话时自动生成。长整形数据
TimeOut	用户会话的超时时限，单位为 min。如果用户在超时时限内没有请求或者刷新网页，则该会话将终止。缺省值为 10 min

3．Session 对象的方法

Session 对象的方法如表 9–15 所示。

表 9-15　Session 对象的方法

方　　法	说　　　　　明
Abandon( )	删除所有存储在 Session 对象中的变量，并释放其占用的资源
Contents.Remove("变量名")	从 Contents 集合中删除一个变量
Contents.RemoveAll( )	从 Contents 集合删除所有变量
StaticObjects.Remove("变量名")	从 StaticObjects 集合中删除一个变量
StaticObjects.RemoveAll( )	从 StaticObjects 集合删除所有变量

4．Session 对象的事件

Session 对象的事件如表 9–16 所示。

表 9-16　Session 对象的事件

事　　件	说　　　　　明
OnStart( )	当建立用户会话时被触发。此事件用于执行会话的初始化操作，例如：初始化变量，创建对象或运行其他相关程序代码
OnEnd( )	当用户会话结束时被触发，此事件用于处理结束用户会话时所需的程序代码

5．Session 对象的使用

使用 Session 对象的语法：

<% Session.集合|方法|事件 %> 或 <% Session ("变量名") %>

6．Session 对象与 Cookies 集合的区别

Cookies 集合用于为用户长期保存数据。在用户结束一次会话后，这些数据仍被保存在客户端的硬盘上，直到 Cookies 的有效期结束。

Session 对象用于在一个会话期间内保存用户的数据。当会话结束后，Session 对象即被清除，

存储在 Session 对象中的所有变量也就不复存在。

9.6.3 Session 对象应用实例

本实例是设计一个登录页面 login.asp、一个登录处理页面 Do-login.asp 和一个登录成功页面 loginsuccess.asp。利用 Session 变量保存用户的登录信息，并实现在不同页面间共享用户的登录信息。当用户输入登录信息并提交后，登录页面将登录信息提交给登录处理页面 Do-login.asp 进行处理，登录处理页面将用户名和身份信息保存到两个 Session 变量中。如果是普通用户登录，则跳转到登录成功页面，页面中将显示用户的登录名，如图 9-60 所示。此外，当用户进入到其他页面时，页面中也将显示用户的登录名。

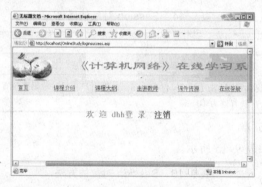

图 9-60 登录成功页面

1. 登录页面的设计

登录页面的表单设计与前面相同，不同之处是将提交的处理页面设置为登录处理页面 Do-login.asp，表单提交方法为 POST。表单设置如图 9-61 所示。

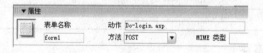

图 9-61 登录页面表单设置

2. 登录处理页面的设计

登录处理页面 Do-login.asp 读取用户提交的用户名、身份信息，并将其保存在 MM_Username 和 MM_shenfen 两个 Session 变量中。如果当前用户身份是普通用户，则跳转到登录成功页面。登录处理页面只有登录处理的程序代码，没有显示内容。具体实现代码如下：

```
<%
Session("MM_Username")=Request.Form("name")
Session("MM_shenfen")=Request.Form("shenfen")
if Session("MM_shenfen")="普通用户" then
Response.Redirect "loginsuccess.asp"
end if
%>
```

3. 登录成功页面的设计

登录成功页面读取用户登录名 Session("MM_Username")并显示在页面中，登录成功页面的设计效果如图 9-62 所示。

下面是读取 Session 变量值的具体方法：

（1）在"应用程序"下拉列表框中，单击"绑定"选项卡中的"+"按钮，在弹出的菜单中选择"阶段变量"选项，如图 9-63 所示。

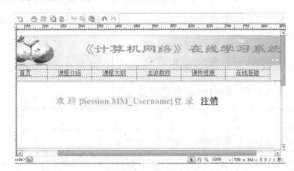

图 9-62　登录成功页面设计视图　　　　图 9-63　选择绑定阶段变量

（2）在弹出的图 9-64 所示的"阶段变量"对话框中，输入 Session 变量的名字 MM_Username，单击"确定"按钮。

（3）绑定好的 Session 变量显示在图 9-65 所示的"应用程序"下拉列表框中。将该变量拖动到页面的相应位置。

图 9-64　阶段变量窗口　　　　　　　　图 9-65　显示阶段变量

按照同样的方法，在其他页面（例如在线答疑页面）中绑定和显示 Session 变量。

4．页面测试

当用户 dhh 以普通用户身份登录时，将显示图 9-60 所示的登录成功页面。

9.7　Sever 对象

9.7.1　如何实现服务器端的操作

ASP 是服务器端的语言，可以实现服务器端的一些操作。例如，当网站的页面需要连接后台数据库，实现对后台数据记录的访问时，服务器就需要创建 ADO 数据库连接对象；当服务器需要进行文件操作时，就需要创建 FSO 文件系统对象。那么，在 ASP 中如何实现服务器的这些操作呢？通过 ASP 的 Server 对象可以实现这一目的。

9.7.2　Sever 对象预备知识

利用 ASP 的 Server 对象可以访问服务器的一些属性和方法，实现服务器端的操作。Server

对象拥有不同的属性和方法以实现其功能。

1．Server 对象的属性

Server 对象只有一个属性 ScriptTimeout，用于定义脚本文件最长的执行时间，单位是 s。如果脚本执行的时间超过了所规定的值，就自动停止执行脚本，默认值为 90 s。

2．Server 对象的方法

Server 对象有很多个方法用于实现服务器端的操作，具体方法如表 9-17 所示。

表 9-17　Server 对象的方法

方　法	说　　　　　明
CreateObject	用于创建 ActiveX 对象，如数据库连接对象、文件系统对象等
Execute	停止当前 ASP 网页的执行，执行另外一个网页。当新网页执行结束后返回原网页，继续执行 Execute 后面的语句
Transfer	停止当前网页的执行，执行另外一个网页。新网页执行结束后不返回原网页，停止原网页的执行过程
URLEncode	将指定的字符串转换成为 URL 编码格式
HTMLEncode	将指定的字符串转换成为 HTML 编码格式
MapPath	将一个相对路径转换为绝对路径

（1）CreateObject 方法。在以上方法中，CreateObject 是 Server 对象的一个重要的方法，利用它可以创建多种对象，使服务器能够通过不同的对象完成不同的功能。

例如，通过创建文件系统对象（FSO），能够实现文件及文件夹的操作，例如：文件或文件夹的复制、移动、删除等。通过数据库连接对象(ADO Connection)和数据库记录集对象(ADO Recordset)，可以连接后台数据库以及访问数据库中的记录，实现页面与数据库的连接和访问。

（2）MapPath 方法。MapPath 方法可以将一个文件或文件夹的相对路径转换为绝对路径。MapPath 的使用语法为：

```
<%Server. MapPath("文件或文件夹的相对路径")%>
```

其中的相对路径是指相对于当前网页所在目录的路径，绝对路径是该文件或文件夹的实际物理路径。

9.7.3　Sever 对象应用实例

本实例是设计一个可动态显示课件列表的课件查看页面 showkejian.asp，如图 9-66 所示。该页面可动态读取网站 kejianziyuan 子文件夹下的所有课件名称，并显示在页面中。当服务器上的 kejianziyuan 文件夹中的课件发生变化时，页面中的内容也随之变化。

1．课件显示页面的设计

课件显示页面 showkejian.asp 通过 Server 对象创建 FSO 文件系统对象，以读取网站 kejianziyuan 子文件夹下所有课件文件名，并显示在页面中。该页面的内容是动态生成的，没有静态内容。showkejian.asp 页面位于网站根目录下。

图 9-66　课件查看页面

课件显示页面的代码为：

```
<%
Dim i,fso,kejianFolder,kejianFiles,kejianFile
' 创建 FSO 文件系统对象
set fso=Server.CreateObject("Scripting.FileSystemobject")
' 获得网站根目录下的 kejianziyuan 文件夹的绝对路径，将其保存在 kejianFolder 文件夹对
象中，"./"表示默认目录为当前网页所在目录
set kejianFolder=fso.GetFolder(Server.MapPath("./kejianziyuan"))
'获得 kejianziyuan 文件夹下的所有文件，将其保存在 kejianFiles 对象中
set kejianFiles=kejianFolder.Files
' 在页面中输出一行内容，  为空格
Response.Write "<p align='center'>序号    课件名称</p>"
' 循环读取 kejianziyuan 文件夹下的每个文件名，将其依序显示在页面中，每个文件单独作为一行
i=1
for each kejianFile in kejianFiles
    Response.Write"<palign='center'>" &i &"    "&kejianFile.
Name &"</p>"
  i=i+1
  next
' 结束循环
%>
```

2．页面测试

当打开该页面时，页面将显示所有课件的序号和文件名，如图 9-66 所示。当增加或删除 kejianziyuan 文件夹下的文件后，页面显示内容也随之变化。

习　题

1. ASP 有哪些基本对象？每种对象的作用是什么？
2. Request 对象包含哪些集合？这些集合的主要作用是什么？
3. Response 对象有哪些方法？这些方法各自的作用是什么？
4. Cookies 集合的主要功能是什么？如何设置和读取 Cookies？
5. Application 对象的主要功能是什么？Application 对象有哪些集合、方法和事件？
6. Session 对象的主要功能是什么？Session 对象有哪些集合、方法和事件？
7. Cookies 集合与 Session 对象之间有什么区别？
8. Sever 对象的主要功能是什么？Sever 对象有哪些方法和属性？

实 训 项 目

实训环境与条件

（1）单机环境。

（2）安装了 Windows 2000/ XP/2003 操作系统，安装了 Internet 信息服务（IIS）。

（3）安装了 Dreamweaver 8/2004、Microsoft Access 2003 数据库或更高版本的软件。

实训 1 ASP 网站的建立

（1）实训目标：掌握 IIS 中创建站点或虚拟目录的方法。

① 掌握 Dreamweaver 中建立 ASP 站点的方法。

② 掌握 Dreamweaver 中创建和设计 ASP 页面的方法。

③ 掌握 ASP 脚本语言的声明方法。

④ 掌握 ASP 页面的测试方法。

（2）实训内容。在 IIS 中，完成以下内容：

① 创建站点或虚拟目录，名称自定。

② 设置站点或虚拟目录的主目录和其他属性。

在 Dreamweaver 中，完成以下内容：

① 新建一个站点，站点名称自定。

② 设置站点文件的脚本语言为 ASP VBScript。

③ 设置站点文件的保存路径为 IIS 中新建的站点或虚拟目录的主目录。

④ 设置站点的 HTTP 地址和 URL 地址，均为 IIS 中新建的站点或虚拟目录的 URL 地址。

⑤ 站点建立后，在站点中新建 ASP 文件并进行编辑，保存并刷新后进行测试（刷新按【F5】键，测试按【F12】键）。

实训 2 Form 集合的使用

（1）实训目标：

① 掌握 Form 集合的作用。

② 掌握 ASP 页面中表单的设计方法。

③ 掌握以 POST 方式提交表单的设置方法。

④ 掌握 Form 集合的使用方法。

（2）实训内容：在 Dreamweaver 中，完成以下内容：

① 设计图 9-67 所示的课件查询页面，用户在页面中可以输入课件名称或选择课件类型来进行查询。

② 课件查询页面中表单的提交方式为 POST，提交的处理页面为图 9-68 所示的课件查询信息页面。

③ 课件查询信息页面通过 Form 集合读取表单数据并显示在页面中。

图 9-67 课件查询页面

图 9-68 课件查询信息页面

实训 3　Query 集合的使用

（1）实训目标：

① 掌握 Query 集合的作用。

② 掌握 ASP 页面中以 GET 方式提交表单的设置方法。

③ 掌握 Query 集合的使用方法。

（2）实训内容。在 Dreamweaver 中，完成以下内容：

① 在图 9-67 所示的课件查询页面中，设置表单的提交方式为 GET，提交的处理页面为图 9-68 所示的课件查询信息页面。

② 课件查询信息页面通过 Query 集合读取表单数据并显示在页面中。

③ 观察课件查询信息页面的运行结果，与实训 2 的结果相比较，总结 GET 方式和 POST 方式在提交表单数据时的不同之处。

实训 4　Response 对象的使用

（1）实训目标：

① 掌握 Response 对象的主要功能。

② 掌握 Response 对象的常用属性和方法。

③ 掌握 Write 方法的使用。

（2）实训内容。在 Dreamweaver 中，完成以下内容：

① 设计图 9-69 所示的登录页面，用户可以输入用户名、密码并选择身份进行登录。如果用户名或密码为空，显示提示信息。

② 在登录页面中，设置表单的提交方式为 POST，提交的处理页面为登录结果页面。

③ 登录结果页面读取用户提交的登录信息，并根据用户身份的不同，利用 Response 对象的 Write 方法显示不同的内容，如图 9-70 和图 9-71 所示。

图 9-69　登录页面　　　　　　　　　　　图 9-70　学生登录结果页面

图 9-71　教师登录结果页面

第❿章

ASP 访问数据库

>>>

学习目标

- 了解 Access 数据库的基本知识。
- 了解 ODBC 数据源的基本知识。
- 掌握 Access 数据库及表的建立方法。
- 掌握 ODBC 数据源的建立方法。
- 掌握 SQL 查询语句的类型和使用方法。
- 掌握 ADO 对象的分类及作用。
- 掌握 ADO Connection 对象的使用方法。
- 掌握 ADO Command 对象的使用方法。
- 掌握 ADO RecordSet 对象的使用方法。

10.1 Access 数据库

众所周知，每一个网站都会有很多数据信息需要保存，例如：课程在线学习系统中的用户信息、课件信息、留言信息等，这些信息都需要保存到网站的后台数据库中。网站后台数据库可以采用 Microsoft Access 数据库、SQL Server 数据库等。在开发中小型网站中，Access 数据库是一种常用的数据库类型。Access 数据库是由 Microsoft 公司发布的关系型数据库系统，是 Microsoft Office 的成员之一。Access 数据库的使用界面友好、操作方便，集成了各种向导和生成器工具，开发者可以很方便地创建数据库、表以及数据查询等。

10.1.1 创建 Access 数据库和表

Access 数据库文件的扩展名为 ".mdb"，每个数据库中可以根据需要建立多个表，用于保存网站中不同的数据信息。以主题网站——某课程在线学习系统为例，该网站包含一个数据库 study.mdb，该数据库包含 4 个表：user 表、admin 表、kejian 表、question 表。其中，user 表用于保存用户信息（学生/教师），admin 表用于保存管理员信息，kejian 表用于保存课件信息，question

表用于保存答疑信息。

下面介绍在线学习系统数据库及表的建立过程。

1．创建 Access 数据库

下面需要创建主题网站数据库，数据库文件名为 study.mdb，保存在网站根目录 D:\OnlineStudy 下的 database 子文件夹中。

（1）打开 Microsoft Access 软件，选择"文件"|"新建"命令，在右侧窗格中单击"空数据库"按钮。

（2）在弹出的图 10-1 所示的"文件新建数据库"对话框中，输入数据库文件名称并选择其保存路径，单击"创建"按钮完成数据库的建立。

图 10-1　文件新建数据库窗口

2．创建表

在建立数据库后，接下来是创建数据库中的表。本网站需要创建 user、admin、kejian、question 四个表，下面介绍表的建立过程。

（1）在完成数据库的建立后，将弹出图 10-2 所示的数据库窗口。在窗口左侧的"对象"列表中显示了数据库中可以创建的各种对象，包括"表"、"查询"、"报表"等，当前选中的对象是"表"。双击右侧窗格的"使用设计器创建表"选项，将打开表设计窗口。

（2）接下来建立 user 表。在图 10-3 所示的表设计窗口中，显示表的默认名称为"表 1"。在窗口中输入 user 表中个字段的名称、说明并选择数据类型。

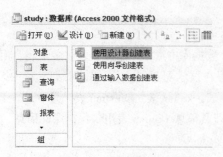

图 10-2　数据库窗口

图 10-3　user 表设计窗口

（3）设置主键。由于在一个表中可以添加很多条数据记录，为了对这些记录加以区分，可以将表中的一个字段设置为主键，不同记录的主键字段内容不能相同而且不能为空。例如，在 user 表中每条用户记录的用户名不能相同而且不能为空，因此，可以将 user 表中的 username 字段设置成主键。

在图 10-3 所示的表设计窗口中，选择 username 字段，单击 Microsoft Access 窗口的工具栏中的 按钮将其设置为"主键"，设计好的主键左侧单元格中将有一个主键标志。

（4）保存表。单击工具栏中"保存"按钮，输入表的名称 user 后，单击"确定"按钮，如图 10-4 所示。

（5）建立好的 user 表如图 10-3 所示。按照同样的方法建立其他表，如图 10-5、图 10-6、图 10-7 所示。

图 10-4　保存 user 表

图 10-5　admin 表

图 10-6　question 表

图 10-7　kejian 表

10.1.2　创建 Access 数据源

在完成后台数据库及表的建立后，还需要创建和配置 Access ODBC 数据源，以便网站中的 ASP 页面能够连接和访问后台数据库。ODBC（Open Database Connectivity，开放式数据库互联）是 Microsoft 公司推出的一种开放式的应用程序接口（API），通过它可以跨平台访问各种数据库，如 Access、SQL Server、Oracle 数据库等。在 Windows 系统中，可以通过"数据源（ODBC）管理器"来建立各种数据源（DSN）。每个 DSN（Data Source Name）对应于一个与 ODBC 兼容的数据库，拥有自己的 DSN 名称、数据库配置以及用户安全配置（用户 ID 和密码），ODBC 为每个 DSN 提供数据库驱动程序。

下面介绍为主题网站建立 Access 数据源的方法，数据源名称为 study。网站数据库文件名为 study.mdb，保存在网站根目录 D:\OnlineStudy 下的 database 文件夹中。以下是具体步骤：

（1）在 Windows 系统中，选择"开始"｜"控制面板"命令，在打开的"控制面板"窗口中双击"管理工具"图标，在弹出的"管理工具"窗口中双击"数据源（ODBC）"图标。打开 ODBC 数据源管理器。

（2）在图 10-8 所示的"ODBC 数据源管理器"对话框中，选择"系统 DSN"选项卡，单击"添加"按钮。

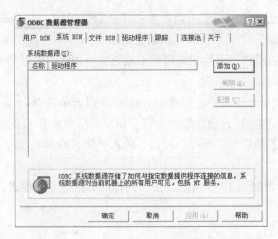

图 10-8 "ODBC 数据源管理器" 对话框

（3）在弹出的"创建新数据源"对话框中，选择数据库驱动程序 Microsoft Access Driver（*.mdb），如图 10-9 所示。单击"完成"按钮。

图 10-9 创建新数据源窗口

（4）在弹出的图 10-10 所示的"ODBC Microsoft Access 安装"对话框中，输入数据源名称，单击"选择"按钮选择网站数据库。

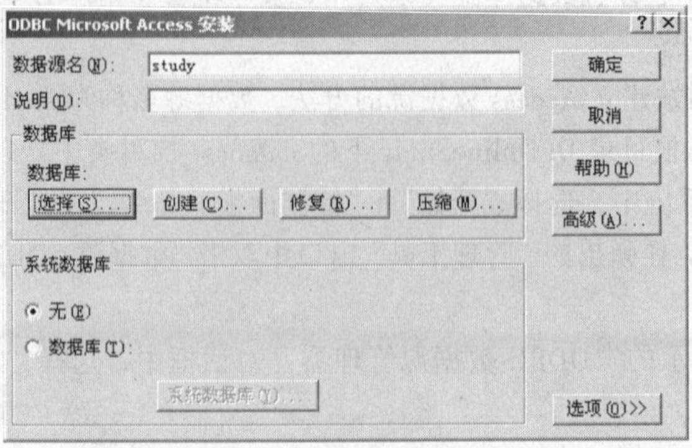

图 10-10 ODBC Microsoft Access 安装窗口

（5）在弹出的图 10-11 所示的"选择数据库"对话框中，选择该数据源所对应的数据库，单击"确定"按钮。

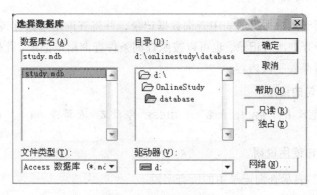

图 10-11 选择数据库窗口

（6）在返回的图 10-10 所示的"ODBC Microsoft Access 安装"对话框中将显示数据库的物理路径。在对话框中单击"确定"按钮。建立好的数据源显示在"ODBC 数据源管理器"对话框中，如图 10-12 所示。

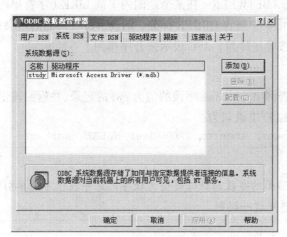

图 10-12 显示新建的数据源

10.2 SQL 查询语言

在 ASP 页面中，如果要实现对后台数据记录的访问（例如：查询、添加、删除或修改），需要通过 SQL 查询语句来实现。常用的 SQL 查询语句如表 10-1 所示。

表 10-1 常用 SQL 查询语句

SQL 查询语句	功 能
Select	从数据库的表中查询指定的记录
Insert	向数据库的表中添加一条新记录
Update	更新数据库的表中的一条记录
Delete	从数据库的表中删除一条记录

下面将对以上 SQL 查询语句加以详细介绍。

10.2.1　SELECT 语句

SELECT 语句用于从数据库的表中查询数据记录，并将查询结果保存到一个结果记录集中。SELECT 语句既可以查询所有记录，也可以按照查询条件查询指定记录。此外，还可以指定查询记录的所有字段或者某些字段内容。

1. SELECT 语句的语法

```
SELECT *(或字段名) FROM 表名 （WHERE 字段名 运算符 值） （ORDER BY 字段名 DESC|ASC）
```

2. SELECT 语句使用说明

（1）通配符 "*" 表示查询记录中的所有字段。

（2）SELECT 语句中的 WHERE 部分和 ORDER 部分是可选的。

（3）如果 SELECT 语句中包含 WHERE 部分，则表示查询符合条件的记录。如果不包含 WHERE 部分，则表示查询所有记录。

WHERE 部分可以使用的运算符包括：=（等于），<>（不等于）、>（大于）、>=（大于等于）、<=（小于等于）、BETWEEN（在某个范围内）或 LIKE（字符串匹配）。

（4）如果 SELECT 语句中包含 ORDER 部分，则表示将查询到的结果记录集按照某字段的值进行排序，DESC 表示按降序排列，ASC 表示按升序排列。

3. 应用实例

例如，从 user 表中查询出 username 字段的值为 gwr 的记录，并返回该记录的 username, shenfen 字段的内容。相应的 SELECT 语句为：

```
<% SELECT username, shenfen FROM user WHERE username='gwr' %>
```

> **注　意**
>
> 如果 WHERE 后面的字段的数据类型为数字，则字段值不用单引号括起来。后面的其他 SQL 查询语句都遵照这一规则。

10.2.2　INSERT INTO 语句

使用 INSERT INTO 语句可以向数据库的表中添加一条记录。

1. INSERT INTO 语句的语法

```
INSERT INTO 表名 (字段名,字段名,…) VALUES （'值', '值',…)
```

2. 应用实例

例如，向 user 表中添加一条记录，该记录中的 username 字段值为 dhh，password 字段值为 "23579"，xingbie 字段值为 "男"，shenfen 字段值为 "学生"，这些字段的数据类型都是文本。

相应的 INSERT INTO 语句应为：

```
<% INSERT INTO user (username,password,xingbie,shenfen) VALUES ('dhh', ' 23579 ','男', '学生') %>
```

10.2.3　UPDATE 语句

使用 UPDATE 语句可以更新表中的一条记录。

1．UPDATE 语句的语法

```
UPDATE 表名 SET 字段名 = '新值'  WHERE 字段名= '值'
```

2．应用实例

例如，修改用户密码，修改 user 表中 username 字段值为 dhh 的那条记录，将这条记录中的 password 字段值改为 "188262"。相应的 UPDATE 语句应为：

```
<% UPDATE user SET password= '188262'  WHERE username= 'dhh' %>
```

10.2.4　DELETE 语句

使用 DELETE 语句可以从数据库的表中删除一条记录。

1．DELETE 语句的语法

```
DELETE FROM 表名 WHERE 字段名 = '值'
```

2．应用实例

例如，从 user 表中删除 username 字段值为 gwr 的那条记录。相应的 DELETE 语句应为：

```
<% DELETE FROM user WHERE username= 'gwr' %>
```

10.3　ADO 组件

10.3.1　ADO 简介

在 ASP 网站中，有些 ASP 页面经常需要访问后台数据库。例如，当用户登录时，登录处理页面需要根据用户输入的登录信息，从后台数据库的用户表中查询是否存在该用户的记录，从而实现登录验证。那么，ASP 程序是如何访问后台数据库的呢？ASP 通常是通过 ADO（ActiveX Data Objects，ActiveX 数据对象）组件来访问和操作数据库的。

ADO 是 Microsoft 公司提供的一种用于访问数据库的应用编程接口，通过 ADO 可以方便地访问各种数据库，如 Access、SQL Server、Oracle 等。ADO 作为 Windows 系统的一个 Active X 组件，会在安装 IIS 时被自动安装到 Web 服务器中。ADO 可以采用两种方式实现与数据库的连接：通过 ODBC 连接或者通过 OLE DB 连接。相比 ODBC 而言，通过 OLE DB 连接数据库更方便。因为，通过 ODBC 连接数据库需要创建 ODBC 数据源，而通过 OLE DB 连接数据库无需创建 ODBC 数据源，只需指定数据库文件的路径即可。

10.3.2　ADO 基本对象

为了实现对数据库的访问，ADO 提供了 7 种对象。这 7 种对象在数据库访问中各自发挥作用，ADO 基本对象的类型及功能如表 10-2 所示。

表 10-2　ADO 对象及其功能

ADO 对象	功　　　　能
Connection	数据库连接对象，用于建立与数据库的连接
Command	命令对象，用于执行指定的 SQL 数据操作命令

ADO 对象	功　　　能
RecordSet	记录集对象，用于返回操作数据库的结果记录集
Field	字段对象，对应于 RecordSet 对象中的某个字段
Parameter	参数对象，对应于 SQL 语句中传递的一个参数
Property	属性对象，对应于 ADO 对象的一个属性
Error	错误对象，用于返回一个 Connection 数据库连接的错误

10.4　Connection 对象

10.4.1　如何连接后台数据库

网站的后台数据库保存着网站中各种重要的数据信息，网站很多功能的实现都需要通过对数据库的操作才能得以完成。例如，用户登录功能就是通过查询数据库中的用户信息表，从中找出与当前用户登录信息一致数据记录来加以验证的。在访问数据库的记录之前，首先要连接数据库，那么在 ASP 中如何连接数据库呢？通过 ADO 的 Connection 对象可以实现这一功能。

10.4.2　Connection 对象预备知识

在所有 ADO 对象中，Connection 对象是最重要的一个，因为只有通过 Connection 对象建立与数据库的实际连接后才能进一步实现数据库的操作。其他 ADO 对象都必须通过 Connection 对象所建立的数据库连接，才能完成其功能。

1. Connection 对象的创建

通过使用 Server 对象的 CreateObject 方法可以创建 Connection 对象，语法为：

```
<% set  ConnectionObj = Server.CreateObject("ADODB. Connection ") %>
```

其中，ConnectionObj 为要创建的 Connection 对象的名字。

2. Connection 对象的属性

Connection 对象的常用属性如表 10-3 所示。

表 10-3　Connection 对象的常用属性

属　　性	说　　明
CommandTimeout	执行 Connection 命令的超时时间
ConnectionString	Connection 命令的数据库连接字符串
ConnectionTimeout	建立 Connection 连接的超时时间
DefaultDatabase	Connection 对象的默认数据库
Provider	Connection 对象提供者的名称
State	Connection 的数据库连接状态：打开或关闭

3. Connection 对象的方法

Connection 对象的常用方法如表 10-4 所示。

表 10-4 Connection 对象的常用方法

方　　法	说　　明
Open	用于创建 Connection 对象与数据库的物理连接
Close	用于关闭 Connection 对象与数据库的物理连接
Execute	用于对 Connection 对象所连接的数据库执行指定的操作，如查询、SQL 语句、存储过程等
Cancel	用于取消对 Connection 对象所连接的数据库执行的操作

（1）Open 方法。Connection 对象的 Open 方法用于建立与数据库的连接，可以通过 ODBC DSN、OLE DB 等方法来连接数据库。下面介绍通过 ODBC DSN 方法连接数据库的方法。

通过 ODBC DSN 方法连接数据库的前提条件是首先要建立 ODBC 数据源，然后再通过 Connection 对象连接此数据源。

Connection 对象的创建是通过 Server 对象的 CreateObject 方法来实现的。

创建 Connection 对象并连接 Access 数据源的语句为：

```
<%
Set Connection 对象名=Server.CreateObject("ADODB.Connection")
ConnectionString="dsn= DSN 名称;uid= DSN 用户名;pwd= DSN 密码;"
Connection 对象名.open  ConnectionString
%>
```

 说　明

如果要连接的 DSN 数据源没有设置用户名和密码，则不需要用户名 uid 和密码 pwd 部分。

例如：已经为网站的数据库文件 study.mdb 创建了名称为 study 的 Access 数据源，该数据源未设置用户名和密码。

具体连接语句为：

```
<%Set Con =Server.CreateObject("ADODB.Connection")
Constr="dsn=study; "
Con.open  Constr
%>
```

（2）Close 方法。Close 方法用于关闭 Connection 对象与数据库连接。使用 Close 方法的语法为：

```
<% Connection 对象名. Close %>
```

注　意

Close 方法只能关闭 Connection 对象与数据库的连接，并不能将 Connection 对象删除，在关闭 Connection 对象后还可以再次打开。若要将 Connection 对象删除，可将 Connection 对象设置为 Nothing。

删除 Connection 对象的语法为：

```
<% Set Connection 对象名= nothing %>
```

例如，关闭 Con 对象与数据库的连接并删除 Con 对象的实现语句为：

```
<%  Con.Close
Set con = nothing
%>
```

（3）Execute 方法。Execute 方法用于对 Connection 对象所连接的数据库执行指定的操作，例如：通过 SQL 语句对数据记录进行添加、删除、修改、查询以及其他操作。虽然利用 Connection 对象可以实现对数据库记录的操作，但其在数据操作方面功能不及 Command 对象和 RecordSet 对象。因此，Connection 对象一般用于连接数据库，对数据库记录的操作一般由 Command 对象或 RecordSet 对象来完成。

4．Connection 对象的数据集合

Connection 对象提供 Errors、Properties 两种数据集合。

（1）Properties 集合。Properties 集合代表 Connection 对象所有属性的集合，通过此集合可以获得每个属性(Property 对象)的值。

（2）Errors 集合。Errors 集合代表 Connection 对象在连接数据库时所产生的所有错误的集合，通过此集合可以获取每一个错误(Error 对象)。

5．Connection 对象的使用

使用 Connection 对象的语法为：

```
<%Connection 对象名.集合|方法|属性 %>
```

10.4.3　Connection 对象应用实例

本实例是在主题网站中建立与后台数据库的连接，网站数据库文件名为 study.mdb，位于 D:\OnlineStudy\database 目录下，已为其创建了名为 study 的数据源，该数据源未设置用户名和密码，要建立的数据库连接名称为 study。下面通过 ODBC DSN 方法来连接数据库。具体实现步骤如下：

（1）在 Dreamweaver 中的"应用程序"下拉列表框中，单击"数据库"选项卡中的"+"按钮，在弹出的快捷菜单中选择"数据源名称（DSN）"选项，如图 10-13 所示。

（2）在打开的"数据源名称（DSN）"对话框中，输入连接名称

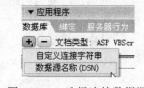

图 10-13　选择连接数据源

study、数据源名称 study，如图 10-14 所示，单击"测试"按钮，如果连接成功则显示图 10-15 所示的提示对话框。

图 10-14　数据源名称（DSN）窗口　　　　　图 10-15　连接成功提示对话框

（3）已建立的数据库连接显示在"应用程序"下拉列表框的"数据库"选项卡中，如图 10-16 所示。单击 study 选项左侧的"+"图标，将显示数据库中的表，可以查看表中的字段信息。

（4）数据库连接成功后，将会自动在网站根目录下创建一个 Connections 文件夹，在 Connections 文件夹中保存了数据库连接的 ASP 脚本文件，文件名为数据库连接名称，如图 10-17 所示。

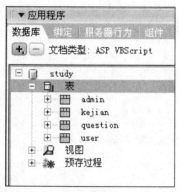

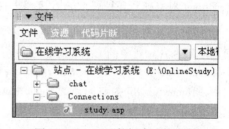

图 10-16　"数据库"选项卡　　　　　　图 10-17　显示数据库连接文件

（5）打开数据库连接的 ASP 文件 study.asp，切换到代码视图，可以看到自动生成的数据库连接代码，包括数据库连接字符串和一些注释。例如，study.asp 文件的代码如下：

```
<%
' FileName="Connection_odbc_conn_dsn.htm"
' Type="ADO"
' DesigntimeType="ADO"
' HTTP="false"
' Catalog=""
' Schema=""
Dim MM_study_STRING
MM_study_STRING = "dsn=study; "
%>
```

其中，MM_study_STRING 为数据库连接 study 的连接字符串。

> **说　明**
>
> 在 Dreamweaver 中连接好数据库后，将自动创建 Connection 对象并建立其与数据库的连接，无需手工输入代码。建立好的数据库连接可以被网站的所有 ASP 网页访问。

10.5　Recordset 对象

10.5.1　数据库中记录的查询方法

通过前面的内容，我们知道利用 Connection 对象可以连接数据库，当连接数据库后，接下来需要对数据库中的记录进行查询，并将查询结果进行保存，以便对数据记录进行进一步的操作。那么，在 ASP 中是如何查询并保存这些记录结果的呢？通过 RecordSet 对象可以实现这一功能。虽然通过 Connection 和 Command 对象也可以实现数据记录的查询，但是相比 RecordSet 对象，两者的功能不如 RecordSet 对象强大。

10.5.2　Recordset 对象预备知识

Recordset（记录集）对象是 ADO 对象中重要而且功能强大的一种对象，利用它可以方便地访问数据库中的记录，完成对数据记录的操作，包括查询、添加、删除或修改。Recordset 对象保存了来自数据库表的一个记录集，该记录集往往是对数据库的表执行 SQL 命令的一个结果记录集。Recordset 对象由记录和每个记录的字段组成。

Recordset 对象拥有多种属性、方法和集合以实现其功能，下面将加以具体介绍。

1．Recordset 对象的创建

通过使用 Server 对象的 CreateObject 方法，可以创建 Recordset 对象，语法为：

```
<% set RecordsetObj = Server.CreateObject("ADODB.Recordset") %>
```

其中，RecordsetObj 为要创建的 Recordset 对象的名字。

2．Recordset 对象的属性

Recordset 对象的常用属性如表 10-5 所示，这些属性在创建和使用 Recordset 对象时发挥不同的作用。

表 10-5　Recordset 对象的常用属性

属　　性	说　　　　　　　　　明
ActiveConnection	与 Recordset 对象相关联的数据库连接，可以是 Connection 对象名或 Connection 对象的 ConnectionString 参数
ActiveCommand	与 Recordset 对象相关联的命令
Source	Recordset 对象的记录源，可以是 Command 对象名、SQL 语句或数据表名等
CursorType	打开 Recordset 对象时使用的游标类型，游标用于记录的定位。默认值为 adOpenForwardOnly（0），即向前滚动的游标
CursorLocation	游标服务的位置。默认为 adUseServer(2)，即使用数据提供者或驱动程序提供的游标
LockType	对 Recordset 对象中的记录的锁定类型。默认为 AdLockReadOnly（1），即只读，不能修改记录。如需修改，可以设置为 adLockOptimistic(3)
BOF	指示当前记录的位置是否在第一条记录之前，值为 True 或 False。如果 Recordset 对象中没有记录，值为 True
EOF	指示当前记录的位置是否在最后一条记录之后，值为 True 或 False。如果 Recordset 对象中没有记录，值为 True
RecordCount	Recordset 对象中的记录数目

3．Recordset 对象的方法

Recordset 对象的方法如表 10-6 所示。

表 10-6　Recordset 对象的常用方法

方　　法	说　　　　　　　　　明
Open	打开一个数据库表进行记录查询，并将查询结果记录集保存到 Recordset 对象中

方　　法	说　　明
Close	关闭 Recordset 对象
AddNew	向 Recordset 对象中添加一条新记录
Delete	删除 Recordset 对象中的一条记录或一组记录
Update	更新 Recordset 对象中的记录，保存对其所做的修改
Move	在 Recordset 对象中移动记录指针的位置
MoveFirst	将记录指针移到 Recordset 对象的第一条记录
MoveLast	将记录指针移到 Recordset 对象的最后一条记录
MovePrevious	将记录指针移到 Recordset 对象的上一条记录
MoveNext	将记录指针移到 Recordset 对象的下一条记录

（1）Open 方法。Open 方法用于打开数据库中的一个表进行记录查询，并将结果记录集保存在 Recordset 对象中。Open 方法的语法格式为：

```
<% Recordset 对象名.Open  Source, ActiveConnection, CursorType, LockType  %>
```

例如：创建 Recordset 对象 rs，利用 rs 打开数据源 cn 所对应的数据库中的 user 表，查询所有记录并保存到 rs 中，记录的锁定类型为只读。

```
<%
set  rs = Server.CreateObject("ADODB.Recordset")
rs.ActiveConnection = "dsn=cn;"
rs.Source = "SELECT * FROM user "
rs.CursorType = 0
rs.CursorLocation = 2
rs.LockType = 0
rs.Open
%>
```

利用 Recordset 对象打开数据库表之后，就可以利用 MoveFirst、MoveLast、MovePrevious 和 MoveNext 等方法遍历 Recordset 对象中的所有记录，并对其进行操作。

（2）Close 方法。Close 方法用于关闭 Recordset 对象与数据库表的连接。Close 方法的语法格式为：

```
<% Recordset 对象名. Close  %>
```

例如：关闭上面 rs 对象与 user 表的连接。

```
<% rs. Close  %>
```

> **说　明**
>
> 虽然利用 Recordset 对象可以实现对数据记录的添加、删除和修改操作，但其在数据操作方面的功能不如 Command 对象。因此，Recordset 对象一般用于查询记录，对数据记录的其他操作，则由 Command 对象完成。

4. Recordset 对象的集合

Recordset 对象有两个集合：Fields 集合和 Properties 集合。

Fields 集合是 Recordset 对象中所有字段（Field 对象）的集合，通过此集合可以获得每个字段（Field 对象）的值。

例如：获得 Recordset 对象 rs 中当前记录的 username 字段值，其实现语句为：

```
<% name = rs.Fields.Item("username ").Value %>
```

Properties 集合是 Recordset 对象的所有属性（Property 对象）的集合，通过此集合可以获得每个属性的值。

5. Recordset 对象的使用

使用 Recordset 对象的语法为：

```
<% Recordset 对象. 集合|方法|属性 %>
```

10.5.3　Recordset 对象应用实例

本实例是实现登录页面 login.asp 与后台数据库的连接，进行用户或管理员的登录验证。当用户或管理员在登录页面输入用户名、密码，选择身份并提交信息后，将从后台数据库的 user 表或 admin 表中查询相应的用户或管理员记录。如果存在，则对普通用户显示图 10-18 所示的用户登录成功页面（userloginsuc.asp），对管理员显示图 10-19 所示的管理员登录成功页面（adminloginsuc.asp）。如果不存在，则显示图 10-20 所示的登录失败页面（loginfailed.asp）。

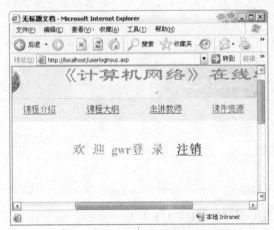

图 10-18　用户登录成功页面

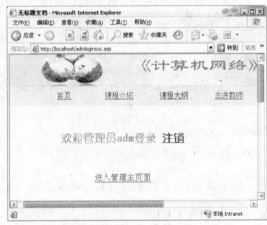

图 10-19　管理员登录成功页面

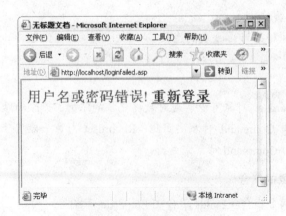

图 10-20　登录失败页面

1. 登录页面的设计

登录页面 login.asp 的设计与前面相同，表单（form1）提交的用户名为 name，密码为 password，用户身份为 shenfen。在用户或管理员提交登录信息后，页面将连接后台数据库的 user 表或 admin 表进行用户登录验证。

假设已建立的后台数据库连接名称为 study，数据库连接文件 study.asp 位于站点下的 Connections 子文件夹中。user 表中的用户名和密码字段分别为 username 和 password，admin 表中的用户名和密码字段分别为 admname 和 admpass。用户登录验证是通过在页面中添加一个"登录用户"的服务器行为来实现的，具体步骤如下：

（1）在"应用程序"下拉列表框中，选择"服务器行为"选项卡，单击"+"按钮，从弹出的菜单中选择"用户身份验证"｜"登录用户"选项，如图 10-21 所示。

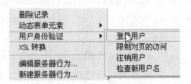

（2）下面设置对普通用户的登录验证。在弹出的图 10-22 所示的"登录用户"对话框中，设置获取输入的表单名称 form1，用户名字段 name，密码字段 password。数据库连接

图 10-21　选择添加登录用户行为

study，表格 user 表，用户名列 username，密码列 password。登录成功页面 userloginsuc.asp，登录失败页面 loginfailed.asp，将"基于以下项限制访问"设置为"用户名和密码"，完成后单击"确定"按钮。

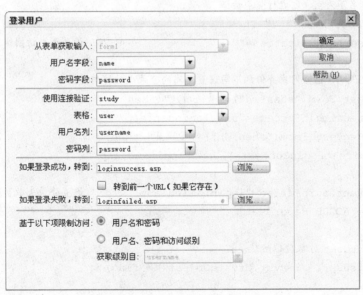

图 10-22　"登录用户"对话框

（3）设置完成后，在"服务器行为"选项卡中将新增一个"登录用户"服务器行为，如图 10-23 所示。

（4）打开表单 form1 的属性状态栏，可以看到表单的提交处理页面被设置为<%=MM_LoginAction%>，如图 10-24 所示。即表单提交给变量 MM_LoginAction 所对应的 ASP 页面进行处理。在页面代码中，MM_LoginAction 变量的值将被设置成 login.asp 页面自身地址，因此表单将提交给 login.asp 进行处理。

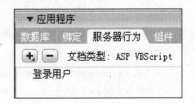

图 10-23　显示登录用户行为

图 10-24　表单属性状态栏

（5）由于上面新添加的"登录用户"行为只实现了普通用户的登录验证，为了实现管理员的登录验证，需添加代码。

切换到页面代码视图，可以看到自动生成的用户登录验证程序代码，在代码中添加管理员的登录验证代码，修改后的全部登录验证代码如下（手工修改的部分作了注释）：

```
<!--#include file="Connections/study.asp" -->
<%
' *** Validate request to log in to this site
' 设置 MM_LoginAction 变量值为当前页面 login.asp 在服务器上的地址
MM_LoginAction = Request.ServerVariables("URL")
…
' 将用户名保存在 MM_valUsername 变量中
MM_valUsername=CStr(Request.Form("name"))

' 如果用户名不为空，则进行登录验证
If MM_valUsername <> "" Then
  MM_fldUserAuthorization=""                      ' 设置用户访问级别验证变量

  ' 手工修改代码，根据用户身份的不同设置不同的登录成功转向页面
  if Request.Form("shenfen")="普通用户" then
  MM_redirectLoginSuccess="userloginsuc.asp"
  elseif Request.Form("shenfen")="管理员" then
    MM_redirectLoginSuccess=" adminloginsuc.asp "
  end if
  MM_redirectLoginFailed="loginfailed.asp"       ' 设置登录失败页面
  MM_flag="ADODB.Recordset"

' 创建 Recordset 对象 MM_rsUser
  set MM_rsUser = Server.CreateObject(MM_flag)

' 设置 MM_rsUser 对象所对应的数据库连接为 "study"
  MM_rsUser.ActiveConnection = MM_study_STRING

' 手工修改代码，设置 MM_rsUser 所查询的数据表字段，根据用户的身份不同从 user 表或 adm 表
中查询不同的字段
  if Request.Form("shenfen")="普通用户" then
  MM_rsUser.Source = "SELECT username, password"
  elseif Request.Form("shenfen")="管理员" then
  MM_rsUser.Source = "SELECT admname, admpass"
```

```
     end if
     If MM_fldUserAuthorization <> "" Then MM_rsUser.Source = MM_rsUser.Source
& "," & MM_fldUserAuthorization
```

' 手工修改代码，设置 MM_rsUser 的记录源，根据用户身份的不同从 user 表或 adm 表中查询与用户提交信息相同的记录

```
   if Request.Form("shenfen")="普通用户" then
MM_rsUser.Source = MM_rsUser.Source & " FROM user WHERE username='" &
Replace(MM_valUsername,"'","''") &"' AND password='" &
Replace(Request.Form("password"),"'","''") & "'"

   elseif Request.Form("shenfen")="管理员" then
     MM_rsUser.Source = MM_rsUser.Source & " FROM admin WHERE admname='"
& Replace(MM_valUsername,"'","''") &"' AND admpass='" &
Replace(Request.Form("password"),"'","''") & "'"
   end if
```

' 设置 MM_rsUser 的游标类型为向前滚动的游标，即只能向前查询记录
```
   MM_rsUser.CursorType = 0
```

' 设置 MM_rsUser 游标服务的位置为服务器提供的游标
```
   MM_rsUser.CursorLocation = 2
```

' 设置 MM_rsUser 的记录锁定类型为可以修改记录
```
   MM_rsUser.LockType = 3
```
' 打开 MM_rsUser，从从 user 表中查询指定的用户记录并保存在 MM_rsUser 中
```
   MM_rsUser.Open
```

' 如果 MM_rsUser 中包含记录，即用户输入的登录信息正确
```
   If Not MM_rsUser.EOF Or Not MM_rsUser.BOF Then
```
' username and password match - this is a valid user,将用户名保存在 Session 变量
' "MM_Username"中
```
Session("MM_Username") = MM_valUsername

If (MM_fldUserAuthorization <> "") Then          ' 如果进行用户访问级别验证
```
'将用户访问级别验证内容保存在 Session 变量"MM_UserAuthorization"中
```
     Session("MM_UserAuthorization") = CStr(MM_rsUser.Fields.Item(
MM_fldUserAuthorization).Value)

Else ' 如果不进行用户访问级别验证
```
'将 Session 变量"MM_UserAuthorization"置为空
```
     Session("MM_UserAuthorization") = ""
End If
```

...
```
    MM_rsUser.Close  ' 关闭 MM_rsUser 对象
    Response.Redirect(MM_redirectLoginSuccess) ' 跳转到登录成功页面
    End If

' 如果 MM_rsUser 中不包含记录，即用户输入的登录信息错误
    MM_rsUser.Close                                    ' 关闭 MM_rsUser 对象
    Response.Redirect(MM_redirectLoginFailed)         ' 跳转到登录失败页面
End If
%>
```

程序说明：

① 程序开始使用 include 语句包含数据库连接文件 study.asp。study.asp 中定义了数据库连接字符串 MM_study_STRING。

② 程序中通过 Recordset 对象 MM_rsUser 查询用户的记录进行用户的登录验证。

③ 程序中修改了 3 处代码，分别是设置登录成功转向页面、MM_rsUser 查询的数据库字段和 MM_rsUser 的记录源，根据用户身份的不同实现了不同的操作。

④ 用户登录验证成功后，将其用户名保存在 Session("MM_Username")中，并根据用户身份的不同跳转到不同的登录成功页面，网站其他页面可以读取用户登录信息。登录失败则跳转到相同的登录失败页面。

2．用户登录成功页面的设计

用户登录成功后，用户名被保存到 Session 变量 MM_Username 中。登录成功页面读取该变量的值，并显示在页面中。此外，页面还提供用户注销功能，当用户单击"注销"链接时，将注销用户名，并跳转到登录页面。用户登录成功页面的设计效果如图 10-25 所示。

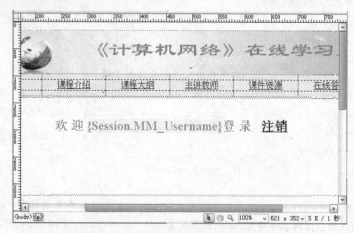

图 10-25　用户登录成功页面设计视图

（1）读取并显示用户名。下面是读取 Session 变量 MM_Username 并进行显示的实现方法。

① 在"应用程序"下拉列表框中，选择"绑定"选项卡，单击"+"按钮，从弹出的菜单中选择"阶段变量"选项。

② 在弹出的图 10-26 所示的"阶段变量"对话框中，输入要绑定的 Session 变量的名字 MM_Username，单击"确定"按钮。

③ 绑定好的 Session 变量显示在图 10-27 所示的 "绑定" 选项卡中，将其拖动到页面的相应位置。

图 10-26　绑定 Session 变量

图 10-27　显示 Session 变量

（2）注销用户。当用户在用户登录成功页面单击 "注销" 链接时，将注销该用户，并跳转到登录页面。下面介绍注销用户的设置方法。

① 在图 10-25 所示的页面设计视图中，选中 "注销" 文本。在 "应用程序" 下拉列表框中，选择 "服务器行为" 选项卡，单击 "+" 按钮，从弹出的菜单中选择 "用户身份验证" | "注销用户" 选项。

② 在弹出的图 10-28 所示的 "注销用户" 对话框中，显示了注销行为的链接文本 "注销"，在对话框中输入注销转向页面 login.asp，单击 "确定" 按钮。

图 10-28　注销用户窗口

③ 设置好的 "注销用户" 行为显示在 "应用程序" 下拉列表框的 "服务器行为" 选项卡中，如图 10-29 示。

④ 打开 "注销" 文本的属性状态栏中，可以看到其链接的目标地址为变量 MM_Logout 所指定的地址，如图 10-30 所示。在页面代码中，MM_Logout 的值将被设置为该页面自身的地址，同时向该地址传递一个 URL 参数 MM_Logoutnow，其值为 1。即当单击 "注销" 链接时，将打开本页面同时传递一个值为 1 的 URL 参数 MM_Logoutnow。

图 10-29　显示注销用户行为

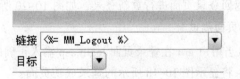

图 10-30　"注销" 文本的链接地址

切换到页面代码视图，可以看到如下的注销实现代码：

```
<%
' *** Logout the current user
'  MM_Logout 变量的值为页面自身地址，同时传递一个值为 1 的 URL 参数
```

```
'  "MM_Logoutnow"
MM_Logout = CStr(Request.ServerVariables("URL")) & "?MM_Logoutnow=1"
' 如果打开本页面时传递的 URL 参数 MM_Logoutnow 的值为 1，则注销用户
If (CStr(Request("MM_Logoutnow")) = "1") Then
  Session.Contents.Remove("MM_Username")    ' 删除 Session 变量 MM_Username

' 删除 Session 变量 MM_UserAuthorization
  Session.Contents.Remove("MM_UserAuthorization")
  MM_logoutRedirectPage = "login.asp"          ' 设置注销后转向页面
…
  Response.Redirect(MM_logoutRedirectPage) ' 转向 login.asp 页面
End If
```

程序说明：

● 当用户单击"注销"链接时，将打开本页面同时传递一个 URL 参数 MM_Logoutnow，其值为 1，即打开 userloginsuc.asp？MM_Logoutnow = 1 页面。

● 程序判断传递的 URL 参数 MM_Logoutnow 的值是否为 1，如果是，则进行注销，删除保存用户登录名的 Session 变量 MM_Username 和其他 Session 变量，然后转向登录页面。

3. 管理员登录成功页面的设计

管理员登录成功页面（adminloginsuc.asp）的设计效果如图 10-31 所示。与用户登录成功页面相同，管理员登录成功后，用户名同样被保存在 Session 变量 MM_Username 中。管理员登录成功页面读取该变量的值并显示在页面中。此外，页面同样提供管理员注销功能，注销后将跳转到登录页面。单击页面中的"进入管理主页面"链接可以进入管理主页，面对后台数据进行管理。该页面的设置方法与用户登录成功页面雷同，具体步骤略。

图 10-31　管理员登录成功页面设计视图

4. 登录失败页面的设计

登录失败页面 loginfailed.asp 在页面中显示登录失败提示信息，并提供"重新登录"链接，供用户返回登录页面进行重新登录，如图 10-20 所示，页面具体设计方法略。

5. 页面测试

（1）当用户 gwr 在登录页面 login.asp 输入正确的用户名、密码，并选择"普通用户"身份"登录"后，将显示图 10-18 所示的登录成功页面。

（2）当管理员 adm 在登录页面 login.asp 输入正确的用户名、密码，并选择"管理员"身份"登录"后，将显示图 10-19 所示的登录成功页面。

（3）当用户或管理员输入错误的用户名、密码，则显示图 10-20 所示的登录失败页面。在登录失败页面单击"重新登录"链接，将返回登录页面。

10.6 Command 对象

10.6.1 对数据库记录进行操作的方法

如前所述，在通过 Connection 对象连接数据库后，可以使用 Recordset 对象查询数据表中的记录并加以保存，此外还可以对数据库中的记录进行其他操作，如添加、删除或更新等。那么，在 ASP 中如何实现对数据库记录的这些操作呢？ASP 主要是通过 Command 对象来实现的。虽然利用 Connection 和 Recordset 对象也可以执行一些对数据库记录的操作，但在功能上远不及 Command 对象。

10.6.2 Command 对象预备知识

Command 对象是 ADO 对象中专门负责对数据库记录执行一些操作命令的对象。利用 Command 对象可以完成对数据库记录的查询、添加、删除或更新等操作。

1．Command 对象的创建

Command 对象的创建是通过 Server 对象的 CreateObject 方法来实现的，语法如下：

```
<% Set comd = Server.CreateObject("ADODB.Command") %>
```

其中，comd 是新创建的 Command 对象的名称。

2．Command 对象的属性

Command 对象的属性如表 10-7 所示。

表 10-7 Command 对象的属性

属　　性	说　　　　　明
ActiveConnection	Command 对象所关联的数据库连接，可以是 Connection 对象名或 Connection 连接字符串
CommandText	Command 对象的命令字符串，如 SQL 语句、表格名称或存储过程调用等
CommandTimeout	Command 对象执行命令的超时时间，单位为 s。默认值为 30 s
CommandType	Command 对象的类型
Name	Command 对象的名称
State	Command 对象的状态，如打开、关闭、连接、执行等

在以上属性中，ActiveConnection 和 CommandText 是两个重要的属性，分别指定了 Command 对象所操作的数据库和对数据表执行的具体操作，是 Command 对象完成其功能的两个重要属性。

3．Command 对象的方法

Command 对象的方法如表 10-8 所示。

表 10-8 Command 对象的方法

方　　法	说　　　　　明
Execute	执行 CommandText 属性中所指定的命令
CreateParameter	创建一个新的 Parameter 对象（参数）
Cancel	取消一次命令的执行

在以上方法中，Execute 方法是一个重要的方法，Command 对象通过此方法完成对数据库记录的具体操作。Execute 方法可以将执行结果返回，将结果记录集保存在一个 Recordset 对象中，也可以不返回执行结果。

返回结果记录集的 Execute 方法的语法是：

```
<% Set rs=comd.Execute %>
```

其中，comd 是 Command 对象名，rs 是 Recordset 对象名。

不返回结果记录集的 Execute 方法的语法是：

```
<% comd.Execute %>
```

> **说　明**
>
> Execute 方法可以带一些参数，一般不使用参数。

例如，从数据源 study 所对应的数据库的 user 表中查询所有记录，将查询结果保存在 Recordset 对象 rs 中。数据源 study 未设置用户名和密码。

```
<%Dim constr, cmdtxt
    Set Comd = Server.CreateObject("ADODB.Command")
    Constr = "dsn = study;"
    Cmdtxt = "SELECT * FROM user"
    Comd.ActiveConnection = constr
    Comd.CommandText = cmdtxt
    Set rs = Comd.Execute
%>
```

4. Command 对象的集合

Command 对象的集合如表 10-9 所示。

表 10-9　Command 对象的集合

集　　合	说　　　　　明
Parameters	Command 对象的所有参数（Parameter 对象）的集合
Properties	Command 对象的所有属性（Property 对象）的集合

5. Command 对象的使用

使用 Command 对象的语法为：

```
<% Command 对象. 集合|方法|属性 %>
```

10.6.3　利用 Command 对象插入数据库记录

1. INSERT INTO 语句

利用 Command 对象插入数据库记录需要使用 SQL 查询语句中的 INSERT INTO 语句，INSERT INTO 语句的语法为：

```
INSERT INTO 表名 (字段名,字段名,…) VALUES ('值', '值',…)
```

通过将 CommandText 属性设置为 INSERT INTO 语句，使用 Execute 方法执行命令后即可实现数据库记录的插入。

2．应用实例

本实例是设计一个在线提问页面 askquestion.asp，用户可以在线提出有关课程的一些问题。如果用户已登录，页面中将显示当前用户的登录名，如图 10-32 所示；如果用户未登录，则页面显示其为访客，如图 10-33 所示。当用户输入标题、问题内容，并单击"提交"按钮后，将会向数据库的 question 表中插入一条新记录，记录中包括用户名、提问标题、提问时间和问题内容。问题提交后，将会转向答疑信息浏览页面 showquestion.asp，新添加的提问信息将显示在该页面中，如图 10-34 所示。

图 10-32　登录用户在线提问　　　　　　图 10-33　访客在线提问

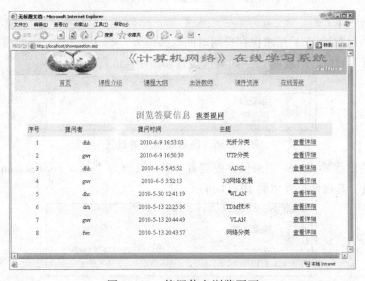

图 10-34　答疑信息浏览页面

（1）答疑信息表。在线提问信息将被写入答疑信息表 question 的相应字段中，答疑信息表中包含以下字段：id（问题编号）、questperson（提问者名字）、questtime（提问时间）、questtitle（提问标题）、question（提问内容）、answertime（答复时间）、answertitle（答复标题）、answer（答复内容）。

（2）在线提问页面的设计：

① 表单设计。在线提问页面 askquestion.asp 中设计一个表单 form1 供用户输入提问信息，表单中所包含的表单变量如表 10-10 所示。

表 10-10　在线提问页面表单设计

变 量 名 称	变 量 类 型	变 量 值	主 要 功 能
title	文本域（单行）	无	输入提问标题
content	文本域（多行）	无	输入问题内容
time	隐藏域	<%=now()%>	保存提问时间
uname	隐藏域	<%= questperson%>	保存提问者名字
submit	提交按钮	提交	提交表单
reset	重置按钮	重置	重置表单

在线提问页面的设计效果如图 10-35 所示。

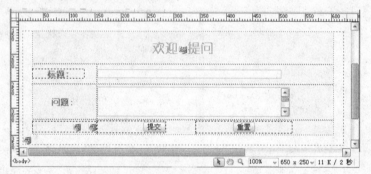

图 10-35　在线提问页面设计视图

页面具体设计如下：

● 表单中的隐藏域 time 用来保存提问时间，其值为"<%=now()%>"，即当前时间，隐藏域的内容是用户看不到的。隐藏域 time 的属性设置如图 10-36 所示。

图 10-36　隐藏域 time 的设置

● 表单中的隐藏域 uname 用来保存提问者名字，其值为"<%= questperson ()%>"，即变量 questperson 的值。其属性设置如图 10-37 所示。

图 10-37　隐藏域 uname 的设置

questperson 变量是在页面代码部分手工添加的变量，questperson 变量的值是当前用户的名字。如果用户已登录，则其值为 Session("MM_Username")的值，如果未登录，其值为"访客"。

在页面代码<body></body>标签对之外添加如下代码，此段代码的作用是将当前用户的名字保存在 questperson 变量中。

```
<%
Dim questperson
if Session("MM_Username")<>"" then
```

```
questperson=Session("MM_Username")
else
questperson="访客"
end if
%>
```

● 页面中显示提问者名字。在图 10-35 所示的页面上方将显示"欢迎某某提问"内容，因此需将提问者名字（即变量 questperson 的值）显示在"欢迎"文本后面。

具体实现方法为：选中"欢迎"文本，切换到代码视图，在"欢迎"文本后面添加代码"<%=questperson %>"即可，添加后的代码如下：

```
<td height="61" colspan="5" align="center"><span class="STYLE17">欢迎
<%=questperson%>提问</span></td>
```

② 检查表单。在用户提交问题信息时，将检查表单内容。具体设置如图 10-38 所示。

③ 插入提问信息。当用户提交提问信息后，将会向 question 表插入一条新的答疑记录，并将提问信息写入该记录中提问信息相应的字段，该记录中答疑信息部分的内容暂不设置。页面通过添加一个"插入记录"的服务器行为来实现提问信息的写入，具体步骤如下：

● 在图 10-39 所示的"应用程序"下拉列表框中，选择"服务器行为"选项卡，单击"+"按钮，在弹出的菜单中选择"插入记录"选项。

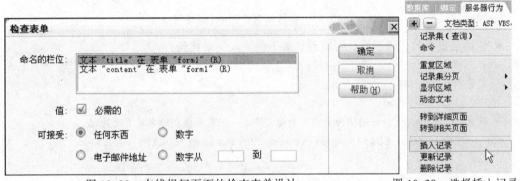

图 10-38　在线提问页面的检查表单设计　　　　图 10-39　选择插入记录

● 在打开的"插入记录"对话框中，选择数据库连接（study）、插入的表名（question）、插入后的转向页面（showquestion.asp），获取输入的表单名称（form1）以及各表单变量的名字、插入的列和提交的数据类型，如图 10-40 所示，完成后单击"确定"按钮。

图 10-40　插入记录窗口

● 新添加的"插入记录"服务器行为显示在"服务器行为"选项卡中，如图 10-41 所示。

● 打开表单的属性窗口，可以看到表单的提交处理页面被设置为"<%=MM_editAction%>"，即变量 MM_editAction 所对应的页面，提交方法为 POST，如图 10-42 所示。在页面代码中，MM_editAction 变量的值将被设置为在线提问页面自身的地址，因此，提问信息将被提交给在线提问页面自身进行处理。

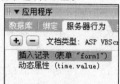
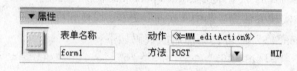

图 10-41 显示插入记录行为 　　　　　　　图 10-42 在线提问页面表单属性窗口

● 在页面表单的左下方新添加了一个名为 MM_insert 的隐藏域，其值为 form1，如图 10-43 所示，即当提交 form1 表单时，执行插入记录操作。

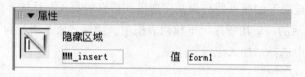

图 10-43 隐藏域 MM_insert 属性窗口

● 切换到页面的代码视图，可以看到如下的插入记录代码：

```
<%
' 变量声明部分（略）
…
' 设置 MM_editAction 的值为当前页面的文件名，即表单提交给当前页面处理
MM_editAction = CStr(Request.ServerVariables("SCRIPT_NAME"))
…
' boolean to abort record edit, MM_abortEdit 表示是否取消插入操作
MM_abortEdit = false

' query string to execute , MM_editQuery 为 SQL 语句
MM_editQuery = ""
%>

<%
' *** Insert Record: set variables
' 如果提交的是表单 form1，则完成以下插入记录设置
If (CStr(Request("MM_insert")) = "form1") Then

  MM_editConnection = MM_study_STRING        ' 设置 command 对象的数据库连接
  MM_editTable = "question"                  ' 设置插入记录所操作的表为 question
  MM_editRedirectUrl = "showquestion.asp"    ' 设置插入记录后的转向页面
  …
  …
```

```
End If
%>


<%
' *** Insert Record: construct a sql insert statement and execute it
Dim MM_tableValues
Dim MM_dbValues

If (CStr(Request("MM_insert")) <> "") Then
' create the sql insert statement
' 设置 MM_tableValues 的值为 question 表中要插入的各字段名
        （具体代码略）


' 设置 MM_dbValues 的值为 question 表中要插入的各字段的值，即 form1 中各表单变量的值
        （具体代码略）


' 设置 SQL insert into 语句
  MM_editQuery = "insert into " & MM_editTable & " (" & MM_tableValues & ")
values (" & MM_dbValues & ")"

  If (Not MM_abortEdit) Then ' 如果未取消插入操作，则执行插入命令
    ' execute the insert ' 执行插入命令
    ' 创建 Command 对象
Set MM_editCmd = Server.CreateObject("ADODB.Command")
' 设置 Command 对象的数据库连接
    MM_editCmd.ActiveConnection = MM_editConnection
    MM_editCmd.CommandText = MM_editQuery ' 设置命令字符串
    MM_editCmd.Execute ' 执行插入命令
    MM_editCmd.ActiveConnection.Close ' 关闭数据库连接
    If (MM_editRedirectUrl <> "") Then ' 如果设置了插入记录后的转向页面
      Response.Redirect(MM_editRedirectUrl) ' 转向 showquestion.asp 页面
    End If
  End If
End If
%>
```

上面代码中通过 INSERT INTO 语句实现了将提问信息写入答疑信息表中。

（3）答疑信息浏览页面的设计。答疑信息浏览页面 showquestion.asp 从 question 表中查询出所有答疑记录，将每条记录中的提问信息部分显示在页面中，每条记录单独作为一行，单击"查看详细"链接，可以链接到答疑详细信息页面 questiondetail.asp，查看该记录的全部信息（包括提问信息和答复信息）。答疑信息浏览页面设计效果如图 10-44 所示。单击页面中的"我要提问"链接，将链接到在线提问页面。

图 10-44　答疑信息浏览页面设计视图

① 查询答疑记录。页面通过 Recordset 记录集对象，从 question 表中查询出所有答疑记录，按照提问时间降序排列，具体实现方法为：

● 在"应用程序"下拉列表框中，选择"绑定"选项卡，单击"+"按钮，从弹出的菜单中选择"记录集（查询）"选项。

● 在弹出的图 10-45 所示的"记录集"对话框中，输入记录集的名称（quest）、数据库连接名称（study）、要查询的表名（question）、查询的列（全部）和记录集的排序方法（按照提问时间 questtime 降序排列），完成后单击"确定"按钮。

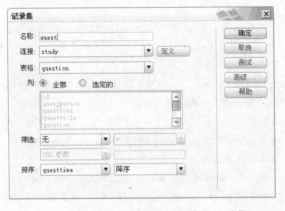

图 10-45　答疑信息浏览页面绑定记录集

● 新添加的记录集将显示在"应用程序"下拉列表框的"绑定"选项卡中，如图 10-46 所示。将记录集中所需的字段拖到页面的相应部分即可显示其内容。

图 10-46　显示绑定的记录集

② 添加"如果记录集不为空则显示区域"服务器行为。由于只有当记录集 quest 中存在记录时才显示答疑信息，因此，应对答疑信息所在的行设置"如果记录集不为空则显示区域"选项。其具体设置方法为：

● 在页面中选中答疑信息所在的行，在"服务器行为"选项卡中单击"+"按钮，从弹出的菜单中选择"服务器行为"|"显示区域"|"如果记录集不为空则显示区域"选项，如图 10-47 所示。

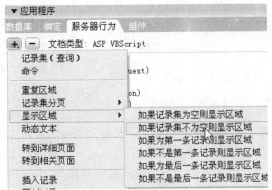

图 10-47　选择"如果记录集不为空则显示区域"行为

● 在图 10-48 所示的窗口中，输入记录集的名称（quest），单击"确定"按钮。新添加的"如果记录集不为空则显示区域"行为将显示在"服务器行为"选项卡中。

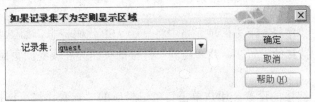

图 10-48　"如果记录集不为空则显示区域"对话框

③ 添加"重复区域"服务器行为。通过前面的设置，现在在页面中只能显示记录集 quest 中的第一条记录，需要设置重复区域才能将所有记录显示出来。具体设置方法为：

● 在页面中选中答疑信息所在的行，在"应用程序"下拉列表框中的"服务器行为"选项卡中单击"+"按钮，从弹出的菜单中选择"重复区域"选项。

● 在打开的"重复区域"对话框中，输入记录集的名称（quest），单击"确定"按钮。添加好的"重复区域"行为将显示在"服务器行为"选项卡中，如图 10-49 所示。

选择图 10-50 所示下拉列表框中的"重复区域"选项，切换到代码视图，可以看到如下代码：

```
<% If Not quest.EOF Or Not quest.BOF Then ' 如果记录集不为空  %>
<% ' 重复区域，循环显示记录，每条记录新增一行
  While ((Repeat1__numRows <> 0) AND (NOT quest.EOF))
%>
  ' 新增一行显示每一条记录的信息（代码略）
  <%
Repeat1__index=Repeat1__index+1 ' Repeat1__index 为已显示的记录数
Repeat1__numRows=Repeat1__numRows-1 ' Repeat1__ numRows 为未显示记录数
```

```
        quest.MoveNext()   ' 移到下一条记录
Wend
%>
<% End If   ' end Not quest.EOF Or NOT quest.BOF %>
```

图 10-49　　"重复区域"窗口

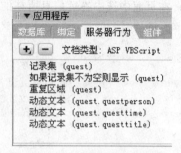

图 10-50　　显示重复区域行为

④ 显示记录序号。在上面重复区域代码中，变量 Repeat1_index 为当前已显示的记录数，即最后显示的那条记录在记录集中的序号。因此，在下次循环时，下一条记录的序号应为 Repeat1_index+1，据此推算，在显示每条记录时，其序号都为 Repeat1_index+1。现在，需要将每条记录的序号设置为 Repeat1_index+1。

具体设置方法为：在图 10-44 所示的页面设计视图中，将光标定位在"序号"下方的单元格，切换到代码视图，在当前位置输入"<%=Repeat1_index+1%>"即可，序号下方单元格的代码如下：

```
<td height="34" bgcolor="#FFFFCC"><div align="center"><%=Repeat1_index+1%>
</div></td>
```

设置完成后，在"序号"下方的单元格中将显示 ASP 代码标志，如图 10-44 所示。

⑤ "我要提问"链接的设置。"我要提问"链接的页面为在线提问页面 askquestion.asp，具体设置略。

⑥ "查看详细"链接的设置。用户单击每条记录后的"查看详细"链接，将会链接到答疑详细信息页面 questiondetail.asp，同时将该记录的 ID 作为 URL 参数传递给答疑详细信息页面。答疑详细信息页面根据传递的记录 ID 查询出该记录的全部信息显示在页面中。具体设置方法可参考后面的删除答疑信息页面 deletequestion.asp。

（4）页面测试。当用户 gwr 在页面中输入提问信息并提交后，提问信息被显示在答疑信息浏览页面，如图 10-34 所示。

10.6.4　利用 Command 对象更新数据库记录

1. UPDATE 语句

利用 Command 对象更新数据库记录需要使用 SQL 查询语句中的 UPDATE 语句，UPDATE 语句的语法为：

```
UPDATE 表名 SET 字段名 = '新值'  WHERE 字段名= '值'
```

通过将 Command 对象的 CommandText 属性设置为 UPDATE 语句，使用 Execute 方法执行命令后即可实现数据库记录的更新。

2. 应用实例

本实例是设计一个答疑信息管理页面 adminquestion.asp、问题答复页面 answerquestion.asp 和答复信息显示页面 admshowreply.asp。管理员可以通过这些页面对答疑信息进行管理。在答疑信息管理页面显示所有答疑记录的提问信息部分，如图 10-51 所示。每条答疑记录后都提供文本链接，如果该答疑记录的问题已答复，则文本链接显示为"已答复/删除"，如果问题未答复，则文本链接显示为"答复/删除"。

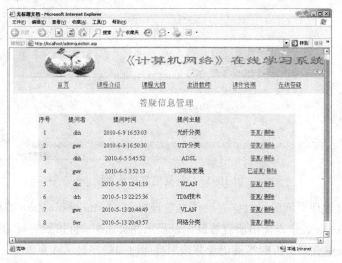

图 10-51　答疑信息管理页面

当管理员单击每条记录后的"答复"链接时，将打开问题答复页面 answerquestion.asp，页面中将显示当前答疑记录的提问信息并提供答复界面，如图 10-52 所示。管理员答复问题后，将答复信息写入当前答疑记录的相应字段。当管理员单击每条记录后的"已答复"链接时，将打开答复信息显示页面 admshowreply.asp，该页面将显示当前答疑记录的全部信息（包括提问信息和答复信息），如图 10-53 所示。

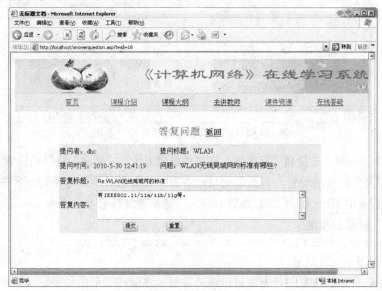

图 10-52　问题答复页面

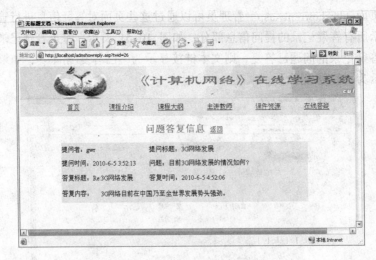

图 10-53　答复信息显示页面

（1）答疑信息管理页面的设计。答疑信息管理页面 adminquestion.asp 的设计如图 10-54 所示。该页面从 question 表中查询出所有答疑记录显示在页面中。可按照答疑信息浏览页面的设计方法从 question 表中查询出所有答疑记录并按照提问时间降序显示在页面中，每条记录显示其序号，记录集 quest 的设置同答疑信息浏览页面。两个页面的不同之处是答疑信息管理页面的每条记录后都提供文本链接"已答复/答复/删除"。如果该问题已答复，则文本链接显示为"已答复/删除"，如果该问题未答复，则文本链接显示为"答复/删除"。

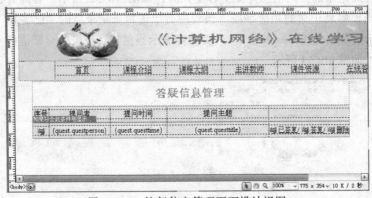

图 10-54　答复信息管理页面设计视图

下面将说明"答复"链接和"已答复"链接的设置方法，"删除"链接的设置将在后面介绍。

① "已答复"链接的设置。若当前记录已答复，在管理员单击每条记录后的"已答复"链接时，将当前记录的 ID 号作为 URL 参数 twid，传递给答复信息显示页面 admshowreply.asp，因此，"已答复"链接的地址为：

```
admshowreply.asp?twid=<%=quest.Fields.Item("id").Value%>
```

具体设置如图 10-55 所示。

② "答复"链接的设置。若当前记录尚未答复，在管理员单击每条记录后的"答复"链接时，将当前记录的 ID 号作为 URL 参数 twid，传递给问题答复页面 answerquestion.asp，因此"答复"链接的地址为：

```
answerquestion.asp?twid=<%=quest.Fields.Item("id").Value%>
```

具体设置如图 10-56 所示。

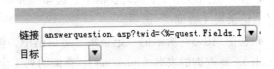

图 10-55　"已答复"链接的设置　　　　图 10-56　　"答复"链接的设置

③ 添加程序代码：

● 若当前记录已答复，则当前记录中的 answer 字段的内容必定不为空，据此可以判断此记录已答复，因此需添加代码。在图 10-54 所示的页面中，选中"已答复"文本，切换到代码视图，在"已答复"文本前面添加以下代码：

```
<% If quest.Fields.Item("answer").Value<>"" Then ' 如果已答复%>
```

● 若当前记录未答复，则当前记录中的"answer"字段的内容必定为空，据此可以判断此记录未答复，因此需添加代码。在图 10-54 所示的页面中，选中"答复"文本，切换到代码视图，在"答复"文本前面添加以下代码：

```
<% else '如果未答复%>
```

在"答复"后面添加以下代码结束判断：

```
<% end If %>
```

● "已答复/答复/"部分添加好的完整代码如下：

```
<% If quest.Fields.Item("answer").Value<>"" Then ' 如果已答复%>
  <a href="admshowreply.asp?twid=<%=quest.Fields.Item("id").Value%>">已答
复/</a>
 <% else '如果未答复%>
  <a  href="answerquestion.asp?twid=<%=quest.Fields.Item("id").Value%>">
答复/</a>
  <% end If %>
```

（2）问题答复页面的设计。问题答复页面根据传递的 URL 参数 twid，从 question 表中查询相应答疑记录显示在页面中，页面设计如图 10-57 所示。页面中的"返回"文字链接到答疑信息管理页面 adminquestion.asp。

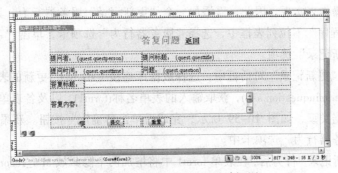

图 10-57　问题答复页面设计视图

① 表单设计。页面中设计一个表单 form1，表单包含的变量有：答复标题（title）、答复内容（content）、答复时间（time）。其中 time 为隐藏域，time 的值设置为当前时间"<%=now()%>"。

② 查询答疑记录。问题答复页面根据传递的 URL 参数 twid 的值，从 question 表中查询出 ID 字段为 URL 参数 twid 值的那条记录显示在页面中，具体设置方法为：

● 在"应用程序"下拉列表框中，选择"绑定"选项卡，单击"+"按钮，从弹出的菜单中选择"记录集（查询）"选项。

● 在图 10-58 所示的"记录集"对话框中，输入记录集的名称（quest）、数据库连接名称（study）、要查询的表名（question）、查询的列（全部）和筛选，筛选条件为：记录 id=URL 参数 twid。完成后，单击"确定"按钮。

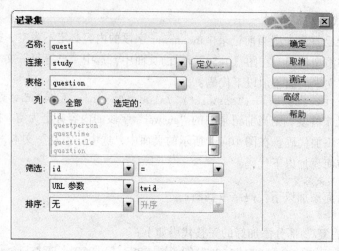

图 10-58　问题答复页面绑定记录集

● 新添加的记录集 quest 将显示在"应用程序"下拉列表框的"绑定"选项卡中，将记录集中所需的字段拖到页面的相应部分。

③ 添加"如果记录集不为空则显示区域"服务器行为。为表单 form1 中的内容添加"如果记录集不为空则显示区域"服务器行为，具体步骤略。

④ 添加检查表单行为。添加表单 form1 的检查表单行为，检查所有提交内容是否为空，具体步骤略。

⑤ 添加"更新记录"服务器行为。由于提交的答复信息将被写入当前答疑记录的相应字段，需通过更新记录操作来实现，因此，需添加一个"更新记录"服务器行为。具体实现方法为：

● 在"应用程序"下拉列表框中，选择"服务器行为"选项卡，单击"+"按钮，从弹出的菜单中选择"更新记录"选项。

● 在打开的"更新记录"对话框中，选择数据库连接（study）、更新的表名（question）、更新后的转向页面(adminquestion.asp)，获取输入的表单名称(form1)，以及各表单变量的名字、插入的列和提交的数据类型，如图 10-59 所示，完成后单击"确定"按钮。新添加的"更新记录"行为显示在"服务器行为"选项卡中。

● 添加"更新记录"行为后，在表单 form1 中将增加两个隐藏域 MM_recordId 和 MM_update。MM_recordId 的值为当前记录的 id 号，即更新操作是针对这条记录进行的。MM_update 的值为 form1，即当提交表单 form1 时执行更新操作，如图 10-60 所示。添加更新记录行为后，表单将提交给页面自身进行处理，提交表单后将执行更新记录操作。

图 10-59　更新记录窗口

图 10-60　隐藏域 MM_update

● 切换到页面的代码视图，可以看到如下更新记录代码：

```
<%
' 变量声明部分（略）
…
%>
<%
' *** Update Record: set variables,设置更新操作的变量
If (CStr(Request("MM_update")) = "form1" And CStr(Request("MM_recordId")) <>
"") Then  ' 如果提交表单 form1 并且当前记录 id 不为空

  MM_editConnection = MM_study_STRING ' 设置 Command 命令的数据库连接
  MM_editTable = "question" ' 设置操作的表名
  MM_editColumn = "id"   ' 设置 MM_editColumn 为 id 字段名
  MM_recordId = "" + Request.Form("MM_recordId") + "" ' 设置要更新的记录 id
  MM_editRedirectUrl = "showquestion.asp"  ' 设置更新记录后的转向地址
  …
End If
%>
<%
' *** Update Record: construct a sql update statement and execute it

If (CStr(Request("MM_update")) <> "" And CStr(Request("MM_recordId")) <> "")
Then

  ' create the sql update statement, 创建 SQL update 语句
  MM_editQuery = "update " & MM_editTable & " set "
  …
  MM_editQuery = MM_editQuery & " where " & MM_editColumn & " = " & MM_recordId

  If (Not MM_abortEdit) Then
    ' execute the update, 执行更新操作
    Set MM_editCmd = Server.CreateObject("ADODB.Command")
```

```
        MM_editCmd.ActiveConnection = MM_editConnection
        MM_editCmd.CommandText = MM_editQuery
        MM_editCmd.Execute
        MM_editCmd.ActiveConnection.Close

        If (MM_editRedirectUrl <> "") Then
            Response.Redirect(MM_editRedirectUrl)   ' 跳转到更新记录后的转向页面
        End If
    End If
End If
%>
```

（3）答复信息显示页面的设计。答复信息显示页面 admshowreply.asp 的设计如图 10-61 所示，页面根据传递的 URL 参数 twid，从 question 表中查询出相应的答疑记录显示在页面中，绑定的记录集为 quest，绑定记录集的方法同问题答复页面。页面中的答复信息显示部分需添加"如果记录集不为空则显示区域"服务器行为。页面中的"返回"链接将链接到答疑信息管理页面 adminquestion.asp。具体设置步骤略。

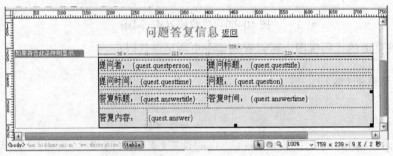

图 10-61 答复信息显示页面设计视图

（4）页面测试。在答疑信息管理页面中，若当前记录已答复，则单击"已答复"链接时，则显示该问题的答复信息显示页面，如图 10-53 所示。若当前记录未答复，则单击"答复"链接时，则问题答复页面的如图 10-52 所示。管理员答复后，将跳转到答疑信息管理页面进行显示。

10.6.5 利用 Command 对象删除数据库记录

1. DELETE 语句

利用 Command 对象删除数据库记录，需使用 SQL 查询语句中的 DELETE 语句。DELETE 语句的语法为：

DELETE FROM 表名 WHERE 字段名 = '值'

通过将 Command 对象的 CommandText 属性设置为 DELETE 语句，执行命令后即可实现数据库记录的删除。

2. 应用实例

本实例是实现答疑信息的删除功能，在图 10-51 所示的答疑信息管理页面中每条答疑记录后都提供"删除"链接，当单击每条记录后的"删除"链接时，将转向删除答疑信息页面 deletequestion.asp，并将当前记录的 id 号作为 URL 参数 twid，传递给删除答疑信息页面。删除答疑信息页面利用传递的 URL 参数从 question 表中查询出指定的答疑记录，并显示在页面中。如果该记录中的问题已答复，则显示该记录中提问信息和答复信息，如图 10-62 所示；如果该记录中的问题未答复，则只显示提问信息和"暂无答复"字样，如图 10-63 所示。单击相应页面中的"删除"按钮将删除该记录。

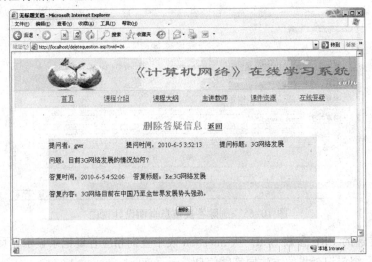

图 10-62　问题已答复时的删除答疑信息页面

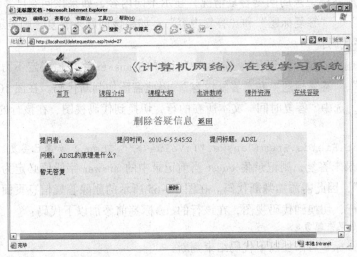

图 10-63　问题未答复时的删除答疑信息页面

答疑信息的删除功能的设计步骤如下：

（1）答疑信息管理页面的设计。在答疑信息管理页面中，管理员单击每条记录后的"删除"链接时，将当前记录的 ID 号作为 URL 参数 twid，传递给删除答疑信息页面 deletequestion.asp。因此，"删除"链接的地址应为：

```
"deletequestion.asp?twid=<%=quest.Fields.Item("id").Value%>"
```

具体设置如图 10-64 所示。

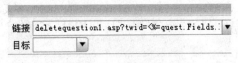

图 10-64　"删除"链接的设置

（2）删除答疑信息页面的设计。删除答疑信息页面 deletequestion.asp 的设计如图 10-65 所示，页面中设计一个表单 form1，表单中显示要删除的答疑记录的详细信息。表单中只有一个"删除"按钮，当提交此表单时将删除该记录。

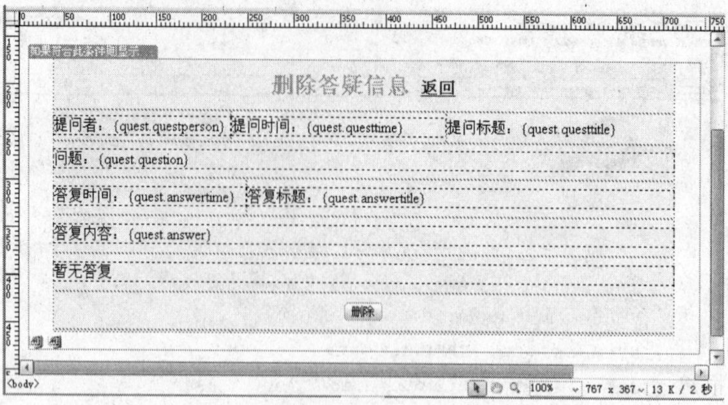

图 10-65 删除答疑信息页面设计视图

页面根据传递的 URL 参数 twid，从 question 表中查询相应答疑记录显示在页面中，绑定的记录集为 quest，绑定记录集的方法同答复信息显示页面 admshowreply.asp。

页面根据当前答疑记录的问题答复情况，显示不同内容，如果该问题已答复，则答复部分显示"答复时间"、"答复标题"和"答复内容"；如果该问题未答复，则显示"暂无答复"。

① 添加程序代码：

● 若当前问题已答复，则记录集 quest 中的记录的 answer 字段值必定不为空，此时页面中显示"答复时间"、"答复标题"和"答复内容"，因此需添加判断代码。在图 10-65 所示的删除答疑信息页面中，选中"答复时间"文本所在的行，切换到代码视图，在该行的<tr>标签前添加以下代码：

```
<% If quest.Fields.Item("answer").Value<>"" Then ' 如果已答复%>
```

● 若当前记录未答复，则记录集 quest 当前记录中的 answer 字段值必定为空，此时页面中显示"暂无答复"，因此需添加判断代码。在图 10-65 所示的删除答疑信息页面中选中"暂无答复"文本所在的行，切换到代码视图，在该行的<tr>标签前添加以下代码：

```
<% else '如果未答复%>
```

在该行的</tr>标签后添加以下代码结束判断：

```
<% end If %>
```

● 添加好的完整代码如下：

```
<% If quest.Fields.Item("answer").Value<>"" Then %>
    <tr>
        <td   height="40"   colspan="2"   align="center"   valign="middle"
bgcolor="#E3E9F4" class="STYLE9">
        <div align="left">答复时间:
<%=(quest.Fields.Item("answertime").Value)%></div></td>
        <td colspan="2" align="center" valign="middle" bgcolor="#E3E9F4"
class="STYLE9"><div align="left" class="STYLE9">答复标题:
<%=(quest.Fields.Item("answertitle").Value)%></div></td>
    </tr>
    <tr>
        <td height="40" colspan="4" align="center" valign="middle"
bgcolor="#E3E9F4" class="STYLE9"><div align="left" class="STYLE9">答复内容:
<%=(quest.Fields.Item("answer").Value)%></div></td>
```

```
        </tr>
        <% else%>
        <tr>
            <td height="40" colspan="4" align="center" valign="middle"
 bgcolor="#E3E9F4" class="STYLE9"><div align="left" class="STYLE9">暂
无答复</div></td>
        </tr>
<% end If %>
```

② 添加"删除记录"服务器行为。删除记录操作是通过添加一个"删除记录"服务器行为来实现的，具体实现方法为：

● 在"应用程序"下拉列表框中，选择"服务器行为"选项卡，单击"+"按钮，从弹出的菜单中选择"删除记录"选项。

● 在弹出的图 10-66 所示的"删除记录"对话框中，选择数据库连接(study)、表名(question)、被删除记录所在的记录集（quest）、记录唯一字段（id）、提交的表单名称(form1)、删除后的转向页面(admimquestion.asp)，完成后单击"确定"按钮。新添加的"删除记录"行为将显示 "应用程序"窗口中。

图 10-66　"删除记录"对话框

● 完成"删除记录"行为的设置后，在表单 form1 中将增加两个隐藏域 MM_recordId 和 MM_delete。MM_recordId 的值为当前记录的 id 号，即删除操作是针对这条记录进行的；MM_delete 的值为 form1，如图 10-67 所示，即当提交表单 form1 时，执行删除操作。添加删除记录行为后，表单将提交给页面自身进行处理，提交表单后将执行删除记录操作。

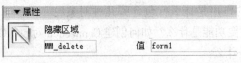

图 10-67　隐藏域"MM_delete"的设置

● 切换到页面的代码视图，可以看到如下的删除记录代码：

```
<%
' 变量声明部分（略）
…
%>
<%
' *** Delete Record: declare variables ,设置删除操作使用的变量

' 如果提交表单 form1 并且当前记录 id 不为空
if (CStr(Request("MM_delete")) = "form1" And CStr(Request("MM_recordId")) <>
"") Then
  MM_editConnection = MM_study_STRING ' 设置 Command 命令的数据库连接
```

```
    MM_editTable = "question" ' 设置操作的表名
    MM_editColumn = "id"    ' 设置 MM_editColumn 为 id 字段名
    MM_recordId = "" + Request.Form("MM_recordId") + "" ' 设置要删除的记录 id
    MM_editRedirectUrl = "showquestion.asp" ' 设置删除记录后的转向地址
End If
%>
<%
' *** Delete Record: construct a sql delete statement and execute it，生成 SQL delete
语句并执行

If (CStr(Request("MM_delete")) <> "" And CStr(Request("MM_recordId")) <> "")
Then
  ' create the sql delete statement, 生成 SQL delete 语句
  MM_editQuery = "delete from " & MM_editTable & " where " & MM_editColumn
& " = " & MM_recordId

  If (Not MM_abortEdit) Then
    ' execute the delete, 执行删除操作
    Set MM_editCmd = Server.CreateObject("ADODB.Command")
    MM_editCmd.ActiveConnection = MM_editConnection
    MM_editCmd.CommandText = MM_editQuery
    MM_editCmd.Execute
    MM_editCmd.ActiveConnection.Close

    If (MM_editRedirectUrl <> "") Then
      Response.Redirect(MM_editRedirectUrl) ' 转向删除记录后的转向页面
    End If
  End If
End If
%>
```

（3）页面测试。在答疑信息管理页面中，单击"删除"链接将显示删除答疑信息页面，若该问题已答复，显示图 10-62 所示的页面。若当前问题未答复，则显示图 10-63 所示的页面。单击相应页面中的"删除"按钮，将删除记录，并返回答疑信息管理页面。

习　题

1. 什么是 DSN？在 Windows 系统中如何创建 DSN？

2. 常用的 SQL 语句有哪些？它们各自的作用是什么？

3. 什么是 ADO？它的作用是什么？包含哪几种对象？

4. Connection 对象的主要功能是什么？如何创建 Connection 对象？Connection 对象的 Open、Close 和 Excute 方法各自的作用是什么？

5. Recordset 对象的主要功能是什么？如何创建 Recordset 对象？Recordset 对象的 ActiveConnection、Source、LockType 属性的含义是什么？Open 和 Close 方法的作用是什么？

6. Command 对象的主要功能是什么？如何创建 Command 对象？Command 对象的 ActiveConnection、CommandText 属性的含义是什么？Excute 方法的作用是什么？

实　训　项　目

实训环境与条件

（1）单机环境。

（2）安装了 Windows 2000 / XP/2003 操作系统，安装了 Internet 信息服务（IIS）。

（3）安装了 Dreamweaver 8 /2004、Microsoft Access 2003 或更高版本的数据库。

实训 1 网站数据库的建立与连接

（1）实训目标：

① 掌握 Access 数据库及表的建立方法。

② 掌握 Access 数据源的建立方法。

③ 掌握 Dreamweaver 中连接数据库的方法。

（2）实训内容：

在 Windows 2000 / 2003/XP 操作系统中，完成以下内容：

① 新建一个 Access 数据库，名称自定，保存在网站根目录下的 Database 文件夹中。

② 在新建的网站数据库中，新建一个用户表，包含用户名（主键）、密码、性别、Email 字段。新建一个管理员表，包含管理员名（主键）、密码、Email 字段。

③ 建立网站数据库的 Access 数据源。

④ 在 Dreamweaver 的站点下，打开一个 ASP 文件连接数据源。

⑤ 在网站 Connections 文件夹下，打开新添加的数据库连接脚本文件，查看其连接代码。

实训 2 Recordset 对象的使用

（1）实训目标：

① 掌握 Recordset 对象的作用。

② 掌握 Recordset 对象的常用属性和方法。

③ 掌握 Recordset 对象的使用方法。

（2）实训内容：

① 设计一个图 10-68 所示的用户管理页面，页面根据输入的用户名，从用户表中查询到指定用户的记录，显示在页面中。

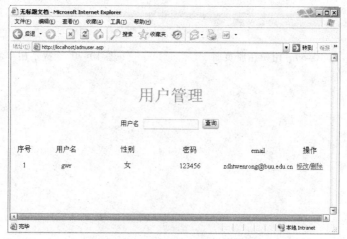

图 10-68   用户管理页面

② 在页面中设计一个表单，可输入用户名查询用户记录。表单提交给页面自己进行处理。

③ 通过绑定记录集（Recordset 对象），从用户表中查询指定用户的记录，筛选条件为：用户名字段的值=提交的表单变量值。

④ 在用户记录显示区域添加"如果记录集不为空则显示区域"行为。

实训 3 Command 对象的使用

（1）实训目标：

① 掌握 Command 对象的作用。

② 掌握 Command 对象的常用属性和方法。

③ 掌握 Command 对象的使用方法。

（2）实训内容：

① 设计一个图 10-69 所示的用户注册页面，在页面中设计一个表单，供用户输入注册信息。

② 为表单添加检查表单行为，检查用户名、密码、确认密码、Email 是否为空，Email 格式是否正确，密码和确认密码是否相同（需手工输入代码）。

③ 为表单添加"用户身份验证|检查新用户名"服务器行为，判断用户名是否已存在。如果已存在，转向一个图 10-70 所示的提示页面，该页面提供链接可以返回注册页面。

④ 为表单添加"插入记录"服务器行为，将用户合格的注册信息写入用户表中。

图 10-69 用户注册页面   图 10-70 提示用户名已存在

第**11**章

网络安全技术

>>>

学习目标

- 了解网络安全的基本状况。
- 了解网络安全的主要内容。
- 了解网络安全的层次。
- 掌握网络安全的定义。
- 掌握病毒的定义和特征。
- 掌握防火墙的工作原理、类型和设置。

11.1 网络安全概述

在信息化社会中，计算机通信网络在政治、军事、金融、商业、交通、电信、文教等方面的作用日益增大，人们对于计算机网络的依赖日益增强，并根据需要建立了各种各样的信息系统，这些系统几乎都是依靠计算机网络接收和处理信息的。

随着 Internet 的发展，网络的重要性和对社会、人们生活的影响也越来越大。随着网络上各种新业务的兴起，例如电子商务、网络银行等，以及各种专用网络的建设，安全问题显得越来越重要。世界上违法分子每年利用网络犯罪所造成的直接经济损失令人瞠目，尤其是在一些商业、金融行业。另外，网络黑客也在不断地攻击各个著名的网站、国家安全部门、银行资金系统以及一切他们可以触及的领域。每年，通过 Internet 传播的计算机病毒，给世界各地的用户带来了灾难性的损失。更为严重的是，世界上各个国家之间为了达到其政治、经济和军事等方面的目的，掀起了一场前所未有的信息战争，其实质就是利用计算机攻击手段，攻击对方的信息系统，从而达到获取重要情报和摧毁对方的目的。

我国信息化发展迅速，网络已经渗透到国民经济的各个领域，渗透到人们工作和生活的各个方面。我国在近几年里也发生了多起利用计算机网络进行犯罪的案件，给国家、企业和个人造成了重大经济损失和危害。

面对计算机网络的种种威胁，必须采取有效的措施来保证计算机网络的安全性。我国颁布了《计算机网络国际互联网安全管理的方法》，用来制止网络污染，阻止危害国家安全、泄露国家机密、侵犯国家和他人利益的行为发生。

网站具有面向公众、访问量大、与互联网紧密联系等特点，因此，更容易受到攻击与破坏。为了保证其安全可靠的运行，网站应当根据其重要性采取多种网络安全技术。

11.1.1　网络安全的定义

网络安全从本质上讲就是网络上信息的安全，它涉及的领域相当广泛。这是因为在目前的公用通信网络中存在各种各样的安全漏洞和威胁。凡是涉及网络上信息的保密性、完整性、可用性和可控性等技术和理论，都是网络安全所考虑的范围。网络安全保证信息只能够被授权的用户访问，不授权的用户是不能访问的。

网络安全的通用定义为：计算机网络系统的硬件、软件以及数据要受到保护，不会因为偶然的或者恶意的原因而遭到破坏、更改和泄露，从而保证系统连续可靠的运行，网络服务不发生中断。

从用户的角度看，希望涉及个人隐私或者商业利益的信息在网络上传输时，受到机密性、完整性和真实性的保护，避免其他人利用窃听、冒充、篡改等手段，对用户的利益和隐私造成损害和侵犯，同时也希望保存在计算机系统上的信息不受其他非法用户的非授权访问和破坏。

从网络运行和管理者角度看，希望对本地网络信息的访问、读写等操作受到保护和控制，避免出现病毒、非法存取、拒绝服务和网络资源的非法占用及非法控制等威胁，可以制止和防御网络"黑客"的攻击。

对安全保密部门来说，希望对非法的、有害的或涉及国家机密的信息进行过滤和防堵，避免其通过网络泄露，避免由于这类信息的泄密对社会产生危害，给国家造成巨大的经济损失，甚至威胁国家安全。

从社会教育和意识形态角度来看，网络上不健康的内容会对社会的稳定和人类的发展造成阻碍，必须对其进行控制。

可见，网络安全对于不同的使用者来看有不同的需求，因此，网络安全应该包含了多方面的需求：

（1）运行系统的安全。

（2）网络上系统信息的安全。

（3）网络上信息传播的安全。

（4）网络上信息内容的安全。

11.1.2　准备知识

1. 网络安全的主要内容

数据在存储和传输中，可能会被盗用、篡改和泄露，网络软件也可能受到恶意程序的攻击，从而导致网络瘫痪。人们需要使用相关的安全技术保证信息的安全性，而网络安全的主要内容包括：

（1）为用户提供可靠的保密通道。

（2）设计安全的通道协议。

网络安全是信息安全的重要分支，是一门涉及计算机科学、网络技术、通信技术、密码技术等多种学科的综合性技术。网络安全的研究内容主要包括两个体系：

（1）攻击体系。网络安全的攻击体系主要包括：网络监听、网络扫描、网络入侵、网络后门、网络隐身等。

（2）防御体系。网络安全的防御体系主要包括：物理安全保护、安全操作系统的配置、加密技术、防火墙技术、入侵检测技术、网络安全协议等。

为了适应网络安全技术的发展，实现网络安全，人们应该从网络安全技术的各环节出发，深入研究，加深对各技术环节的理解，开发出有特色的网络安全产品，适合信息化技术对网络安全的需要。

同时，在实现网络安全的技术基础之上，人们需要针对网络安全问题制定一系列的法规、制度、政策，培养公众的安全意识，加强安全管理，增强网络的安全水平。

2．网络安全的层次

从层次体系上，可以将网络安全分成 4 个层次，分别是：

（1）物理安全。物理安全主要包括：防火、防盗、防静电、防雷击、防电磁辐射。

（2）逻辑安全。逻辑安全包括：设置系统的文件和目录许可，设置系统的登录口令，建立审核机制。

（3）操作系统安全。操作系统应满足"一个用户，一个账户"的服务目标，保证用户资源的安全性和可靠性。

（4）联网安全。联网安全包括：访问控制安全、通信安全。

3．网络安全的防范措施

利用网络安全技术，可以采用多种方法防范网络的安全威胁。这些防范措施可以独立工作，也可以相互作用，保证网络的安全。常见的安全防范方法如下：

（1）物理安全保护。

（2）加密。

（3）备份和镜像。

（4）访问控制。

（5）入侵检测。

（6）防治病毒。

（7）修复系统的安全漏洞。

（8）构筑防火墙。

（9）制定详细的安全保护制度。

以上介绍了一些常见的网络安全的防范方法，但是需要引起注意的是没有绝对的安全解决方案。只要存在网络，就会存在安全隐患和漏洞。因此，只有不断地运用新技术、新手段，不断提高网络用户和管理员的素质和技术水平，并在相关的法律、法规的规范下，才能在一定程度上保证网络的安全性。

11.2 防火墙的使用

11.2.1 准备知识

在 Intranet 中，很多企业将自己的专业网络联入到因特网中，以方便员工收集信息或发布信息。但是，由于网络的安全威胁日益严重，人们需要一种机制保证信息和网络的安全性，于是就产生了防火墙技术。

防火墙原是指古代人们在建筑房子时，修建的用于防止火灾发生时蔓延到别的房屋的墙。这里所提到的用于网络安全保护的防火墙是指用于隔离本地网络和外部网络之间的一道防御屏障。

防火墙在内网和外网之间构筑一个屏障，即在网络边界上建立网络通信监控系统来隔离内网和外网，内网中所有来自和去往 Internet 的信息都必须经过防火墙，防火墙只允许授权的数据通过。

防火墙是一种软件或硬件或两者并用，本身具有较强的抗攻击能力，它有效地监控了网站和 Internet 之间的活动，保证了内部网络的安全。防火墙作为网络的第一道安全防线，已经受到越来越多的关注。目前，防火墙已经成为世界上使用最多的网络安全产品之一。

根据不同的需要，防火墙的功能会有一定的差异，但是一般都包含以下几个功能：

（1）所有在内网和外网之间传输的数据都必须经过防火墙。

（2）防火墙本身不受各种攻击的影响。

（3）可以限制非授权的用户访问内部网络。

（4）可以防止入侵者接近网络防御设施。

（5）限制用户对特殊服务的访问。

（6）使用目前新的信息安全技术。

（7）人机界面良好，用户配置使用方便，易管理。

防火墙通常运行在路由器或服务器上，控制经过这些设备的网络应用服务和传输的数据。Internet 防火墙通常是路由器、堡垒主机、或者提供网络安全的设备的组合，是安全策略的一个部分。设计一个防火墙安全策略是研制和开发一个有效的防火墙的第一步。

需要特殊指出的是：在现有的网络安全技术中，没有一个是万能的。同样，防火墙技术也不例外，防火墙不可能为网络带来绝对的安全，防火墙一般具有以下三个方面的局限：

（1）防火墙不能防范来自网络内部的攻击。

（2）防火墙不能防止病毒入侵网络。

（3）防火墙不能防止伪装为合法用户的入侵者访问网络。

11.2.2　防火墙的工作原理

一般来说，防火墙由几个不同的部分组成，包括过滤器、网关等。

过滤器（也称为屏蔽）用来阻拦某些类型的通信传输。它是一个多端口的 IP 路由器，对每一个到来的 IP 包依据事先定义好的规则判定是否进行转发。过滤器通过从 IP 数据包获取进行判定的信息，如 IP 地址、进程端口、协议号等，对 IP 数据包进行过滤。

网关是一台或几台服务器提供中继操作，以弥补过滤器的不足。保护网关的网络通常被称为非军事区（DeMilitarized Zone，DMZ）。DMZ 中的网关有时还由一个内部网关协助工作。通常，外部过滤器可以用来保护网关免受攻击，内部过滤器用来应付一个网关遭到破坏后所带来的后果，两个过滤器均可保护内部网络，使之免受攻击。一个包括网关的机器通常称为堡垒主机。

构筑防火墙的基本原则为：

（1）最小特权原则。任何对象应仅仅具有完成该对象能够完成其被指定任务的特权。

（2）建立多层防范机制。单一的安全机制一旦失效将严重危害内部网络的安全，因此，利用多层机制可以互相提供备份和冗余。

（3）单一通道原则。在内部网络和外部网络之间建立可监控的单一通道，使侵袭者无法绕过防火墙进入内网。

（4）最薄弱连接原则。尽量找出网络中的最薄弱处，它是攻击的重点。加固薄弱处，同时对其采取有效的监测技术。

（5）失效保护原则。在系统出现运行错误时，系统应该拒绝任何访问，这样虽然导致合法用户无法使用网络，但同时也挡住了入侵者的攻击。

（6）共同参与原则。应该让内部网络的用户充分了解安全的重要性，以便能够自觉遵守各种安全规则。因为防火墙是不能防止内部用户恶意的破坏。

11.2.3 防火墙的类型

防火墙的类型主要有包过滤、状态检测、代理服务。下面将介绍这些不同类型防火墙的工作机理及特点。

1. 包过滤技术

包过滤技术是一种简单、有效的安全控制技术，它通过在网络间相互连接的设备上加载允许、禁止来自某些特定的源地址、目的地址、TCP 端口号等规则，对通过设备的数据包进行检查，限制数据包进出内部网络。包过滤的最大优点是对用户透明，传输性能高。但由于安全控制层次在网络层、传输层，安全控制的力度也只限于源地址、目的地址和端口号，因而只能进行较为初步的安全控制，对于恶意的拥塞攻击、内存覆盖攻击或病毒等高层次的攻击手段，则无能为力。

2. 状态检测技术

状态检测技术是比包过滤技术更为有效的安全控制方法。对新建的应用连接，状态检测技术检查预先设置的安全规则，允许符合规则的连接通过，并在内存中记录下该连接的相关信息，生成状态表。对该连接的后续数据包，只要符合状态表，就可以通过。这种方式的好处在于：由于不需要对每个数据包进行规则检查，而是一个连接的后续数据包（通常是大量的数据包）通过散列算法，直接进行状态检查，从而使得性能得到了较大提高；而且，由于状态表是动态的，因而可以有选择地、动态地开通 1024 号以上的端口，使得安全性得到进一步提高。

3. 应用网关防火墙

应用网关防火墙检查所有应用层的信息包，并将检查的内容信息放入决策过程，从而提高网络的安全性。然而，应用网关防火墙是通过打破客户机/服务器模式实现的。每个客户机/服务器通信需要两个连接：一个是从客户端到防火墙，另一个是从防火墙到服务器。另外，每个代理需要一个不同的应用进程，或一个后台运行的服务程序，对每个新的应用必须添加针对此应用的服务程序，否则不能使用该服务，所以，应用网关防火墙具有可伸缩性差的缺点。

11.2.4 防火墙软件的使用

由于硬件防火墙的设置较复杂，在此仅介绍软件防火墙的设置。目前，个人防火墙的软件产品很多，例如 Norton、瑞星、天网等。本节主要以瑞星防火墙为例，介绍个人防火墙的配置和使用。

1．防火墙的使用

（1）打开瑞星个人防火墙，选择"系统状态"选项卡，得到图 11-1 所示界面，用户可以进行网络活动的监测。

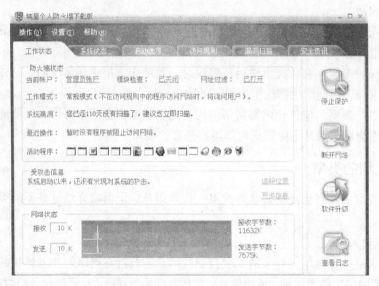

图 11-1　瑞星防火墙网络活动监测界面

（2）在瑞星个人防火墙主界面中，选择"访问规则"选项卡，可以查看已经设置的网络访问规则。在瑞星杀毒软件中可以设置系统的访问控制权限，主要包含了程序规则和模块规则。其中，程序规则的访问控制方式为允许、拒绝和自定义；模块规则的访问控制方式为放行和禁止。双击已建立的规则，例如双击 Internet Explorer 规则，可以查看设定规则的内容，如图 11-2 所示。

图 11-2　Internet Explorer 规则

（3）瑞星防火墙提供漏洞扫描功能，通过系统漏洞扫描，可以使用户在第一时间发现系统的安全隐患，并利用防火墙软件提供系统漏洞恢复功能，完成系统的修复工作。在图 11-1 所示界面中，选择"漏洞扫描"选项卡可以得到瑞星防火墙提供的漏洞扫描界面。

2．防火墙的参数设置

（1）参数设置。在图 11-1 所示界面中选择"设置"菜单，再选择"详细设置"选项，得到图 11-3 所示的界面。在瑞星防火墙中可以设置多项安全保护参数，例如安全级别、系统记录日志的种类、网络访问模式等。

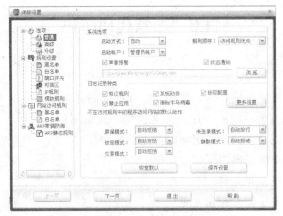

图 11-3 参数设置

（2）IP 规则设定。瑞星防火墙提供了设定 IP 数据包过滤的规则功能，在图 11-3 所示对话框中选择"规则设置"结点下的"IP 规则"选项，得到设置 IP 规则的界面，如图 11-4 所示。

图 11-4 IP 规则

（3）根据网络的传输要求建立新的规则，单击"增加"按钮，再输入需要建立的规则信息，如图 11-5 所示。

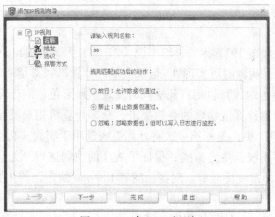

图 11-5 建立 IP 规则

11.3 恶意代码防护

11.3.1 准备知识

恶意代码是由计算机黑客编写的，这些人想证明他们能编写出可以干扰和摧毁计算机系统，同时能够将破坏传播到其他系统的程序。恶意代码不仅给用户、公司、企业、金融界带来巨大的经济损失，也使国家安全、社会稳定面临严重的威胁。

恶意代码从发展至今体现出以下主要特征：

（1）恶意代码日趋复杂和完善

（2）恶意代码编制方法和发布速度更快。

（3）恶意代码已经从早期的感染文件进行攻击，转变为利用系统的漏洞和网络的脆弱性进行传播和感染。

恶意代码的行为特征各异，破坏程度千差万别，但攻击过程都是相近的，主要包括以下步骤：

（1）侵入系统。

（2）获取管理系统权限。

（3）网络隐蔽。

（4）潜伏。

（5）破坏系统。

（6）重复步骤（1）～（5），对新目标进行攻击。

恶意代码的防范方法主要分为两个方面：

（1）基于主机的恶意代码防范方法。基于主机的恶意代码防范方法包括：基于特征的扫描技术、校验和、沙箱技术和安全操作系统对恶意代码的防范。

（2）基于网络的恶意代码防范方法。基于网络的恶意代码防范方法包括：恶意代码检测防御、恶意代码警告。

恶意代码形式多样，常见的恶意代码主要包括：计算机病毒、蠕虫、木马程序、后门程序、逻辑炸弹等。本节重点介绍计算机病毒的防范方法。

11.3.2 病毒的特征

计算机病毒这一概念在1977年的科幻小说《P1的春天》中提出，1983年美国计算机安全专家首次通过实验证明了病毒的可实现性，记录最早的计算机病毒是南加州大学学生Fred Cohen编写的。1987年世界各地的计算机用户几乎同时发现了形形色色的计算机病毒，例如IBM圣诞树、黑色星期五等，面对计算机病毒的突然袭击，众多计算机用户甚至专业人员都惊慌失措。1991年，在"海湾战争"中，美军第一次将计算机病毒用于实战，在空袭巴格达的战斗中，成功地破坏了对方的指挥系统，使之瘫痪，保证了战斗的顺利进行。此后，又出现了各种病毒，如宏病毒、CIH病毒、冲击波病毒等。现在，随着Internet的广泛使用，病毒的传播更加快速，危害也越来越大。

计算机病毒实际上是一段计算机程序，该程序具有自我复制、自我繁殖能力，并能够传播、感染到其他系统，从而影响计算机软件、硬件的正常运行，破坏数据的正确与完整。

现在的计算机病毒通常通过 Internet 进行传播，传播速度非常快。

由于病毒的破坏性非常大，因此，人们必须做好防范和清除工作。但是，需要首先了解病毒的基本特征，才能根据病毒的特点，做好反病毒工作。计算机病毒的主要特征为：

（1）传染性和自我复制性。

（2）未授权而执行。

（3）隐蔽性。

（4）潜伏性。

（5）破坏性。

（6）不可预见性。

11.3.3　病毒的分类

各种不同类型的病毒有着各自不同的特征，它们有的以感染文件为主，有的以感染系统引导区为主，有的病毒可能仅仅是为了开个小小的玩笑。常见的病毒类型有：

（1）按照传染方式分类。病毒按照传染方式可以分成引导型病毒、文件型病毒、混合型病毒。

引导型病毒主要是感染磁盘的引导区，这些病毒在计算机启动时，首先取得系统的控制权，驻留系统后再引导系统，并伺机传染其他软盘或硬盘的引导区，这类病毒一般不感染磁盘文件。

文件型病毒一般只传染磁盘上的可执行文件，在用户调用可执行文件时，病毒首先被运行，然后驻留在内存中伺机传染其他文件或直接传染其他文件。它的特点是：附着于正常程序，成为程序的一个外壳或部件。

混合型病毒则兼有以上两种病毒特征，既感染引导区，又感染文件，因此扩大了该类病毒的传播途径。

（2）按照连接方式分类。病毒按照连接方式可分为源码型病毒、入侵型病毒、操作系统型病毒、外壳型病毒。

源码病毒主要攻击高级语言编写的源程序，它能够将自己插入到系统的源程序中，并随着程序一起编译、链接成可执行文件，从而导致刚刚生成的执行文件直接携带病毒，但该类病毒很难编写。

入侵型病毒则是那些用自身代替正常程序中部分模块或堆栈区的病毒，它只攻击某些特定的程序，针对性强，不易发觉。

操作系统病毒利用自身程序加入或替代操作系统的部分功能，危害性大。

外壳型病毒主要将自身附在正常程序的开始和结束环节，相当于给正常程序加了个外壳，大部分文件型病毒都属于这一类病毒。

（3）按照程序的运行平台分类。病毒按照程序的运行平台可分成 DOS 病毒、Windows 病毒、OS/2 病毒、Unix 病毒，这些病毒分别发作于 DOS、Windows、OS/2、Unix 等操作系统上。

（4）按照计算机病毒的激活时间分类。病毒按照激活时间可以分成定时激活病毒和随机激活病毒。

定时激活病毒是由时钟控制，仅在一特定时间才发作；而随机激活病毒一般不是由时钟激活的，在任何时刻均可以通过另外的触发方式发作。

（5）按照病毒的传播媒介分类。病毒按照传播媒介可分为单机病毒和网络病毒。

单机病毒的载体是磁盘；网络病毒的传播媒介是网络通道，通过网络实现病毒的传播，因此，这类病毒的传染能力更强，破坏力更大。

（6）新型病毒。这类病毒一般出现比较晚，特性独特，例如宏病毒、电子邮件病毒、黑客软件等。

除了这些病毒以外，还有一些其他病毒，例如逻辑炸弹、蠕虫病毒等，它们同样能够窃取系统资源，危害网络的安全。另外，随着计算机技术的提高，将会有更多的、复杂的、危害性大的病毒出现，人们防范病毒的工作任重而道远。

11.3.4 病毒的表现症状

计算机和网络是否感染上病毒可以通过防毒软件检查，同时，也可以通过观测系统的运行状态进行判断。计算机感染病毒之后，系统内部发生了一定的变化，并在一定条件下表现出来，如果系统出现以下一些异常现象，就需要对计算机系统进行检测。

1．系统引导时出现的异常现象

（1）磁盘引导时死机。

（2）引导时间比平时较长，速度比平时慢。

（3）磁盘上有特殊标记或引导扇区、卷标等信息被修改。

（4）系统文件不能引导。

2．执行文件时出现的异常现象

（1）计算机运行速度变慢，而且越来越慢。

（2）磁盘文件长度、属性、日期、时间等发生改变。

（3）文件丢失。

（4）文件装入时间比平时长。

（5）运行原来正常执行的文件时，系统发生莫名其妙死机，死机次数增多。

（6）系统自动生成一些特殊的文件。

（7）运行较大程序时，出现"Program is too long to load!"和"Divided Overflow"等提示，无法执行程序，但进行内存检查时，发现该程序应该可以正常运行。

（8）内存空间减少，文件不能存盘。

3．使用外部设备时出现的异常现象

（1）扬声器发出异常的声音和音乐。

（2）正常的设备无法使用，例如键盘输入的字符与屏幕显示的内容不一致。

（3）显示器上出现一些不正常的画面和信息。

（4）打印机、RS-232接口、软驱、绘图仪、调制解调器等外设有异常现象，无法正常工作。

（5）系统非法使用某些外部设备。

（6）软盘或硬盘无法进行正常读写操作。

（7）用工具软件检查硬盘时，发现硬盘上出现很多坏簇或硬盘空间减少。

4．使用网络传输时出现的异常现象

（1）网络服务器拒绝网络服务。

（2）网络瘫痪，无法实现网络的连通和数据传输。

到目前为止，计算机病毒的种类非常多，虽然不能完全根据病毒的发作特征来判断病毒的种类，但是症状对病毒而言，是一个非常重要的特征，可以使人们尽早发现计算机病毒。

11.3.5 病毒的防范方法

通过采用技术上和管理上的措施，计算机病毒是可以防范的。最重要的是必须从思想上重视，采用科学的态度和方法，杜绝一切可能感染病毒的传播途径。下面给出一些常用的病毒防范管理措施：

（1）使用正版软件、硬件产品。

（2）对新购置的计算机系统、硬盘进行软件和人工结合方法查毒。

（3）安装实时检测、防毒软件，定期更新杀毒软件。

（4）定期对系统文件、分区表、引导区、数据文件进行备份，最好采用异地保存的方法进行备份。

（5）使用可移动硬盘等存储设备时，必须要先进行杀毒。

（6）在别人计算机上打开自己的存储介质时，最好事先写上保护，同时，如果回到自己的系统中使用该存储介质，必须进行杀毒操作。

（7）在网络环境中，要建立登记制度，有病毒必须及时追查、清除。

（8）下载文件时，要先放到系统的目录中，对下载的文件进行检查，然后再打开。同时，尽量到较大的网站上进行下载。

（9）在网络中如果发现了感染病毒的主机，管理员应该马上隔离该计算机。

（10）电子邮件是病毒传播的重要途径之一，用户在阅读有附件的邮件时，必须用杀毒软件检查该邮件的附件，没有病毒才将它下载到自己的计算机上。

（11）安装、设置网络防火墙。

（12）对共享的目录设置共享的权限。

（13）管理员不断更新自己的口令，并严格管理。

（14）任何情况下都应该保留一张写保护的、无病毒的并带有启动命令的软盘，用来清除病毒和维护系统

实践表明，以上方法应该结合使用。每种措施虽然很简单，但却行之有效。

11.3.6 杀毒软件的使用

瑞星杀毒软件是北京瑞星科技股份有限公司自主研发的，针对国内外流行、危害较大的计算机病毒和有害程序的反病毒工具。可以对多种病毒、黑客程序进行查找、监控和清除，恢复被病毒感染的文件或系统，维护系统的安全。在此，介绍瑞星杀毒软件的使用方法。

1．利用杀毒软件进行病毒的查杀

（1）进入瑞星杀毒软件，选择"杀毒"选项卡，得到图 11-6 所示界面。

（2）在"查杀目标"选项卡中，选择需要进行查杀病毒的目录，单击"开始查杀"按钮。

（3）瑞星杀毒软件对选择的目录进行病毒的查找和清除，并给出信息提示，如图 11-7 所示。

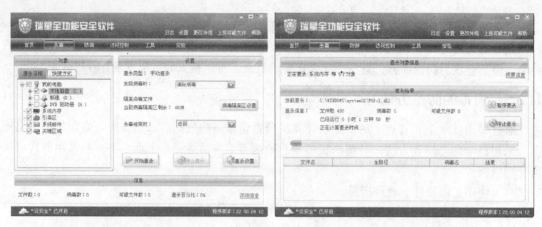

图 11-6　瑞星杀毒软件界面　　　　　　图 11-7　查杀病毒

（4）完成病毒查杀后，系统弹出杀毒结束的界面，并显示查杀信息。

2. 瑞星杀毒软件的设置

用户可以根据自己的实际需要对瑞星杀毒软件进行设置，包括查杀设置、电脑防护、网络监控、升级设置、高级设置等内容，具体操作方法如下：

（1）进入瑞星杀毒软件的主界面，选择"设置"选项卡，得到图 11-8 所示界面。

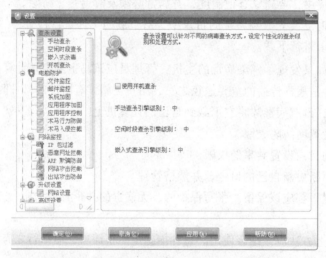

图 11-8　瑞星杀毒软件"设置"对话框

（2）选择相应的设置内容，根据实际用户需要进行设置。

习　题

1. 网络安全的定义是什么？包含哪些内容？
2. 网络安全的防范措施有哪些？
3. 什么是网络病毒？病毒的分类是什么？
4. 病毒的防范方法有哪些？
5. 什么是防火墙？防火墙的作用是什么？
6. 防火墙的类型有哪些？

实 训 项 目

实训环境与条件

（1）网络环境：具有 C/S 结构的网络，并能够实现与 Internet 的连接。

（2）操作系统要求： Windows 2008 Professional、Windows XP 或 Windows 2008 Server。

（3）软件需求：查毒软件、网络监测软件、防火墙设置软件。

实训 1　病毒防范实训

（1）实训目标：安装查毒软件，并实现病毒的查杀。

（2）实训内容：

① 安装瑞星查毒软件，对系统进行病毒查杀。

② 设置杀毒软件的工作进程。

③ 实现软件的在线升级。

实训 2　网络监测实训

（1）实训目标：安装网络监测软件，监测网络的性能和安全。

（2）实训内容：

① 安装 sniffer 软件。

② 监测网络性能。

实训 3　防火墙设计实训

（1）实训目标：在网络中实现软件防火墙的设置。（如果有条件，可以构建硬件防火墙）

（2）实训内容：

① 安装防火墙。

② 设置防火墙的防范规则。

③ 设置防火墙的相关参数。

④ 实现防火墙的升级。

笔记栏

笔记栏